蚕桑种养提质增效实用技术

崔　胜　余付德　赵新锋　主编

中原农民出版社

·郑州·

图书在版编目（CIP）数据

蚕桑种养提质增效实用技术 / 崔胜，余付德，赵新锋主编.
—郑州：中原农民出版社，2021.3
ISBN 978-7-5542-2403-8

Ⅰ. ①蚕… Ⅱ. ①崔… ②余… ③赵…Ⅲ. ①蚕桑生产－基础知识 Ⅳ.①S88

中国版本图书馆CIP数据核字（2021）第032020号

蚕桑种养提质增效实用技术

CANSANG ZHONGYANG TIZHI ZENGXIAO SHIYONG JISHU

出 版 人：刘宏伟
选题策划：朱相师
责任编辑：卞　晗
责任校对：张晓冰
责任印制：孙　瑞
装帧设计：薛　莲

出版发行：中原农民出版社
　　　　　地址：郑州市郑东新区祥盛街 27 号　　邮编：450016
　　　　　电话：0371-65788199（发行部）　　0371-65788655（编辑部）
经　　销：全国新华书店
印　　刷：新乡市龙泉印务有限公司
开　　本：710mm×1010mm　1/16
印　　张：22.5
字　　数：390 千字
版　　次：2021 年 5 月第 1 版
印　　次：2021 年 5 月第 1 次印刷
定　　价：48.00 元

如发现印装质量问题，影响阅读，请与印刷公司联系调换。

前　言

蚕桑产业是传承悠久历史文化的传统产业,同时也是生态环保的绿色产业,更是一项周期短、见效快、经济效益好、快速脱贫的朝阳产业,蚕桑产业为推动农业产业结构调整、促进农民脱贫致富发挥着重要作用。

在全面建成小康社会和乡村振兴战略全面实施的背景下,许多地方政府都在引导农民大力发展植桑养蚕产业,蚕桑产业得以快速发展壮大,桑园面积不断增加。然而,植桑养蚕属于劳动密集型产业,是集种植和养殖于一体的产业。但随着城镇化的不断发展,农村大量青壮劳力外出务工对蚕桑产业的发展有很大的冲击。同时,要求从事蚕桑产业的劳动者需要掌握一定的植桑养蚕实用技术,开展蚕桑产业新技术、新品种的培训和推广是提升蚕农的科技素质、提高蚕桑产业的综合效益、大力推广植桑养蚕新型实用技术的重要举措之一,可以提高桑蚕茧产量和质量,增加蚕农的经济收入,帮助贫困地区农民早日脱贫致富,促使蚕桑产业可持续发展。该书汲取了全国蚕桑专家的技术精髓,参考了一系列植桑养蚕专业书籍资料,并结合作者多年来在蚕桑产业生产一线指导工作的经验和技术积累。该书总共十五章,重点介绍桑树的基础知识、桑苗繁殖技术、桑树省力化栽培管理技术、树型养成和桑叶收获、桑园常规管理技术、桑树病虫害防治技术、桑蚕的生物学特性、养蚕前的准备工作、桑蚕的饲养技术、省力化养蚕技术、蚕茧的收烘、蚕病及防治方法、蚕桑资源的综合利用、桑园的复合经营技术及蚕桑产业的机具利用等涉桑产业的整个技术环节。

该书图文并茂,通俗易懂,技术讲解细致,容易理解,一读就懂,一学就会,可作为广大蚕农朋友、养蚕科技示范户、养蚕专业户、基层蚕桑技术人员和一些爱好钻研的新型蚕农朋友学习的参考书。同时,也可以作为新型职业农民科技培训教材。

本书在编写过程中得到了河南省蚕业科学研究院、鲁山县蚕业局的大力支持,该书的出版得到了河南省省属公益科研院所基本科研业务专项资金、现代农业产业技术体系建设专项(CARS-18)的经费支持,在此一并表示感谢。限于编者水平,书中难免出现一些差错和纰漏,敬请广大读者指正,不胜感谢!

编者

2021 年 1 月

目录

　　我国是桑树的起源地，桑树栽培已有 3 500 多年的历史，种质资源十分丰富，保存桑树种质资源近 2 500 份。桑，桑科桑属，多年生木本植物，株高可达 20 余米，胸径可达 80 厘米以上，树皮黄褐色，有前裂，根系发达，具乳汁；单叶互生，卵圆形或卵状椭圆形，基部心形。果实为聚花果，由许多卵圆形的外部有肉质花被的瘦果组成，成熟时紫褐色、黑色或白色。桑树木质坚硬，体形美观，富有弹性，可用于建筑、雕刻、家具等，用途极广。

第一节
桑树的器官与功能

　　桑树由根、茎、叶、花、果等器官组成。各个器官具有不同的形态特征和生理机能，在一定的环境条件下，相互制约、相互影响，共同进行桑树的生命活动。随着外界条件的变化，能在桑树形态和生理上表现出来，了解桑树的形态特征和生理机能，不仅可以应用合理的栽培管理技术，促进桑树生长发育，增加单位面积产叶量，提高叶质，而且是鉴定和选育、繁育桑树优良品种的主要科学依据。

一、根

　　根是桑树的地下部分，是桑树的主要器官之一，具有固定、吸收、合成、储藏和无性繁殖的功能。

　　从种子繁育出来的桑苗，有一个垂直向下的根，称主根，从主根向四周生长的根，称侧根。侧根再生长出来的根，依次为一级侧根、二级侧根，以此类推，侧根上长出的许多细小根，一般称之为须根。在须根尖端有个帽状的保护结构称根冠，根冠后生长点的上部为伸长区，伸长区上部为根毛区，它的表面上密生着许多根毛。桑树的主根和侧根的位置是一定的，称为定根，若在茎上发生的根，没有固定的着生位置，称之为不定根（扦插或压条繁育的苗木）。桑树根与茎交界处称为根茎，主根、侧根、须根构成了桑树的根系。主根和须根的主要功能是固定树体和储藏营养物质，根毛区是吸收养分和水分的主要部分。

　　"根深叶茂"，根扎得越深，根系越深、越发达，地上部分生长的枝叶越旺盛，抗旱、抗寒、抗病能力越强。但是，若种桑的土地土层浅薄、板结、缺水缺肥，或长时间受到水淹，就会直接影响桑树根系生长，造成桑树地上部分生长不良，桑叶减产。

二、茎

桑树的树干和枝条都称为茎，茎是植株地上部分的骨架，主要起支持树体、疏导水分、养分，储藏营养物质，繁殖及支配叶片在空间分布的位置等作用。

1. 树干

桑树的树干包括主干和枝干两部分，在自然状态下，桑树有明显的主干和枝干。主干起源于胚芽，从主干上分生出来的许多层树干，第一级树干称第一枝干，第一枝干分生出来的枝干称为第二枝干，以此类推，最后一级的分枝上着生许多叶片称为枝条，多层分枝称为树冠。栽培的桑树由于在生产上需要进行修剪，树干有高有低，形成了不同的树型，按树干高度通常分高干、中干、低干，最低的树干齐地面剪伐，称无干。无论采养成哪种树型，枝株间、干与干间要保持一定的距离，使枝条、叶片分布均匀，能更好地利用空间和阳光，促使桑园产叶量高、叶质优的目的。

2. 枝条

枝条是指桑树在伐条后，由休眠芽或潜伏芽生长的新梢，形成一年生着生叶的茎，栽培桑树的目的是收获桑叶，桑叶产量、质量的高低取决于枝条单位面积的总条数和总条长，丰产桑园每亩保留枝条总条数在 8 000～10 000 根。

枝条上着生叶片的部位叫节，节与节之间叫节间，枝条梢端和基部节间较短，中部略长，品种不同，节间平均长度也不同。节的下方有突起的根原体，根原体多而发达的枝条，扦插容易生根成活。

3. 芽

芽是枝、叶、花的原生体，对不良环境有较强的抵抗能力，是桑树进行生长、发育、分枝、更新、复壮的基础。着生在枝条侧面叶腋中的芽叫腋芽或侧芽，枝条顶端的芽叫顶芽。若在生长期间顶芽受损伤，腋芽就会萌发，利用腋芽这一特征，在生产上常常采取剪梢、摘心等措施，有目的地促进腋芽萌发，快速养成树型。着生在枝条基部横纹处的芽叫潜伏芽，潜伏芽处于休眠状态且具有长久的生命力。当被切断或数年后将上部枝条剪去，潜伏芽就能萌发为新枝条。

在根、茎、芽中，还存在着分生组织，这些分生组织都有分化出植株不同部分的潜势，表现出植株再生的能力。

三、叶

叶是进行光合作用、蒸腾作用和气体交换的主要器官，是桑蚕的饲料。

（1）叶的形态　桑叶属于完全叶，由叶柄、托叶、叶片 3 个部分组成。叶柄着生在枝条上，支持着叶片，是叶片和枝条之间水分和养分的通道。托叶在叶柄的基部两侧，桑叶成熟即脱落。叶片分全叶和裂叶两大类，我国大多数桑叶为全叶，日本桑叶多为裂叶。完全叶的形状有心脏形、椭圆形、卵圆形等；叶的尖端称叶尖，它的形状因品种不同而不同，一般叶尖分钝头、尖头、尾状，团头和双头等；叶片的基部称叶基，形状可分为深心、浅心、楔形、切形；叶的边缘称叶缘，它分锐锯齿形、乳头状锯齿形、带刺锯齿形等。桑叶在枝条上的排列方式称叶序，桑树是互生叶序。复杂的叶序比简单的叶序产量高。

（2）叶片的构造和功能　桑叶的叶片由表皮、气孔、叶肉、叶脉等组成。

1）表皮　叶片的上下表层均由一层单细胞组成，上表皮有角质层，下表皮叶脉两侧有表皮毛，可以减少叶中水分的蒸腾。

2）气孔　气孔在叶的下表皮，是桑树与外界气体交换和水分蒸发的主要门户，气孔的开张度能自动调节，使桑叶在不同气候条件下有一定的适应能力，桑叶每平方毫米有气孔 400~500 个。

3）叶肉　叶肉处于上下表皮层之间。叶肉是叶片的主要部分，光合作用就在这里进行。

4）叶脉　在叶肉中分布有许多网状脉，称叶脉，一般由主脉、侧主脉、支脉和细脉构成，起疏导和支撑作用。水分和养分通过木质部导管进入叶内，光合作用产生的养分通过韧部的筛管输送回根部。

桑叶的大小、厚薄、颜色与品种特性有关，又和水分、肥料、光照有关，土壤肥沃、充足、水肥管理好的桑园，叶大而厚，产叶量高，用于养蚕时产茧量就高，蚕茧质量也好。桑叶的大小用叶生长最大限度时的叶长、叶幅或叶面积表示。

四、花和果

桑树的花是单性不完全花，有雌花和雄花，无花瓣，只有萼片。雄花有花萼 4 片，每一萼片内有雄蕊 1 枚。雌花也有 4 片花萼，外面 2 片，内侧 2 片，两两相对，在萼片内有雌蕊 1 枚。

桑葚最初为绿色，逐渐变为红色，成熟时为紫黑色，桑葚的数量因品种、树形、采伐、树龄等而不同，一般实生桑多，嫁接桑少；低干养成的少，果随着树干提高增多，乔木桑最多；幼树少，老树多。花果要消耗养分影响桑叶产量，因此叶用桑必须进行合理采伐和选用花果少的桑树品种。

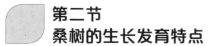

第二节
桑树的生长发育特点

一、 桑树的生长发育时期及生理特点

桑树一生分为幼树期、壮树期（盛产期）和衰老期 3 个明显的发育阶段。

1. 幼树期

从种子萌发，形成苗木，到植株开花结果以前，为桑树的幼树期，一般为 2 ~ 3 年。主要特征为只进行营养生长，一般不开花结果，生长速度快；发根能力强，扦插易生根，枝条细直，分枝角度狭窄；叶片较薄，叶形较大，叶上茸毛较多，落叶较迟；耐阴性较强。

2. 壮树期 （盛产期）

壮树期也称成熟期，壮树期较长，可达数十年。主要特征为生殖器官形成，能大量开花结果；生长速度相对降低，发根力减弱；生长势强，抗性强，创伤易愈合；枝条分枝角度增大，树冠开展性降低，叶肉增厚，叶片上茸毛减少；耐阴性增强。

3. 衰老期

生长势明显下降，枯枝死干增多，创伤不易愈合，抗逆性差；植株抽枝少，枝细短；叶小肉薄，易硬化黄落；开花结果能力低。衰老的桑树可以利用侧生分生组织和潜伏芽，进行复壮更新。

二、 桑树年生长期及生理特点

春季发芽开叶至秋末落叶为桑树的年生长期，年生长期又分为展开期、同化期和储藏期 3 个时期。

1. 展开期

春季气温达到12℃以上时，桑树萌芽开叶直至新叶生出5～6片，为展开期。特点是生长速度慢，叶面面积小，叶绿素少，光合能力低；展开期新器官的形成、生理活动所需的营养物质和能量主要依靠植株体内储藏的营养物质提供，此期的生长实质上是一种消耗性的生长。因萌芽展叶的状态不同，分为脱苞期、燕口期和开叶期。桑芽膨大，鳞片转青松开，为脱苞期；幼叶叶身露出，叶尖分开成雀口状，为燕口期；叶片和叶柄完全露出，展开成为独立的叶片，为开叶期。各期经过时间的长短，主要受气温回升快慢的影响。一般中熟湖桑开叶4～5片，可作为饲养春蚕、蚕种出库催青的参照依据。

2. 同化期

桑树展叶5～6片以后进入同化期，一直延续到秋季。特点是随着气温的升高，植株生长速度加快；新器官大量形成（包括枝、叶、花、果、根等）；叶片面积迅速扩大，叶绿素大量增加；植株光合能力提高，光合产物增多；光合产物大都用于新器官的形成和生理活动的能量消耗，有机营养物质积存少。同化期的生长实质上是一种平衡性的生长。

3. 储藏期

同化期后，随着秋季气候条件的变化，桑树进入储藏期。特点是桑树的生长速度减慢，新枝叶数量不再大量增加，但叶子光合能力不降低，加之白天温高，光合作用旺盛，夜间温度低，呼吸消耗减少，植株体内有机营养物质大量积累。这一时期对植株养分储藏积累最为有利，是桑树生长的重要阶段。秋末冬初，气温降到12℃以下，日照时数缩短，桑树停止生长，叶片黄落，进入休眠状态。

植株休眠，有自然休眠和被迫休眠两种状态。自然休眠是落叶性植物自然属性，生长到一定程度，它们就要落叶休眠，即使环境条件尚好，也不能继续生长。通过自然休眠以后，植株具备了生长的能力，一旦条件允许，植株即进行生长。通过自然休眠以后，具备了生长能力的植株，由于环境条件不允许，不能满足植株生长的需要，植株仍然表现为休眠状态，这时的休眠就称为被迫休眠，这种休眠容易被人为控制。

第三节
桑树的生存环境

桑树具有一定的生长发育规律，环境适应时，就能正常生长；反之就会引起桑树生长异常甚至死亡。掌握和了解桑树生长发育规律和环境条件对它的影响，在桑树栽培中加强技术管理，创造对桑树生长的有利环境，才能达到桑叶提质增效、优质高产的目的。

影响桑树生长的环境条件主要有光、温度、水分、空气、养分和土壤等。每个因素对桑树的生长都有特定的影响和作用，它们之间相互作用、相互影响、缺一不可；同时，各种因素之间又是相互联系、相互制约的。如温度升高可以降低空气湿度，而增加光照无法弥补土壤中的养分风力过大，土壤含水量会影响土壤通气性等。桑树在不同的生长时期，各种因素所起的作用不一样。春天发芽时，温度、水分是主要因素；在桑树新梢生长时期，光、温度、水分和养分是主导因素。因而，要充分考虑环境条件的综合影响，掌握影响桑树生长的主要因素，努力改善技术条件，为桑树创造有利的生长条件。

一、光

光是桑树进行光合作用、制造有机物质的能量，又是形成叶绿素的必要条件，制约着桑树的生命活动。光是影响桑树生长发育的重要因素之一，光对桑树生长的影响主要与光质、光照强度和光照时间有关。

桑树是喜光植物，光照充足就能旺盛生长。光照强度和光照时间受地区、季节和种植密度等条件所制约。在不同的光照条件下，会引起桑叶成分等方面的变化，进而影响桑叶的产量和质量。光照充足时，叶色浓绿，叶层较厚，叶质好，产量高；反之，叶色较浅，发黄，叶层较薄，枝条软而不硬且含水量较多，叶质较差，对养蚕有很大的影响。

为了增加桑树光照时间，应提高光的利用率，采用密植、摘心、修剪、合理施肥和合理采叶等措施，最大限度促使桑树的枝叶旺盛生长。

光照强度影响空气和土壤的温度，间接影响桑树的生长发育。如晴天光照充足，能增加气温、地温，降低空气的湿度，促进桑树的新陈代谢，有利于桑树生长。但是光照强度过长时，会不同程度地破坏叶绿素，引起叶片大量失水，使光合作用减弱，抑制桑树的生长。反之，阴雨连绵，光照不充足，不利于桑树的生长，造成桑叶减产和叶质较差，降低养蚕效益。

桑树的产量高低，主要是通过桑叶进行光合作用的结果，由受光程度和光照时间两个因素所决定。因此，应采取合理密植、修剪、肥、水管理以及树形养成等技术环节，提高桑叶光能利用率。

二、温度

温度是桑树生命活动的必要因素之一，桑树的一切生命生理活动和变化都必须在一定的温度下进行。温度对桑树的影响主要是光照和地温，气温影响地上部分，地温影响地下部分。温度在一年中有周期性的年变化和日变化，这种温度变化形成了桑树的年生长和昼夜生长规律。

当春季气温上升到12℃以上时，冬芽开始萌发，抽出的新枝随气温的逐渐升高而加速生长。24～30℃是桑树生长的最适温度范围，此时桑树细胞活动性强，吸收养分能力增加，光合作用利用率高，酶的活性强，促进了桑树细胞分裂和伸长，加快了生长速度。但气温高于40℃时，桑树生长会受到抑制，因为桑树的叶绿体遭到破坏，光合作用强度降低，桑叶的呼吸作用随气温的上升而增强，消耗更多的有机物质，并引起失水过多，破坏树体内水分平衡。因而要及时进行灌溉。秋末冬初，当气温降至12℃以下时，桑树停止生长而落叶进入休眠。

土壤温度主要影响根的生长和吸收，当土壤温度在6℃以上时，桑根吸收水分和营养元素，上升到1℃以上时，出现新根，随着温度的不断升高，根的生长速度逐渐加快。地温28～30℃是桑根生长的最适温度，40℃以上根的生长会受到抑制。在冬季休眠时期，桑根进行微弱的呼吸。

三、水分

水分是桑树树体的重要组成部分。一般全株桑树的含水量在60%左右，其中，成熟叶含水量70%～80%，枝条含水量58%～61%，桑根含水量55%～60%，休眠芽含水量约44%。幼嫩器官含水量高。桑树体内各种物质的合成和转化必须在水分的参与下进行，如土壤中矿物质营养的溶解，树体温度的平衡，都离不开水分。

在桑树的生长过程中，水分的主要代谢途径：土壤→根→茎→叶→大气。桑树的水分吸收和蒸发在一定程度内，树体本身含水量具有保持平衡的功能。如果水分的收支平衡受到破坏，桑树的生长就会受到影响。适合于桑树生长的土壤含水量为70%~80%，当土壤水分降低到一定程度时，桑树就开始萎蔫。当土壤有效水量失去1/3左右时，新梢生长开始减慢；当有效水分失去2/3以上时，新梢几乎停止生长。如果立即灌水补充水分，2~3天内新梢就可以恢复生长；当土壤水分过量时，会造成土壤空气不足，削弱根的呼吸和吸收，对桑树生长不利。土壤含水量超过适宜范围时，桑叶不易成熟，水分含量较高，蛋白质、碳水化合物的含量相对减少，叶质变差。如果土壤积水，氧气不足，好气性微生物停止生长，厌气性微生物活动加强，对桑树的危害更大。因此，及时调节土壤水分是桑树获得桑叶优质高产的重要措施。

四、空气

空气是所有生命活动不可缺少的重要因素之一，对桑树生长同样也会产生很大的影响。空气中的氮、氧、二氧化碳、水分等直接影响桑树的光合作用和呼吸作用，空气中的氧含量约占20%，它对桑树的呼吸起着直接性作用。如果桑园土壤结构不良，水分过量，容易发生氧的不足，使根呼吸困难，妨碍桑树地上部分生长。因此，要整理好土壤，增施有机肥料，改良土壤结构，保持良好的通气条件。氮含量约占70%，虽然不能被桑树直接利用，但经过与其他元素相互作用后，可以被充分吸收利用。空气中二氧化碳含量约为0.03%，含量虽少，却是桑树光合作用的主要因素之一。二氧化碳浓度越大，桑树的光合作用就越强。空气中的其他元素也不同程度地影响着桑树的生长。

五、土壤

土壤是桑树生长的基础，桑树生命活动所需要的水分和养分都是从土壤中吸收的。土壤质地、土壤结构、土壤酸碱度等，不仅影响桑树的生长，桑叶品质和产量，而且影响蚕茧的品质和产量。土壤一般分为沙土、壤土和黏土。在沙质土和砾质土上生长的桑叶，其水分、蛋白质及脂肪含量较少，而碳水化合物粗纤维和灰分含量较黏壤土的多。黏土吸附力强,保水保肥性能好,但通气性、适水性差,好气性微生物活动弱,养分的分解慢,土壤易板结。沙土与黏土相反。壤土或黏壤土土质比较疏松,通气和排水性能良好,有机质丰富,最适合栽桑养蚕。无论何种土壤,都要增施有机肥,深耕细作,改良土壤结构,促进桑树生长。虽然桑树对土壤酸碱度适应性较强,但是,土壤酸碱度对桑树有一定的影响,在盐碱地上不宜栽桑,要想栽桑,必须改良土壤,降低土壤含盐量,才能使桑树正常生长。

六、 生物

桑园内的杂草,人为地采伐、收获桑叶,对桑树生长也有较大影响,桑园内的杂草应尽可能及时清除,但是,也有认为桑园内的杂草生长量在 210 克/米^2 以下时,并不对桑树正常生长有明显妨碍,可以此作为桑园杂草生长的容许界限。桑树间作应做到因地、因时制宜,采用适宜间作形式,选择优良的间作物种和最佳的间作时期,减少桑树与间作物水、肥和光等需求方面的矛盾,做到相辅相成,取得桑叶和间作物双丰收。

第二章
桑苗繁殖技术

　　繁殖和培育优良桑苗是发展蚕桑产业的前提，也是桑叶高产优质的基础，不论新桑园的建设还是老桑园的改造，都需要大量桑苗，而且桑苗质量好坏将影响桑园成林时间和产量、质量。实践证明，桑苗繁育必须坚持自采种、自育苗、自栽桑的原则，才能克服向外地购苗造成的成本高、质量差、成活率低、病虫害传播等缺点。而且广大蚕农在长期生产实践中，摸索总结了许多育苗经验和方法，为桑苗高质量繁育奠定了基础。

　　桑苗繁育就是利用桑树具有结实性、愈合性和再生机能强的特点，采用有性和无性繁殖方法，大量培育桑苗，满足当前发展蚕桑的生产需要。

第一节
优良桑树品种的性状

我国蚕业科技工作者已成功选育出了许多产叶量高、叶质优、抗逆和抗病性强的优良桑树新品种，许多新品种已在生产中发挥了重要作用，但由于桑树品种具有很强的地域适应性，各地气候和生态条件差异很大，如果盲目引进一些不适应当地环境条件的桑品种，往往会造成很大的经济损失。因此，各地在发展新桑园或进行老桑园改造时，一定要详细了解所引桑品种的特征特性和栽培特点，避免造成不必要的经济损失。为此特介绍几个优良桑树品种，供大家参考。

一、叶用桑树品种

1. 湖桑 32 号 （别名：尖头荷叶白、黄皮湖桑）

（1）来源和分布 原产浙江省海宁市。全国各主要蚕区都有栽培，是湖桑中分布最广的品种之一，也是河南省主要的栽培品种。

（2）特征 树型开张，枝条粗长弯曲，有卧伏枝，发条数多，侧枝也较多。节间较长，梢屈曲，皮淡黄色。皮孔小而圆，与条色近似。冬芽三角形，黄褐色，芽尖贴着枝条，副芽小而少。成叶长心脏形，呈显著的漩涡形扭转。叶形大，叶色淡绿，叶面光滑，光泽较差。叶缘为乳头齿。叶底深凹，叶尖锐头或短尾状。雌雄同株，雌花无花柱，桑葚不多。

（3）特性 冬芽的萌发和桑叶的成熟及硬化皆迟于一般湖桑，适宜作春壮蚕及秋蚕用桑。发芽率一般在 60% 左右。生长芽较少，止心芽较多，产叶量很高。木质坚硬，树性强健，生长旺盛。对褐斑病、萎缩型萎缩病有较强的抵抗能力，但对黄化型萎缩病抵抗力较弱。

（4）栽培特点 此品种树型开展，有卧伏枝，养成树型宜中高干，栽植密度也应比一般湖桑稍稀，发条数较多，疏芽时应注意留条数，以增加产叶量，此品种耐寒、耐瘠和耐旱力较强，一般地区均可栽植，在黄化型萎缩病多发的地区不宜栽植。

2. 桐乡青 （别名：青皮湖桑、牛舌头桑）

（1）来源和分布　原产于浙江省桐乡市，现已遍及许多蚕区，是湖桑中栽植面积较多的品种，河南也有栽植。

（2）特征　树型挺直，枝条长而直立，上下粗细开权较小，发条数中等。侧枝较少，节间较短，略有弯曲，皮青灰褐色，皮孔小而圆，冬芽长三角形，黄褐色，芽尖贴着枝条，副芽大，成叶长卵形稍扭转，叶形大，叶肉厚，叶色深绿，叶面很平滑，光泽强，叶缘锯齿乳头状，叶尖长锐头，叶底浅凹，雌雄同株或异株，同穗或异穗，雌花有花柱，柱头上有茸毛，桑葚较少。

（3）特性　春期发芽较早，叶成熟也较早，是发芽较早的中牛桑，枝条中下部多休眠芽，发芽率一般62%左右，生长芽较少，约占总芽数的8%。春叶成熟快，秋叶硬化早。对萎缩型萎缩病、褐斑病的抵抗力较强，抗赤锈病、污叶病较弱，特别对花叶型萎缩病和细菌病的抵抗力很弱。在湖桑中是一个产叶量较高、叶质较好的品种。

（4）栽培特点　由于树型不开张，发条数又偏少，故栽植距离宜稍稠，并多留拳、多留枝条，以增加单位面积的条数。秋期应加强肥水管理，适时采收桑叶，防止桑叶硬化。

3. 育711

（1）来源和分布　该品种由中国农业科学院蚕业研究所选育，全国各主要蚕区都有栽培。

（2）特征、特性　树型稍开展，枝条粗长而直，皮青灰色，节距4.2厘米，皮孔较大，冬芽呈三角形，较大，黄褐色，副芽小而少。叶心脏形，深绿色。具有产量高、叶质优、长势旺、发芽比湖桑品种略早、叶大而厚、节间较密等优点。开雌花，甚少。该品种属中生中熟品种，发条力强，侧枝少，每米枝条产春叶140克、秋叶114克，每亩产叶量2 000千克左右，抗旱性强，较耐寒。

（3）栽培特点　宜中、低干树型养成，长势旺，栽种密度以每亩栽800~1 000株为宜，每亩留有效枝条8 000~9 000根，若加强肥水等管理，增产效果明显，适合于长江流域栽培。

4. 农桑10号

（1）来源和分布　该品种由浙江省农业科学院蚕桑研究所选育，全国各主要蚕区都有栽培。

（2）特征、特性　树型直立，树冠紧凑，生长势旺，发条数多，枝条长而直，整齐度较高，侧枝少，皮孔黄褐色、椭圆形或圆形。冬芽长三角形、棕褐色，副芽大而多，芽尖离开枝条。叶长椭圆形，叶色深绿，叶面平而光滑，光泽较强，叶缘小乳头状，叶尖短尾状，叶基浅心形。开雄花，花穗少。叶肉厚，该品种属早生早熟品种，秋叶硬化迟，桑叶利用率高。每亩桑年产叶量 2 600 千克，抗黄化型萎缩病强，抗旱，耐瘠薄，适应性广。

（3）栽培特点　种植前要深耕、平整、开沟、施足基肥，种后勤施追肥。适当密植，每亩以 800～1 200 株为宜。定干后宜进行 2 年连续春伐，利于枝干生长粗壮。栽培需要充足的肥水，以期发挥高产性能。本品种属早熟型品种种植时宜搭配中熟品种。因为发芽早，整枝、修拳、剪梢等桑园管理应在 12 月底完成，以减少养分流失，提高来年春叶的产量。该品种发根力强，适合扦插繁殖。适应性广，各地均可种植，由于采叶容易，适合劳动力紧张地区种植。

5. 农桑 12 号

（1）来源和分布　该品种由浙江省农业科学院蚕桑研究所选育，全国各主要蚕区都有栽培。

（2）特征、特性　农桑 12 号树型直立，树冠紧凑，发条数多，枝条长而直，无侧枝。皮色黄褐，皮孔较多，呈小圆形、椭圆形，黄褐色。冬芽长三角形，紧贴枝条，紫褐色，副芽大而多。叶心脏形，深绿色，叶尖短尾状，叶缘乳头齿，叶基浅心形，叶肉较厚，叶面平而光滑，光泽较强，叶片向上斜伸。开雌雄花，花葚均较少。该品种属早生中熟品种，秋叶封顶迟、硬化迟。抗桑黄化型萎缩病和黑枯型细菌病能力强，抗桑蓟马、红蜘蛛、桑粉虱能力强。

（3）栽培特点　因叶形大、长势旺，栽种密度以每亩栽植 800～1 000 株为宜，种植前要深耕、平整、开沟、施足基肥，宜中、低干养成，定干后宜进行 2 年连续春伐，有利于枝干生长粗壮，每亩留有效枝条为 7 000～8 000 根，产叶量高、叶质优，在秋季特别要重视抗旱管理，在肥水管理水平高的条件下，更能发挥本品种的丰产性能。春季花期遇多雨天气，应注意防治缩小型菌核病。整枝剪梢、修剪、剪穗条宜立春前完成。发根力强，可用于扦插繁殖。适于长江流域栽培。

6. 农桑 14 号

（1）来源和分布　该品种由浙江省农业科学院蚕桑研究所选育，全国各主要蚕区都有栽培，是农桑系列品种分布最广的品种之一，也是河南省的主要栽培桑树品种。

（2）特征、特性　树型直立，树冠紧凑，发条数多，枝条粗直而长，无侧枝，皮色灰褐，皮孔小而多，圆形、椭圆形、黄褐色。冬芽正三角形，紧贴枝条，棕褐色，副芽大而多。叶心脏形，墨绿色，叶尖短尾状，叶缘小乳头齿，叶基浅心形，叶肉厚，叶面稍平而光滑，光泽强，叶片向上斜伸。开雄花，花穗较少。该品种属早生中熟品种，秋叶封顶迟、硬化迟。抗黄化型萎缩病和黑枯型细菌病能力强，抗桑蓟马、红蜘蛛、桑粉虱能力也强。

（3）栽培特点　种植前要深耕、平整、开沟、施足基肥，每亩栽植以800～1 200株为宜，宜养成中、低干树型，定干后宜进行2年连续春伐，有利于枝干生长粗壮，每亩留有效枝条为7 000～8 000根。春季花期遇多雨天气，应注意防治缩小型菌核病，在秋季特别要重视抗旱管理，在肥水管理水平高的条件下，更能发挥本品种的丰产性能，整枝、剪梢、修拳、剪穗条宜于立春前完成。发根力强，可用扦插繁殖。适应性广，抗性强，农艺性状优良，各地均可种植。

7. 陕桑 305

（1）来源和分布　该品种由陕西省蚕桑丝绸研究所选育，分布在陕西、山西等省。

（2）特征、特性　三倍体桑，晚生中熟品种。树型稍开展，枝条粗长而直，皮棕褐色，髓部稍大，偶有畸形叶或无叶枝段；节间直，皮孔椭圆形，淡褐色；冬芽短锥形，淡赤褐色，尖离，副芽小而少；成叶长心形，多浅裂，叶色翠绿，叶尖尖头，叶缘乳头齿，齿尖有小突起，叶底心形，叶肉稍厚，叶面微糙，有光泽，叶柄粗长，叶片稍下垂；雌花穗长0.6米，球形、不实、早落；抗桑疫病和抗寒性优于湖桑32号，木质较疏松，易伏条。发条数中等，生长势强；抗寒性较强，适应性广。

（3）栽培特点　该品种适宜于黄淮流域蚕区栽植。栽植不宜过密，每亩1 000株左右；养成中、低干树型，留足枝干。春剪梢不超过条长的1/5，并重施春肥。发条后适时疏芽，使枝条分布均匀，夏秋肥分2～3次施入。每公顷产叶量超过 30 吨的桑园应加大施肥量，注意配合磷肥、钾肥和有机肥，加强水肥管理和病虫害防治。小蚕用叶应比一般桑品种降低 1 ~ 2 个叶位采摘。夏季和早秋季采叶宜"间隔采叶"，并适当增加收获次数，做到壮条多采，弱条少采，促使枝条健壮整齐，以减少黄落叶和卧伏枝。

9. 强桑 1 号

（1）来源和分布　该品种由浙江省农业科学院蚕桑研究所选育，在全国各主要蚕区都有栽培。

（2）特征、特性　树型直立，树冠紧凑，枝条粗长稍弯曲；发条数多，侧枝少，皮色青灰，皮孔较少，长椭圆形或圆形，淡黄色；冬芽长三角形，赤褐色，芽尖紧贴枝条，发芽率 89.4%，生长芽率 26%；叶心脏形，略向左扭曲，翠绿色，叶尖长尾，叶缘小乳头齿，叶基浅心形，叶肉厚，叶面光滑，光泽强，叶片着生平展，产叶量高，封顶迟，利用率高，生长势旺，桑叶产量高，年亩桑产叶量一般都在 2 600 千克以上，比对照荷叶白增产 30%。成年树偶有雌花。叶质优，桑叶采摘容易。生长势旺，发根容易，扦插成活率高，抗桑黄化型萎缩病、桑黑枯型细菌病、桑蓟马、红蜘蛛、桑粉虱能力强，抗寒、耐旱、耐瘠，生长势旺，农艺性状优良，适应性广。

（3）栽培特点　强桑 1 号可在长江流域蚕区、西南蚕区、黄河流域蚕区等地推广。每亩栽植 800 株左右，定干时宜降低主干，扩展树冠，养成二级枝干的丰产树型，同时应注意多留条，增加有效条数。需要充足的肥水，以充分发挥品种高产优质的潜力。嫁接穗条剪取、整枝、修拳、剪梢等宜直立。应加强对桑天牛的防治。桑疫病易发地区慎栽。

10. 强桑 2 号

（1）来源和分布　强桑 2 号是浙江省农业科学院蚕桑研究所以母本为二倍体塔桑，父本为二倍体农桑 14 号，分布在浙江、江苏等省。

（2）特征、特性　树型矮壮开展，枝条和株间整齐，无侧枝；皮灰褐色，节间稍曲；冬芽正三角形，紫色，饱满；成叶阔心形，正绿色，叶片肥大，叶肉厚，叶面平滑无毛，光泽强。春季发芽率为 78.5%，在浙江省夏伐栽培下，几乎无花；在四川省春伐栽培下，成年树有雌花。强桑 2 号春季发芽期在 3 月中旬，比对照种湖桑 32 号早 5 ~ 7 天，比农桑 12、农桑 14 号迟 5 ~ 7 天，为中生中熟品种。秋叶硬化期在 10 月中下旬，约比湖桑 32 号迟 15 天；发条数和枝条长势中等；叶片凋萎慢，易采摘，收获省工。桑叶产量高，年桑叶产量高，耐旱耐瘠薄，适应性较强。下部黄落叶少，秋叶硬化迟。强桑 2 号强抗桑疫病，桑瘿蚊危害大于湖桑 32 号。

（3）栽培特点　由于该品种树型矮壮、开展，发条数和长势中等，枝条不是太长，叶形又大，建议亩栽 750～800 株，养成中低干树型。栽植时施足基肥，剪伐后多留条。采用嫁接繁殖育苗，繁殖和栽植成活率高，培苗时应注意留苗均匀。该品种属大叶丰产型品种，加强培肥管理更能获得增产效果，特别要重施夏肥，以提高秋条长度。四倍体品种后期及晚秋生长旺盛，推迟收获可增加产叶量，8 月施秋肥增加晚秋蚕饲养量。每期蚕采叶后每枝上部应留叶 5～7 片，以发挥叶形大、叶产量高的增产优势。在发现有桑瘿蚊和桑蓟马危害时，要及时采取防治措施。

11. 选育 792

（1）来源和分布　该品种由山东省蚕业研究所选育，分布在山东、河南等省。

（2）特征、特性　树型开展，发条数多，枝条较长而直，节间微曲或直，皮棕褐色。冬芽盾形，棕褐色，有副芽，贴生或芽尖离枝条着生。叶形大呈长卵形，叶面平滑具光泽，叶肉厚，叶色深绿，叶尖锐头，叶底弯入浅。开雌花，桑葚少。属中晚生品种，发芽较迟，开叶成熟较快。宜作春季大蚕和秋蚕用桑。发芽率在 75% 以上，生长芽率在 23% 左右。产叶量高，叶质优，耐储藏，耐寒耐旱，抗黄化型萎缩病强，但抗缩叶型桑疫病的能力较弱。

（3）栽培特点　建园宜适当密植，一般每亩种植 1 000～1 200 株，养成低中干树型，但不宜连年伐，应及时防治桑疫病。施肥掌握春肥足，秋肥迟。春肥占全年施肥量的 25%～30%，多施秋肥，最后一次秋肥应在 8 月下旬至 9 月上旬，施肥量占全年的 20%～30%。冬季剪梢宜轻，一般以剪条长的 1/5 为宜。适合于黄河流域、华北地区栽培。

二、果叶兼用型桑树品种

果桑是指专门以生产桑果为主要目标的一类桑树品种。桑果不仅可鲜食，还可榨汁加工成果汁饮料。《本草纲目》中记载，桑果具有补肝、益肾等功效，能治疗肝肾阴亏、消渴、便秘、目暗、耳鸣等。现代医学临床证明，常饮桑果汁，能够治疗须发早白、神经衰弱、血虚便秘、风湿关节痛等多种疾病。此外，果桑叶片还可用来养蚕。因此栽培果桑经济效益好，市场前景广阔。适宜北方地区专业化栽培的果桑品种主要有以下几种。

1. 红果 1 号

（1）品种来源　该品种由西北农林科技大学蚕桑丝绸研究所选育。

（2）特征特性　该品种树型紧凑，枝条粗长，节间较密，花芽率高，单果数 7~10 个，果长 2.5 米，果径 1.3 米，圆筒形，单果重 25 克，紫黑色果汁多，果味酸甜、稍淡，5 月 10 日左右成熟，果期 20~30 天，每亩产鲜果 2 000 千克左右，产桑叶 1 500 千克左右。抗旱耐寒性强，适合黄河流域栽植，是一个适宜果汁加工的高产品种。

（3）栽培特点　树势强健，宜中干略稀养成，以每亩栽植 550~600 株为宜，栽培时要施足有机肥，以提高桑果品质。我国南北方均可种植。

2. 红果 2 号

（1）品种来源　该品种由西北农林科技大学蚕桑丝绸研究所选育。

（2）特征特性　树型直立紧凑，枝条细直而长，皮青褐色，节间微曲，皮孔圆或椭圆形。冬芽三角形，饱满，红褐色，尖离，副芽少而大，叶卵圆形，深绿色，叶尖长尾状，叶缘乳头齿，叶基浅心形，叶面光滑有光泽。花芽率高，单芽果数 6~8 个，果长筒形，单果重 3~4 克，最大果重 10 克，紫黑色，果味酸甜爽口，果汁鲜艳，5 月 10 日左右成熟，成熟期 30 天左右，每亩产鲜果 1 500~2 000 千克，产桑叶 1 200 千克。抗旱耐寒性较强，适应性广。果叶兼用，桑果适合鲜食，也可加工。

（3）栽培特点　树势强健，宜中干略稀养成，以每亩栽植 550~600 株为宜。栽培时要施足有机肥，以提高桑果品质。我国南北方均可种植。

3. 大 10

（1）品种来源　该品种由广东省农业科学院蚕业研究所选育。

（2）特征特性　该品种树型开展，枝条细直，叶较大，花芽率高。皮淡褐色，冬芽三角形，棕褐色，芽尖稍离枝条着生，副芽较少，成叶心脏形，翠绿色，较平展，叶尖长尾状，叶缘锐齿，叶基浅心形。每亩产桑叶量 1 500 千克。该品种为早熟品种，单芽果数 5~6 个，果长 3~6 厘米，单果重 3.0~5.0 克，紫黑色，无籽，果汁丰富，果味酸甜清爽，含总糖 14.87%，总酸 0.82%，充分成熟时可溶性固形物含量14%～21%。黄淮流域5月上旬成熟，成熟期30天以上，每亩产鲜果1 500～2 500千克，抗病性较强，抗旱耐寒性较差，果叶兼用，桑果适合鲜食，也可加工。

（3）栽培特点　以每亩栽植500～600株为宜，定干后宜进行2年连续春伐，有利于枝干生长粗壮。栽培时要施足有机肥，以提高桑果品质。我国南方和中部冬季最低气温不低于－15°的地区适宜种植。

4. 白玉王

（1）品种来源　该品种由西北农林科技大学蚕桑丝绸研究所选育。

（2）特征特性　白玉王树型开展，枝条粗壮，长势较慢，叶较小，适应性强，抗旱耐寒，是一个大果型叶果兼用品种，桑果适合鲜食，也可加工。该品种为中熟品种，叶片较小，花芽率高。果实长筒形、乳白色，单果重4～6克，糖度高，味甜，口感好，宜鲜食。露地栽培，5月中下旬成熟，成熟期30天左右，成龄园每亩产鲜果1 000～1 200千克，产桑叶1 000～1 500千克，适应性强，抗旱耐寒。

（3）栽培特点　宜养成中、低干树型，栽植距离宜稀，以每亩栽植500～550株为宜。栽培时要施足有机肥，以提高桑果品质。我国南北方均可种植。

5. 8632

（1）品种来源　该品种由西北农林科技大学蚕桑丝绸研究所选育。

（2）特征特性　该品种树型开张，枝条细长而直，多下垂枝，发枝力中等。冬芽三角形，饱满，棕褐色，芽尖紧贴枝条，副芽多而明显。叶形大而叶肉较厚。该品种为早熟品种，叶片较大，花芽率极高，单芽果数4～5个，长筒形，单果重6～8克，最大15克，桑葚多而特大，紫黑色，有籽，黄淮流域5月上旬成熟，成熟期20天左右，每亩产鲜果2 500千克，产桑叶1 600千克左右。该品种抗旱、耐寒，抗病性、抗逆性强，产量高，果叶兼用，桑果适合鲜食，也可加工。

（3）栽培特点　宜养成中、低干树型，因叶形较大，长势旺，以每亩栽植550～600株为宜，栽培时需施足基肥，以发挥高产性能，适宜在陕北及沙化严重地区栽植。

第二节
桑苗有性繁殖

用种子播种，使其发芽生长，培育成苗的方法称有性繁殖。有性繁殖培育出来的苗，称实生苗。实生苗的用途：一是做砧木、培育成良种嫁接苗；二是可从实生苗中筛选优良品种；三是植于山地，叶材两用。

一、 桑籽的采集

1. 采种时期

河南省一般于 5 月中、下旬采集。一般桑葚呈紫黑色时可采。白色桑葚品种，应在饴黄色时采收。

2. 淘洗种子

先将桑葚揉烂，使果肉与种子分离，然后放在水中淘洗，漂去浮在水面的果肉和未成熟的种子，即可得到沉在下面的黄褐色饱满种子。淘洗好的桑籽，需薄摊在通风背阴处阴干，厚度 0.3 厘米左右，切忌在日光下晒干。一般 100 千克桑葚可淘洗得籽 2~3 千克。

二、 桑籽的储藏

桑籽粒小属短命种子，同时没有明显的休眠期，生理活动随环境的变化而变化，在高温多湿的条件下，经 2~3 个月就会使大部分种子丧失发芽力，因此必须妥善储藏。

1. 冷库储藏法

将干燥种子装入不漏气的塑料袋内，扎紧袋口，放在保鲜筐内，放入冷库，上盖塑料薄膜。冷藏温度 0~5℃。

2. 坛储法

少量桑籽可用坛储法储藏，用腹大口小的清洁坛，底部放生石灰（块灰），在石灰块上放几层粗纸，然后把装桑籽的布袋放在粗纸上，坛上留1/3空隙，生石灰与桑籽的比例一般为1:1或1:2，最后用塑料膜包扎坛口，用黏土或石蜡密封后放在阴凉干燥处（图2-1）。

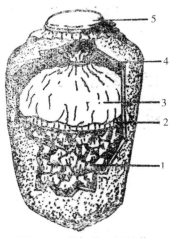

图2-1 桑籽的干燥储藏

1. 生石灰 2. 间隔物 3. 种子袋 4. 空隙 5. 密封坛口

三、 桑籽的鉴定

河南省春播桑苗往往因上年桑籽保管不善而缺苗率很高，因而在播种前对桑籽进行鉴定是很有必要的。

1. 桑籽的形状与色泽

优良的桑籽饱满，色泽为黄褐色。

2. 桑籽的重量和内容物

以调查千粒重的方法来鉴定种子的好坏。一般湖桑种子每克约700粒，千粒重为1.47克；实生桑籽每克约670粒，千粒重为1.48克；未成熟的桑籽或陈桑籽重量较轻，成熟桑籽和当年新桑籽较重。

3. 桑籽的清洁率

清洁率（％） = 净桑籽重量/调查桑籽总重量×100%

4. 发芽率和发芽势

发芽率就是桑籽总数中发芽数占的比例。发芽势是在单位时间内，种子发芽的整齐度。

发芽率调查方法：用消过毒的4副培养皿或盘子，底铺3~4层消过毒的皱纹纸，用冷开水湿润，在每副培养皿或盘子中排列 100 粒籽，一共为 4 组，然后放入 28~32℃的同一温度中催芽，一般在 8 天内发芽结束，每天统计发芽数，最后用 4 个重复的平均数来计算发芽率。在调查发芽率的同时，观察发芽势，一般 4~5 天内发芽结束的为发芽势好；如果从开始发芽到结束的时间越长，则发芽势越差。

$$发芽率 = 发芽种子总数 / 测定种子总数 \times 100\%$$

5. 种子的实用价值

测定种子的清洁率及发芽率后，可计算出桑籽的实用值，同时确定每亩下种量。

$$桑籽的实用价值 = 发芽率 \times 清洁率$$

四、 播种及实生苗圃的管理

1. 苗圃地的选择条件

苗圃地要求地势平坦，土质疏松的沙壤土或壤土，日照充足，通风良好，离水源近，便于灌溉。有桑根结线虫病或紫纹羽病的地块不能用作苗圃地。

2. 苗圃地的整理

（1）深耕　春季育苗的土地要求在上年秋末冬初土壤封冻前进行深耕，待播种前再进行复耕。夏季育苗的土地，要在前作物收获后立即深耕以便及早播种，深耕深度一般为 25~30 厘米。

（2）施基肥　每亩施堆肥 250 千克、过磷酸钙 10 千克，结合深耕翻入土中。

（3）整苗床　河南省由于容易发生干旱，为了便于灌溉及保墒，一般将苗床筑成低畦，床宽 1~1.3 米，床面大体与地面相平，床与床之间筑一小埂，以利保墒，苗床要求土碎如面、地平如镜。

3. 播种

（1）播种时期　一般分春播和夏播两个时期。春播一般在 4 月下旬地温达到 20℃时开始播种，夏播一般在 6 月播种。河南省一般以夏播为主。

（2）播种方法　分条播和撒播两种方法。一般以条播为主。85% 以上发芽率的桑籽，每亩播种量约为 0.5 千克。在播种前先浇一次透水，待表层土干后，即进行一次浅锄，然后在苗床上开宽 9~10 厘米、深 1~1.5 厘米的播种沟，行距为 26 厘米。若进行宽窄行播种，则宽行 26 厘米，窄行 12 厘米。播种时为了使种子撒匀，一般将 1 份种子和 5 份细沙或细土拌均匀后进行播种，沙土播种后须镇压播种沟并覆一层细土，然后用扫帚轻打床面，使种子与泥土密接。如土壤较黏，播种后无须覆土。播种沟上可撒一层麦糠，厚度以隐约见土为宜，以便保墒。桑籽是小粒种子，切忌种深。播种后最好能浇一次水，使种子和土壤密接，但切忌大水漫灌。

（3）播种后的管理

1）及时灌溉　在河南省范围内，水分的蒸发量大约相当于降水量的两倍，故易遇干旱天气，干旱时，苗床需及时浇水，使土壤保持湿润。

2）间苗、定苗　实生苗一般用作砧木来繁殖良种桑苗。条播苗每亩一般可留4万~5万株；撒播苗每亩可留8万~10万株。当幼苗长出2片真叶时，进行第一次间苗，拔除过细、过密的小苗，使苗距保持在3厘米左右。待真叶长出3~4片时，进行第二次间苗，按每亩定苗数来留苗，苗距4厘米左右。如有严重缺苗断垄现象，则可利用雨天将所间出的桑苗进行带土移栽。

3）施追肥　以速效性的人粪尿或畜粪为主，化肥为辅。注意氮、磷、钾和各种微量元素相配合。一般亩施人粪尿500~1 000千克，碳酸氢铵30千克，过磷酸钙5千克。

施肥原则：由淡到浓，多次浇施。在第一次间苗后用10%左右的人粪尿（即50千克人粪尿加450千克水）进行第一次施肥。每亩约施用人粪尿150千克。第二次间苗用20%人粪尿（即50千克人粪尿加20千克水）加5千克左右的碳酸氢铵浇施。每亩施用人粪尿约300千克。当苗高25~30厘米时进行第三次施肥，第三次用40%人粪尿（即50千克人粪尿加75千克水）加10千克碳酸氢铵及过磷酸钙5千克进行浇施。以后看苗施肥。8月中旬以后，不要再施肥料，以防苗木徒长，降低抗寒能力。

4）除草松土　原则是见草即除，要掌握除早、除小，除草结合松土，注意不伤苗根。

5）防治病虫害　发现病苗，立即拔除烧毁，以防蔓延。发现虫害立即进行防治。如发现桑剑蚂、红蜘蛛、桑叶蝉等，用1 000倍40%的乐果乳剂防治。

（4）苗木分级

1）挖苗　河南省大部分地区采取冬季一次挖出、冬闲时嫁接的措施，挖苗时应注意尽量少伤根系。

2）分级　凡根茎围度在2.3厘米以上的（与纸烟差不多粗细）可用作袋接砧木；围度在2.3厘米以下的可做倒劈接、倒袋接、撕皮根接砧木。分好级的桑苗可剪去苗干，将桑根储存在室内流沙中，温度保持在 5～10℃ 范围内，不可受冻，以免影响嫁接后的成活率。

第三节
桑苗无性繁殖

桑苗繁育常用嫁接、压条、扦插等方法，称为无性繁殖。无性繁殖能保持亲本的性状，所以，桑树常用无性繁殖方法保留优良品种的性状。

一、嫁接

1. 接穗的采集和储藏

（1）接穗的采集　冬季嫁接，接穗随用随采。春季嫁接（3 月上旬至 4 月上旬），则接穗应由惊蛰前后采集。一般 1 万株实生苗，采用袋接方法，需接穗条 75～100 千克；倒劈接、倒袋接、撕皮根接需接穗条 150～200 千克。

（2）接穗的储藏　春季进行嫁接，接穗由惊蛰前后采集，需进行储藏，边用边取。储藏的方法有两种：

1）室内储藏　选择阴凉通风的房屋，地上铺 6～10 厘米厚的潮沙，将穗条竖立于沙土上。储藏房屋白天需密闭，晚上可开窗换气。温度可保持在 10℃ 以下，以 5℃ 为最好。干湿温差保持在 5℃ 左右，需随时检查穗条的含水情况，以防干燥或霉变。

2）室外储藏　在阴凉干燥的地方，挖 1～1.5 米深的土坑，把穗条捆成捆后，横放在坑内，高度 2～3 层为宜，条上放席片遮盖，席上盖土 15 厘米左右，为了防止坑内发热，可扎几个玉米秆把，竖插于坑内，状如萝卜窖。

2. 嫁接方法

（1）袋接

1）袋接时间　冬季袋接在 1 月以后即可进行。春季袋接一般在 3 月中旬末到 4 月上旬为适期。见图 2-2。

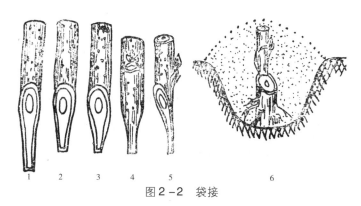

图 2-2 袋接

1. 第一刀削成的接穗　2. 第二刀削成的接穗　3. 第三、四刀削成的接穗

4. 接穗背面　5. 接穗侧面　6. 插接穗和壅土

2）袋接顺序　袋接按削、剪、插、埋 4 个顺序进行。

削接穗：选取芽饱满的枝条，先将枝条下端过粗的部分剪掉，然后用右手握接桑刀，刀背紧靠左膝，左手拿枝条在芽的反面稍下方约 0.9 厘米处斜削一刀，削口呈马耳形，并略呈弧形，削面长 3 厘米左右。第二刀把削面过长部分削去。第三、四刀，顺着削面左右向下斜削，使舌端部分两面露青，最后在芽的上方 0.9 厘米处剪下接穗。要求削面平滑，舌端三面露青，舌头宽窄适当，尖端皮层不可与木质部分离。

剪砧木：在砧木根茎交界处的下方（即黄皮部分选择没有侧根的地方）用桑剪剪成约 45°的斜面。砧木细则斜面可稍大，剪口要求平滑，皮层不破，否则重剪。

插接穗：把砧木斜面尖端皮层捏成袋状，随即把削好的接穗削面朝外，慢慢插入，直至插紧为止。但需注意的是，不可将砧木皮层插破或接穗尖端的皮层皱缩和损坏，同时袋口内不要混入泥沙。

埋：就地袋接，待插好接穗后，抓两把潮土，两手相向塞紧嫁接部位，然后盖土呈馒头状。

（2）倒袋接　选取芽饱满的 10 厘米长枝条为接穗，下部切口呈马耳形，其尖端正对顶芽，然后将一年生的实生桑根从根茎处向上斜削一刀，使其呈 0.9 厘米左右的斜面，再在其背面薄薄地削去一些皮层，然后捏开接穗切口的斜面，将细根切面对着穗条的皮层插入，使削面全部插入且插紧为止，见图 2-3。

（3）倒劈接　将粗壮充实的穗条，每三芽截成一段，两端切口均需平滑。将砧根分别截成 3 厘米左右长，把较粗一端左右对称地削成楔形，露出形成层，削面长度一般为 1.7 厘米左右。在接穗条的下端中央用刀将穗条切开（对准顶芽），深度 2.3~2.6 厘米，用刀撬开接穗的切口，将根装入，使其和接穗的形成层对准，然后将刀拔出，根被穗条切口之弹性夹紧。要做到"上不蹬空"，即穗条和根的上端不露出空隙；"下不露白"，即砧根削面全部插入，见图 2-4。

图 2-3　倒袋接

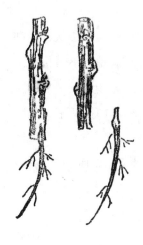

图 2-4　倒劈接

（4）撕皮根接　选用粗壮充实的中、下部枝条，每三芽截成一段，两端切口平滑。在接穗条下部两侧，用刀切断皮层并向上撕开皮层，宽0.8厘米左右，长1.5厘米左右。不可附带木质部。然后，将一年生多带须根的细根削成1~1.3厘米的斜面后，对好接穗皮层插入，插到底，保持平服密贴，用浸湿的麻皮，由上而下逐层绕紧，把嫁接部分全部覆盖，见图2-5。

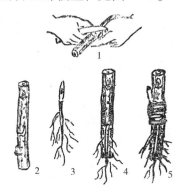

图2-5　撕皮根接

1. 揭皮　2. 揭皮后的接穗　3. 削成的接根　4. 插接穗　5. 扎缚

3. 嫁接体的储藏及移栽管理

（1）嫁接体的储藏　若嫁接体离下地时间尚早，则需要进行一段时间的储藏。具体方法如下：

1）室内储藏　选择阴凉通风的房屋，地面铺25~30厘米厚的潮沙，将嫁接体捆成小捆，一般以20株或50株捆成一捆，竖埋于潮沙中，沙的干湿程度以手握成团、落地散开为宜。温度保持在5~10℃，白天需关闭门窗，晚上可开窗换气。注意观察，严防嫁接体接口处霉变，或嫁接体失水。待地温上升到5℃以上时，即可下地。

2）室外储藏　若房舍紧缺，则亦可在室外储藏。在露地挖一土坑，深60厘米左右，长宽则可按嫁接体数量或地方确定。坑内铺25~30厘米潮沙，将嫁接体按上述数量捆成小捆，竖埋于潮沙中，坑面上用树枝平铺于坑面做棚架，架上盖草帘，既通气防冻又利于保湿，若遇雨雪，则上面盖塑料膜，待雨雪停后，再揭去塑料膜，需勤检查，以防嫁接体失水。

（2）嫁接体的移栽管理

1）移植时间　冬季嫁接，黄河以南一般2月下旬下地，黄河以北3月上、中旬下地。春季嫁接，则可随接随下地。

2）移植方法　先在苗床上开深21～24厘米、宽2～15厘米的栽植沟，沟距24厘米，栽植的嫁接体斜靠在沟的一边，株距9厘米，要做到上齐下不齐。然后用细潮土压实树根，但要防止接根松动或脱落，填平泥土，盖土厚度一般为3～6厘米，呈垄状。水利条件较好以及潮土可盖土薄一些，反之土质黏重易龟裂或无法浇灌的则可适当埋深一些，待桑芽萌动时可适当扒去过厚的盖土。

3）嫁接苗的管理　俗话说"三分接，七分管"，这正说明了移植后管理的重要性。具体管理事项如下：

第一，嫁接体移植前苗床需浇水灌透，待宜耕状态时（即捏土成团，扔下散开），将苗床筑好，然后将嫁接体埋入。

第二，如遇干旱可在垄间进行小水灌溉。反之若遇大雨冲塌盖土，露出穗头，雨后要及时进行覆土。

第三，覆土厚的，待接芽萌动时，进行扒土，土厚度减至1.2～1.5厘米。

第四，随时剥除砧芽，并及时治虫。

第五，当接穗顶芽刚出土时，若遇草荒，最好用手拔草，不宜用锄除草，以免除草时因松动嫁接体而影响成活率。

第六，施肥方法、施肥量可参照实生苗圃。

二、压条

压条是把母株的枝条平伏后压入土中，使枝条生根和生长，然后割断与母株相连接的部分而成为独立苗木。压条的方法：

1. "丁"字形压条法

冬季桑树落叶休眠，在母树附近挖1条或数条深宽均为15～18厘米的沟，沟中施5千克土粪，上面覆一层土，然后将1根或数根枝条横伏于沟中，使枝条呈水平状态，在枝条的基部及梢端用细潮土压住，不使其还原。由于枝条横伏后失去了顶端生长优势，故春季发芽后，大多数芽能生成生长芽，待生长芽长到15～20厘米时，去止心芽及生长芽基部3～4片叶，并在压条枝基部用小刀进行轻度环割，然后用土盖没，让生长芽上端露出地面，踏实即成。大约经2个月就发生新根，在发根期间，遇土壤干旱时，需及时浇水。此外做好除草、施肥工作。当年冬季在枝条基部剪断，使压条离开母株，然后将压条分段剪成独立苗木，见图2－6。

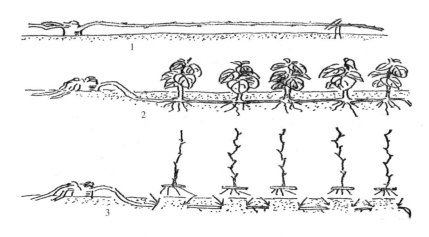

图 2-6   "丁" 字形压条

1. 压条前的伏条   2. 压条后的生长情况   3. 起苗

2. 速成丰产桑园压条补缺

其方法同上，但由于速成丰产桑园密度较大，土壤根系盘根错节，补植的桑树往往难以生存。与"丁"字形压条法不同的是，压条发根后使其仍和母株保持一定的营养关系，而地上部分占据所缺的空间，提高了桑园的光能利用率。据试验，用这种方法补缺，效果较好。

3. 壅土法压条

此法适用于无主干桑。一般在春季采叶后进行。方法是先在母株周围30厘米范围内，撒上草木灰、垃圾及土粪，厚10厘米左右，再壅上疏松的细土，堆成土墩，高20~25厘米，拍紧拍实，齐墩剪去枝条。发芽后每条留一壮芽，到秋季埋入土中部分已长出新根，当年冬季即可从母株上截断移栽。

三、扦插

扦插是用植物的营养器官，在合适的环境条件下，促使其发根长成独立植株的一种方法。其优点是方法简便速度快，繁殖系数高。

桑树可用一年生的枝条，截成段进行扦插。桑条发根主要在两个部位：一是叶痕附近的初生根原体发根，这种根称为定位根；二是伤口表面韧皮部附近，愈伤组织的次生根原体发根，这种根称为不定位根。目前在桑树扦插上，一般采用绿枝扦插和硬枝扦插两种。硬枝扦插：由于枝条木栓化程度高，初生根原体分化程度高，因此插条生根时，定位根和不定位根均有。绿枝扦插：由于初生根原体分化程度低，插条发根主要是不定位根。绿枝扦插又可分为塑料膜拱棚扦插和全光照喷雾扦插两种。

1. 硬枝扦插

（1）插穗处理　在 3 月中、下旬选取一年生无病虫害的健壮枝条，剪去梢端不充实的部分，将留下部分剪成长 12～15 厘米，着生 3～4 个芽的穗条，截面要求平滑，然后整理成捆，每捆 50 根，穗段芽尖一律向上，切勿倒置。将捆好的插穗基部 1/3 部分放入配好的激素溶液中浸 20～24 小时。取出后随即放入 500 倍多菌灵药液或 0.2% 高锰酸钾溶液中浸半小时做防腐处理。消毒完毕后，放入用 500 倍多菌灵药液消过毒的潮沙中储藏 3～5 天。沙的含水量以捏紧成团，扔下散开为宜。堆放厚度以插穗横排一层为好，切忌多层储藏。

激素可用吲哚丁酸 0.005% 加萘乙酸 0.005% 或用 1 号 ABT 生根粉均可。配制方法：吲哚丁酸、萘乙酸 0.005%，即 1 克吲哚丁酸加 1 克萘乙酸用 50 毫升乙醇溶解后，再加 20 千克水即成。

（2）插床的准备　苗床要求地势平坦，阳光充足，排灌方便，土质以沙壤土为好。按菜地的整地标准筑成畦宽 1.33 米的低畦插床，然后用一头削尖、直径 4 厘米左右的圆木棍，按株行距 7 厘米做穴，穴深约 10 厘米，穴中先装入 3～4 厘米深用 400 倍多菌灵药液消过毒的细河沙，然后插入穗段，再将穴孔用细沙填满，高出苗床 1～2 厘米。

（3）苗床管理　河南省春季干旱少雨，扦插后立即浇水，水量要足，使苗床表层湿润，水分下渗 15 厘米左右。扦插后浇水量要适当掌握，以后的水分补给要视苗床干湿情况而定。春季一般扦插后 1 个月内，每 4 天喷 1 次水，每次喷水要全面周到。为了防止插条基部腐烂，隔 3～4 天喷 1 次 500 倍多菌灵药液，喷洒时要注意均匀。

（4）覆盖保温、保湿材料　为了防止水分蒸发和提高苗床温度，苗床上搭制塑料棚或贴地膜。若采取塑料棚形式，则每次洒水施药后，必须将塑料棚四周用土压紧，当棚内温度超过 35℃ 以上时，揭开两头棚布进行换气降温。

（5）揭膜炼苗　当扦插苗新梢长到 3～5 厘米高时，选择阴雨天或早晚去膜进行炼苗，此时要加强对苗木的供水工作，有条件的可在早晚进行渠灌，水量要足。

（6）除草施肥　苗床内温度高、水分足，极易滋生杂草，要注意清除杂草。扦插密度大，苗床温度高，苗木生长迅速，要加强肥料供应，可用 0.2% 尿素和 0.5% 磷酸二氢钾混合液进行根外追肥，每 3 天 1 次，连追 5 次。

（7）挖苗移栽　有条件的可在 6 月中旬移栽大田，也可避开旱天，在雨季到来时移栽。移栽时，把规划的新桑园按定植标准开穴，施足基肥后栽植。挖苗时做到根系完整，剪去苗梢，随挖随栽，栽好后立即浇水，并剪去苗干，浇水要勤，成活后只要除草、松土、施肥跟上，当年秋季就能养蚕。

2. 绿枝扦插

绿枝扦插是利用桑树夏伐枝条上部的生长芽带叶扦插。一般选择在 5 月 20 ~ 25 日。

（1）塑料膜拱棚扦插　分为土钵扦插和沙床扦插两种。

1）土钵扦插

a. 筑苗床和制钵　扦插苗床要求阳光充足，排水方便。苗床一般长 10 米左右，宽 1.3 米，深 20 厘米。取出的土层可用于制土钵。具体方法：将取出的土打碎耙平，洒水湿润后，用制钵器打制土钵，钵高 10 厘米，直径 7 厘米，将制成的土钵排在底铺 10 厘米的细沙的苗床上，每平方米大约可排 200 个，钵间空隙填细沙，用塑料膜覆盖，防止雨水淋塌。

b. 搭双层棚架　棚架材料，用竹片、桑条及其他光滑树条均可。下层拱形棚架，高 80 厘米，棚架底脚宽 1.3 ~ 1.4 米，上层棚架高 1.1 米，棚架底脚宽 1.4 ~ 1.5 米。下层棚架覆盖塑料膜，上层棚架覆盖草帘子。搭架时，材料要光滑，以防刺破薄膜。每亩约需 70 千克薄膜。

c. 剪取接穗　春蚕 5 龄期为扦插时期。剪取的穗条要求新梢粗壮有力，且未采过叶片。剪取新梢一般在早晨或晚饭前，以维持叶片新鲜。自新梢下端起，向上剪取 10 ~ 12 厘米。然后剪中、下部叶片，只留上端一片叶，并将此叶再剪去 1/2，可减少水分的蒸腾量。一般一枝新梢剪取一段插穗为好，如穗源不足，新梢又粗壮，可自下而上剪取第二段。

d. 插穗基部的处理　插穗剪好后，还需在插穗下端两侧各削长 1.5 厘米，宽 0.4 ~ 0.5 厘米，深达木质部的两个伤口，以利生根。最后将削剪好的插穗插入盛有 400 倍多菌灵药液的水盆中，药液深度约 5 厘米。为了防干，在插穗上盖用药液浸过的湿布。上午剪好的插穗可在傍晚插入苗床，傍晚剪取的插穗可在翌日清晨插入苗床。

e. 扦插　处理过的插穗，必须在清晨或傍晚逐株插入土钵孔内，插入深度约 5 厘米，孔中灌用 400 倍多菌灵处理过的细潮沙，沙高出插孔口 1 ~ 2 厘米。同时要做到边插边喷水，以防插穗萎凋。扦插完毕后，立即用塑料薄膜覆盖，所用的薄膜要求透光良好，无穿孔，薄膜覆盖要求密闭，同时又要便于每天揭膜喷水。覆膜后，要求在上层棚架上随即覆盖草帘，以防阳光直射膜内，若温度过高（最高不得超过 35℃），易引起插穗叶片萎凋脱落。帘子长 2.1 ~ 2.2 米，草帘的密度与砖瓦厂用的大致相近，过稀膜内温度过高，过密棚内光照太弱，影响苗叶的光合作用和扦插成活率。覆帘的注意要点：帘子覆盖时，帘与帘之间搭接好。苗床两头为防止斜射阳光照入膜内，也得用帘子盖好。大风时要防止被风吹掉，阴雨天气可以不盖帘子。

f. 喷水喷药　扦插后苗床要求每天傍晚用喷壶喷水 1 次，每千株苗喷水 6 ~ 8 千克。每隔 3 天喷 1 次 400 倍多菌灵药液。喷水、喷药后立即覆盖薄膜。

g. 炼苗　插苗经 30 ~ 35 天管理后，插穗下部已经生长新根，上部腋芽萌发，当新叶开放 2 ~ 3 片时，可将苗床两头的薄膜揭起，经 0.5 ~ 1 天，如幼苗仍保持新鲜，即可揭去棚面上的薄膜。如两头薄膜揭去后，幼苗叶片出现萎凋，则继续盖好薄膜。炼苗准备工作做好后，即可揭去棚面上的薄膜，揭膜后每天喷水两次，多菌灵药液可停止喷洒。但要防止家畜、家禽危害。炼苗 3 天后，即可揭去帘子，让幼苗在全日光下炼苗 3 ~ 4 天。揭帘后，苗床每天喷水 2 ~ 4 次，每次喷水量可视天气情况，比原来适当增加。

h. 移栽　扦插苗一般经 45 天后带钵进行移栽，栽后必须浇水，或趁雨季进行移栽。

2）沙床扦插　此方法不用制钵，在苗床基部施一层土粪，上面覆细沙，厚度 20 厘米。苗床先喷一次 400 倍的多菌灵药液，然后进行扦插，方法是用一头削尖的木棒，在沙床上按株行距 7 厘米规格扎穴，穴深 10 厘米左右，将条基部插入，随后用手将沙壅紧，深度一般为 4 ~ 5 厘米。同时要做到边插边喷水，以防插穗萎凋。成活后的苗木一般留床，直至冬季再起苗移栽。

其他工作如筑畦搭棚、采穗、插穗、盖膜、喷水喷药、炼苗等一切管理工作和土钵扦插方法相同。

（2）全光照喷雾扦插　全光照喷雾扦插育苗技术已被广泛应用于林业、珍贵花卉、果树等植物的优良种苗大量繁殖，采用这种方法育苗，既能提高劳动生产率，又能收到显著的经济效益。其方法如下：

1）喷雾设备　可采用国家林业和草原局科技情报中心推广的新型专利产品——全光照扦插育苗自动喷雾装置。该装置为对称式长悬臂自压水式扫描喷雾的装置，是专门为全光照扦插育苗设计与干湿球式叶面水分控制仪配套使用的一种喷雾设备，可以实现叶面水分检测和 24 小时间歇喷雾全自动控制。每台可控制喷雾扦插面积 110 米^2，每批扦插 4 万 ~ 5 万株，全年可扦插 2 ~ 3 批。

2）苗圃地的选择　苗床应选择离水源、电源近，但又不受洪水侵袭的地方，同时要求日照充足、地势平坦，土壤最好是透水性好的沙土或沙壤土。苗床畦宽1.33米左右，深25厘米。将炭化稻壳、锯木屑或蛭石铺于苗床，厚15厘米，扦插前用500倍多菌灵进行苗床消毒。

3）插穗的准备和处理　插穗选半木质化的新梢。春蚕可结合壮蚕期夏伐采条，夏插可采夏伐后的疏芽条，秋插可从每株桑树上剪取1~2根新梢条。剪条应在早晨露水未干时进行，尽快运进室内，运输途中应盖湿布防止插条失水。制穗时剪去幼嫩多汁的嫩梢部分和木质化程度较高的基部，剩余部分剪成6~8厘米长插穗，上切口在茎节上方0.5~1厘米处，每根插穗上端保留1片叶，为了减少叶面散失水分，可将其剪去一半，使叶片呈蝴蝶状，一般称之为蝴蝶叶。然后将剪好的穗条下端齐平，按30~50根捆成小捆，放在低温背光处喷水保湿。

4）扦插及插后管理　扦插前先将成捆的插穗放在500倍的多菌灵中浸泡10分，稍干后在0.05%吲哚丁酸和0.025%的萘乙酸的混合溶液中浸3~5秒（即1克吲哚丁酸+0.5克萘乙酸，先用少量乙醇溶解后再加水2千克），这样能提高生根率和新生根的质量。每平方米插400~500株，最后一批留床苗每平方米250株，扦插深度为2厘米左右，插后随即喷雾。喷雾标准：插后1周以内，以叶面保持一层水膜为宜；7~10天，叶面水膜蒸发掉2/3即需喷雾；待插穗普遍长出新根后，可在叶面水分蒸发完后稍等片刻再喷雾；待大量根系形成后，可适当减少喷雾量；普遍长出侧根后停喷2~3天，进行炼苗。

扦插后除了做好水分管理外，为了防止插穗基部腐烂，则每隔4~5天喷1次500倍多菌灵药液。扦插成活后每隔4~5天喷1次叶面宝或效果好的叶肥，留床苗9月中旬要停止施肥，并进行摘心，以利培育壮苗和安全越冬。

5）移栽及栽后管理　5月下旬扦插第一批苗，从扦插到移栽35~40天；6月下旬、7月下旬扦插第二、第三批苗，从扦插到移栽约1个月；第三批苗亦可留床至冬季再进行移栽。若在苗木生长期进行移栽，防干旱是影响移栽成活率高低的主要因素，因为扦插苗根脆嫩易折断，叶面亦容易因天气干旱而失水。移栽前先整理好苗圃地，筑成宽1.33米的低畦，开好栽植沟，行距0.67米，按10厘米株距植苗，轻覆细土，随即灌水以便根、土密切结合，在地面可撒一层麦糠，防止地面水分过度蒸发，栽后每天浇水一次，一周以后酌情浇水。以后的管理方法与常规育苗相同。

影响桑树扦插成活率的因素很多。①从内在因素来看，主要是初生根原体的多少、分化程度高低、形成层细胞分生能力的强弱，这些和桑树品种有关系。如湖桑32号扦插成活率低，而风驰桑扦插成活率高。②枝条内营养物质的储存量也与扦插成活有密切关系，特别是碳水化合物和氮素化合物，是发根的能源。枝条内碳水化合物和氮素化合物之比，称为碳氮比，碳氮比偏高，成活率也偏高。因此，用偏施氮肥的桑树枝条作插条，成活率低。反之，采用配方施肥，做到氮、磷、钾和各种微量元素合理配合，多施有机肥料，桑园的桑条扦插成活率也高。③从环境因素来看，要提高扦插的成活率，必须有合适的温度、水分和氧气，以地温28~30℃、通气、湿润的土壤（即手捏成团，扔下散开）为适宜。一般来说地温偏高，气温偏低，插条先生根后长叶，插条成活率高。另外，应用某些植物激素和化学药剂处理，可以促进细胞的分化和呼吸作用，易于生根，如用0.01%~0.005%的萘乙酸、0.01%~0.05%的吲哚丁酸、0.01%的硼酸、1%的蔗糖、复合维生素B、高锰酸钾等药剂均有促进插条发根的效果。

第四节
桑苗出圃

一、挖苗

挖苗时间一般可在桑苗落叶后到翌年发芽前进行。挖苗时尽量使根系完整，保证根系不短于20厘米。干旱时可先进行灌水，待地表干燥后再挖。挖出来的桑苗，应随即栽植。外运苗应及时进行分级和包装，不可在日光下久晒，苗根要防止受冻，以免因干燥、冻害、脱水而降低成活率。如当天来不及栽植，则需在背阴处开沟假植。一般沟宽0.3米左右，深0.5米，沟边一侧呈45°斜坡。然后将苗排放在斜面上，用潮土壅埋踏实。苗干埋入深度为1/3~1/2。

二、分级

苗木挖出后，应按各省区的桑苗分级标准进行分级，分级主要依据根茎围度、苗干长度作为标准。分级方法：长度从根茎量到苗梢、围度量根一周，量围度时，可根据围度（周长）标准求出直径，或用简易卡尺进行度量。挖出的桑苗要按分级标准进行分级捆扎，并选出病虫害桑株。嫁接苗分级见表2－1。

表2－1 嫁接苗分级

等级	苗径 （厘米）	纯度 （%）
1	Φ≥1.0	
2	1.0＞Φ≥0.7	≥98
3	0.7＞Φ≥0.4	
等外苗	Φ＜0.4	

三、 检疫

桑苗出入境前一定要严格检疫，防止危险病虫害传播蔓延。近年，河南从外地购进大量桑苗，由于检疫不严格，有部分病虫害已经进入省内部分蚕区。特别是桑化型萎缩病，由苗木带入，蔓延很快。

四、 苗木的包装和运输

近年来，河南省从外省长途调运了大量桑苗，有些由于包装运输或假植措施不当，桑苗严重失水或受冻，成活率极低，造成严重的经济损失。桑苗长途运输，要做好包装，一般按苗木的大小分50株、100株或200株1捆，均匀放齐，以稻草或草帘封严捆紧，不露根系。挂上标签，注明品种、数量、等级。装车后在覆盖物上洒适量清水，然后用篷布全部封严。冬季运输要避开寒流。运到目的地后要立即假植，并加快栽植速度，缩短假植时间。

五、 假植

起出的桑苗若不能及时栽植定一要假植。选地势高燥、背风、阴凉处，挖宽约30厘米的假植沟，沟深相当于苗高的1/2～2/3，长度视数量而定。分级分别假植。桑苗在沟内一定要散开，用细土填满培实，把苗干的一半埋入土中，并适当浇水。进入严寒季节，要用秸秆将苗梢盖住。假植期间要防干、防冻、防霉、防沟内积水（图2-7）。

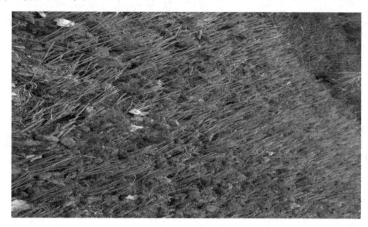

图2-7　假植

第三章
桑树省力化栽培管理技术

　　随着农村青壮劳动力向城市转移， 随之而来的必然是劳动力短缺和劳动成本的升高， 这也要求我们在桑园管理之中要最大限度地实现省力化，过去是靠力气挣钱， 现在是靠科技挣钱。 我们也非常欣喜地看到， 广大蚕桑科技工作者已将桑树省力化栽培与管理技术作为重点任务之一， 取得了许多成果， 并在桑蚕生产中推广应用， 取得了良好的效益。

第一节
桑园快速丰产技术

新栽植桑园常规需 2～3 年的树型养成期，第三、第四年才能正式投产，收效迟缓，特别是第一、第二年收益较少。幼龄桑快速成园、高产，迅速提高经济效益，是广大蚕农的迫切要求，也是增强蚕桑产业竞争力的形势所需。桑园快速丰产栽培技术是根据河南的地域特点，依据多年研究与实践，总结出的一套成熟的技术措施。技术要点：良种壮苗，好地深耕，适密浅栽，快速养成，优化群体，足肥勤灌，摘心盖膜等。利用该技术可提前 1 年养成树型，实现当年桑园平均亩产桑叶 800 千克以上，产茧 50 千克以上；第二年桑园亩产桑叶 2 400 千克，产茧达到 150 千克；第三年桑园亩产桑叶 3 000 千克，产茧 185 千克。该套技术措施具有先进实用、系统完整的特点，目前已在生产上大面积推广应用。

一、建园前准备

1. 选择土地

为保证新栽桑树速生、高产、稳产，桑树必须有良好的栽植条件。选择地势平坦，土层深 1.5 米以上，耕作层有机质在 1.2% 以上优质地块建园。桑园地要有完善的排灌系统，做到旱能浇、涝能排。

2. 整地施肥

桑园地整理时间以早为好，早整地有利于土壤熟化。整地时每亩施用 1 500～2 000 千克有机肥，全面撒施，深翻 40～60 厘米，以利于桑根伸展深扎，增强抗旱、抗寒能力，打好丰产基础。然后整平地面，按行距 1.8～2 米开挖栽植沟，沟宽、深各 50 厘米，先在沟底施入腐熟的有机肥，每亩施 3 000～3 500 千克，过磷酸钙每亩 60～70 千克，再填入细土与肥料拌匀，与肥料拌匀后引水灌沟，沉实土壤待栽。

3. 苗木选择与处理

用来栽植的苗木首先要选用枝条粗壮、根系发达、无病虫害的壮苗，最好选用适应当地气候条件的优良桑树品种，栽植后成活率高、生长快、便于树形养成，可及早投产。栽植前应将苗木根系进行适当修剪整理，剪去过长根、卷曲根，破损部分亦应切除，以避免伤口腐烂。但应特别注意以"少剪多留"为原则，尽量保持根系的完整。怀疑带有病原菌的苗木可在苗木整理好后用2% ~ 5%石灰水浸根5~10分，进行苗根消毒。失水较多、有轻度蔫萎的桑苗可将苗根浸于泥浆中1天左右，提高成活率。

二、 栽植方法

1. 栽植时间

栽桑时间选择在11月上中旬的初冬季节。此时桑苗处于休眠状态，体内储藏营养物质较多，水分蒸腾较少。初冬栽植，苗木根系与土壤密接时间较长，成活率高，发芽早，生长旺盛。

2. 开挖栽植沟

栽苗前，一定要平整土地，施足基肥，清除杂草。深耕深翻，并在深耕前，根据土壤地下害虫情况，撒一些药剂，防止栽苗后危害桑苗。为提高成活率和培育壮苗，必须加强肥水管理，浇一次水施一次肥。桑园行向可依据地势方位决定，尽量以南北向为好；山坡、丘陵地等高线开挖栽植沟；河滩地以河道平行开挖栽植沟。根据桑树的栽培密度，开挖栽植沟，沟深45~55厘米、宽55厘米。每亩施农家肥或有机肥3 500~4 000千克，复合肥100~120千克填入沟内，肥料表面覆盖10~15厘米厚的表土，然后栽植苗木。栽植树时，树苗要放正，根系均匀向四周伸展，然后填土，当填土到一半时，要用力把果桑苗稍微向上提一下，再填土踏实，即可浇水，对幼树成活和生长十分有利。

3. 栽植密度

栽植采用单行等距离密植形式，行株距分别为1.8~2米和30~35厘米，每亩栽植800~1 000株。栽植深度以埋没苗茎青黄交界处5~7厘米为度。栽时要将苗木大小分级，分开栽植，苗正、根舒、踏实，灌足定根水。

三、 栽后管理

1. 定干

春季桑苗栽植后，应及时从离地 30 厘米处定干，以确保主干的养成。剪除时，与平时伐条一样。剪干部位在目的高度的顶芽上方 1 厘米处，向芽的反面剪成马蹄形斜面。剪下的苗干可作接穗或插穗，要及时储藏好。冬栽或大风干旱地区，应于第二年春季桑树发芽前进行定干。如果当时定干，剪干高度应比预定高度稍高，防止枯桩影响定干部位的新芽萌发。

2. 剪枯桩

桑苗成活以后，有一部分桑苗上部的剪口芽不萌发，而是从下部发芽，使桑芽上部形成枯桩。枯桩虽不消耗营养，但易散失水分、削弱树势。应及时剪去枯桩，如不及时进行剪除，易受病虫危害。

3. 查苗补缺

桑园如有死株，就会影响单位面积产叶量，桑苗发芽后要及时检查，如发现有死株应立即拔除，并及时补植。补植后的桑树，应加强管理。在桑树栽植时，应另栽植一些预备苗，以备缺株进行补植时使用。

4. 施肥管理

桑树栽植当年，在施足基肥的基础上，要追肥。一般在新桑发芽开叶后，施粪水或尿素水肥 1 次。以后根据新桑生长情况追施肥 1~2 次。施肥量为每亩施尿素 5~10 千克或复合肥 10~15 千克。小树阶段每次施肥量不宜过多，一般为成林桑的 1/3 左右。

5. 及时排灌

（1）浇灌时间　桑园浇灌应根据桑树在不同的生长发育阶段对水的需求、土壤含水量和当地的气候特点来确定。发芽开叶期的需水量较大，如果土壤水分不足，就会延迟发芽，降低发芽率，抑制芽叶生长。

河南省桑树在 3 月下旬至 4 月上旬开始发芽，此时往往会遇上春旱，因此必须在发芽前灌溉 1 次。另外，4 月下旬至 5 月上旬，桑树开叶 5~10 片时灌促长水；春蚕 3 龄期灌转旺水；5 月 20 日左右（春蚕 5 龄初期）可连灌两次旺长水。夏秋季温度高，日照足，桑树正值旺盛生长阶段，是需肥、水量最多的时期，如遇干旱，就会严重影响桑树生长，降低桑叶产量和质量。一般夏伐后 5~6 天，桑树发芽时灌一次发芽水。雨季来临后不必再灌溉。秋季 10 天左右无有效降水就要灌溉；晚秋桑树生长缓慢，需水量较少，一般不必再灌溉。冬季待桑树枝条木栓化后，桑园冬季管理结束，低温来临之前灌越冬水，以提高土壤的热容量，防止干冬对桑树的危害。

另外，应注意炎热中午禁止浇水，久旱不雨浇第一次水要浇足灌透，浇水结合施肥更能提高桑树抗旱能力，灌后应及时松土保墒。

（2）排涝　桑园积水既影响桑叶产量又影响桑叶叶质。积水后土壤中缺乏空气，根系呼吸困难，吸收作用受到抑制，特别是在雨过天晴后，桑树地上部的蒸腾作用加强，而根的吸水机能受限，桑树水分收支不平衡，会引起地上部萎蔫，甚至落叶。由于桑根在缺氧条件下，会产生乙醇、硫化氢、有机酸等有毒物质，对根系产生毒害作用，使根部腐烂变黑，以致死亡。在新建桑园时，要做好规划，建好排灌设施，挖好排水沟，平时要加强检查，注意疏通沟渠。在地势低凹、地下水位较高的桑园，可每 1～2 行桑树做成一畦，畦面中间稍高，两边稍低，畦两边开挖浅沟，在桑园四周开挖深沟，遇水涝时，能及时排出桑园地面积水，并使地下水位下降。

6. 栽植行培土

北方地区冬栽定干后即在行间取土顺栽植行培土，宽 40 厘米左右，高 20～25 厘米，以盖没苗干为度。培垄能保湿、增温、护干，提高成活率，提早发芽。第二年桑树发芽前，行间灌水后平垄。平垄不可过早，以防影响培垄效果，但过迟易损坏桑芽，影响植株生长发育，河南一般在 3 月上中旬进行。春季若发现死苗要及时补植大苗，保证苗全、苗旺；同时还应进行松土、整平，清除杂草、废弃物，保持地面清洁干净；防止苗木松动、歪斜及人畜践踏毁损。根据雨量情况，应注意灌水或排水，促使苗木成活。

7. 松土除草

桑园经过一定时间后，特别是雨后，土壤容易板结，加上新桑园行间空旷，杂草容易丛生，土壤水分蒸发量大，威胁幼桑生长。因而，必须及时清除新桑园中的杂草。在除草的同时，用土踏实新桑根部，保证新桑正常生长。

8. 桑园清杂

新栽桑园中，前茬为麦田、油菜田的比例比较大，如不及时清理桑树周围的麦苗、油菜等杂物，夏粮成熟前，蒸发量大，势必带走大量水分，严重影响桑树成活率和桑树的正常生长。因此，凡栽植在麦田、油菜地等的桑树，将桑树两侧的麦子、油菜等各铲去 80～100 厘米，可减少其与桑树争夺养分，使桑树光照充足，有利于桑树进行光合作用。空地栽植的可在新桑根部 80 厘米外，间作适当的矮秆经济作物。

9. 疏芽

桑树发芽后，新芽长到 10～15 厘米时，要根据树型养成的要求进行疏芽。疏芽时，所留芽，必须分布方位适中，便于养好树型。根据去弱留强、去密留稀、见空就留的原则，疏去过密、横生、下垂、止心和病虫危害等新芽。一般每株保留 3～4 个健芽，其余疏去。

四、 培养丰产桑园

1. 快速养成树型

土质条件优良、肥水管理较好、苗木粗壮的新建桑园，可采取当年栽植，当年养成一层枝干，基本养成树型的快速养成法。方法如下。

栽后第一年春天发芽后任其生长，不进行疏芽，待芽长到 20 厘米左右时，将细弱芽疏去，留下壮芽于 15 厘米左右处摘心增条，培养成枝干，每株培养枝干 2～3 个，有效条 4～6 根，至秋后每亩有效条数 5 000 根左右，平均条长 1.5 米以上。

第二年不进行春伐而养春蚕，尽量提前夏伐，夏伐后，推迟疏芽，使桑树迅速增大光合作用面积，恢复生长。养夏蚕时，结合收获夏叶，把全部止心芽疏去喂蚕，这样既能增加夏叶产量，又能增加有效条数，减少无效条数，每株留芽 6～8 个。秋季每亩有效条达到 8 000 根以上，平均条长 1.5 米以上，总条长 10 000 米以上即进入丰产期。这种方法可比普通树型养成法提前 1 年。

2. 平衡树势

平衡树势是快速形成丰产群体的措施之一，这一工作须从定植后就开始。虽然栽植时大小苗分级栽植，但由于病虫害等原因，生长中仍会出现强、弱株分化。栽植第一年首先要注重病虫害防治，及时对弱株施肥，对只发一芽的要从离地 30 厘米处重新定干，促进腋芽萌发形成多条；将生长快而较高枝条嫩芽顶部用手轻捏，使其轻微受伤，抑制顶端生长；也可对生长过旺条枝条进行摘心，并结合养蚕多采叶片抑制其生长，对弱条不用叶或少用叶促使其生长。

以后采用提、压、抽、补调控树型，保持优化的群体结构。即在剪伐时做到低者提高，高者压低，密处抽拳去条，稀处补拳，使株间、行间桑树高度一致，桑拳、枝条稀密均匀一致。

3. 施肥管理

（1）施肥时期　合理施肥是桑园获得高产、丰产的重要措施。为满足桑树生长要求促进幼龄桑园高产，施肥采取以产定氮、磷、钾配比施肥的办法，以计划产叶量确定施肥量。先按计划产叶量以每千克纯氮生产 40～50 千克桑叶计算所需施氮量，再按氮∶磷∶钾为5∶2∶3的比例配施磷、钾肥。全年施肥 6 次，即春季 1 次，夏季 2 次，秋季 2 次，冬季 1 次。1 年生桑园如计划每亩产叶 750 千克，则需施纯氮 15 千克、五氧化二磷 6 千克、氧化钾 9 千克。2 年生桑园如计划每亩产桑叶 2 225 千克，则需每亩施纯氮 44.5 千克、五氧化二磷 17.8 千克、氧化钾 26.7 千克。春、夏、秋、冬四季施肥量比例约为 3∶4∶2∶1。成龄桑园如想保持每亩生产蚕茧 150 千克，每年必须保持以上施肥标准。

（2）叶面施肥　叶面施肥是提高幼龄桑园产量的有效方法，具有成本低、效益高、简便易行等优点。采用叶面施肥，肥料直接被叶片吸收利用可以显著提高利用率。叶面施肥还能增加桑园空气湿度，洗涤叶面灰尘和污染物，延缓桑叶老化。桑树在干旱、水涝、生长前期、夏伐残留叶或再生长时或受到晚霜等自然灾害时根系的吸收机能较差或吸收机能受到影响，采用叶面施肥效果较好。叶面施肥一般在傍晚进行，此时叶片湿润时间长，利于吸收。喷施部位最好是嫩叶的背面（枝条中上部叶片），该部位叶角质层薄，气孔相对多，吸收较快；叶面施肥一般每 7～10 天喷施 1 次，连喷 2～3 次为宜。春季可在收蚁前 5～7 天，夏季在 6 月中下旬喷施第一次，若喷后 6 小时内遇雨，应该重喷。有的叶面肥料呈酸性，不宜与碱性农药混喷，以免降低药效和影响肥效。

4. 病虫害防治

桑园病虫害防治必须采用预防为主、综合防治的方针，根据病虫害的发生规律，及时采取有效措施进行防治，以控制病虫危害，确保桑园丰产丰收。桑园间作菠菜，可有效预防晚霜危害，减轻桑象虫危害桑芽。发芽前后人工捕捉和药杀结合防治食芽害虫，桑芽萌动至雀口期以 50% 辛硫磷乳剂或 90% 敌百虫晶体 1 000 ~ 2 000 倍液药杀为主。开叶前后以人工捕捉为主；夏伐后及时用药效期较短的其他广谱性农药，做好"白拳"治虫工作，防治夏秋桑树病虫，如桑蓟马、红蜘蛛、野蚕、菱纹叶蝉等；各蚕期可根据虫情，适当采用人工捕捉或 50% 辛硫磷乳剂 1 000 ~ 3 000 倍液分片药杀。冬季落叶前可用广谱性药效期较长的农药喷药杀越冬前害虫，如桑螟、桑尺蠖、桑毛虫等害虫，防治桑细菌病、桑褐斑病、桑白粉病等病。落叶后及时清洁桑园，修剪枯桩干枝、病虫枝，清除病残体。

第二节
河滩地、 河堤桑树栽培技术

一、 河滩地栽桑技术

河滩地种桑优点：不与其他农作物争地，投工少，成本低，收效快。缺点：河滩地是由于洪水长期反复涨落、沉积而形成的很深的砾砂层，有机质含量少，地势低洼、砂石多、土质松，易涝易旱，保水性差，地下水位变动较大，下滩有时常被淹没，需加以改良。因此，栽桑前必须全面调查了解河滩的水文、土质情况，选择适合栽桑地段，以便采取综合治理措施，提前成林。河滩地栽桑提前成林的主要环节是增加土壤有机质，提高土壤肥力，减少地面蒸热。

1. 客土栽植

河滩地土壤往往肥瘠不同，一般下层沙粒较细，上层淤泥很厚的肥沃土壤，可以直接栽桑。瘠薄的沙地，因土质松，常有风移现象。栽桑后，因风吹摇动，根部常易暴露，影响成活，缺株多，生长差。应深挖栽植沟，客土栽植，多施有机肥；栽植宜深，根茎处可埋入土中 20 厘米，踏实，造成适宜桑树根系生长的小环境，提高成活率。

2. 适当密植， 减轻沙害

高温干旱季节，沙土易起灰尘，危害叶质，同时沙土吸热快、升温高，影响桑树生长。可适当密植，扩大地面覆盖率，挡风遮光，固沙防热。在有条件地区，注意灌溉、降温。

3. 低干剪定，提前成林

在洪水常常淹没的河滩地段上栽桑，选用大苗，行向应顺水流方向，养成中、高干树型，利用桑树干高、根深的特点，抵抗洪水影响。一般河滩沙地可采用低干剪定，使根部舒展于耕作层，上下协调一致，生长繁茂，提前成林。

4. 种植绿肥，遮阴防热

防止蒸热，是河滩桑园优质、高产的重要措施。种植绿肥，不仅能增加土壤有机质含量，改良土壤，提高土壤肥力，而且能增加地面遮阴率，防止蒸热。初栽的小树，生长缓慢，对地面遮阴少，或在夏伐后遇高温干燥气候，沙土大量吸热，地表温度可高达40℃以上，热气流急剧上升，形成蒸热，易引起桑树枝叶枯萎，嫩芽损害，严重妨碍桑树生长。所以，种植绿肥，还有减轻地面辐射、缓冲温度激变、减轻对桑树不良影响的作用。

5. 培肥土壤，持续高产

河滩沙地含有机质少，肥效难以持久，除间种绿肥外，还要多施有机质肥料。最好用池塘淤泥或堆厩肥等改良土壤性状。夏伐后要重施夏肥，施用球状化肥，并分次追肥。

二、 河堤栽桑技术

在全面规划的前提下，合理利用堤坝栽桑，发展蚕桑产业，潜力很大。堤坝是由开挖河道、沟渠、塘堰时堆土而成，虽然土层深厚，土质疏松，地下水位低，排水良好，但土壤性状复杂。有的黏性重，有的沙性重，即使同一条河，不同地段、不同层次的土壤差异也很大。如新挖堤坝，风化程度低，土壤结构差，有机质和养分含量少。

堤坝的构造大小不同。一般大的河堤，堤顶为平地，宽度从几米到十几米。堤两边为斜坡，近河一面的斜坡下方平地称青坎。青坎下面是堤坡。只要合理安排，河堤的青坎、堤顶和堤坡都可栽桑，形成林带。河堤栽桑的关键措施是提高植桑质量，保证幼树成活，加强培肥管理，重点改良土壤。

1. 合理规划，充分利用河堤栽桑

由于地形不同，河堤各段的险要程度不同，一些险段只宜养护，不宜栽桑。还有一些河堤与道路相互交错。因此在利用河堤栽桑时，必须综合考虑，宜桑则桑，宜林则林。如果堤顶做人行道路，可利用青坎、堤坡栽桑。

2. 改良土壤，创造适宜植桑环境

新挖河堤由于有机质少，养分缺乏，桑树栽植后，生长不良，管理困难，可先利用旧堤栽桑。对新堤，通过日晒、雨淋、霜冻，初步改良土壤理化性状或种植1~2季豆科绿肥，增加土壤有机质后，再进行栽桑，给桑树生长创造良好环境，提高栽桑成活率。

3. 提高栽桑质量，促进桑树生长

河堤栽桑应沿等高线挖沟栽植，株距适当密些，行向与河水流向一致。由于河堤地面高低不平，特别是新挖河堤，在挖栽植沟前，应铲高填低，平整地面。栽植沟中的土块要打碎，施足基肥，每亩1 500~2 000千克堆厩肥。选用大苗、栽桑时苗要扶正，根系要舒展。要用田地中的表土客土栽植，填土要细碎，踏实。堤坝栽桑成活的关键问题是要施足基肥，客土栽植，栽植沟中不能有大土块，填土要细碎、踏实，适当深栽，不使漏风。

河堤栽桑通风透光好，可适当密植，树型养成中干或低干两层支干拳式剪定，以充分发挥土层厚、根系深的优势。

4. 培肥土壤，提前丰产

由于河堤土质瘠薄，桑树生长缓慢，应加强培肥管理，增施肥料，每次施肥时，应在每行上坡开沟施入，减少水土流失。由于土壤有机质少，每年冬季最少要施一次土杂肥、厩肥等农家肥料。要广种绿肥，种绿肥不仅能增加土壤有机质，培肥土壤，还能在绿肥生长期间蓄水固土，减少河堤水土流失。

5. 加强管理，稳定产量

因土层厚，河堤栽桑，桑树根系伸展深广，生长繁茂，要注意培肥管理，防治病虫危害，灌水防旱，分批用叶，稳定产量。同时，还要注意沿堤大田作物治虫喷药时可能造成的桑叶污染，影响蚕作安全。

第三节
桑园覆盖黑色地膜技术

农用黑色地膜是以聚乙烯为主要原料,广泛应用于农业覆盖的黑色塑料薄膜,在蔬菜生产上应用较多。桑园黑色地膜覆盖是近几年推广的一项桑园省力化管理技术,已经非常成熟,而且简单实用,是一项省工省力、降低生产成本、增产效果显著的实用技术,已在河南主要蚕区大面积推广,深受广大蚕农的欢迎(图3-1)。

图3-1 桑园覆盖黑色地膜

一、 桑园覆盖黑色地膜的好处

1. 抑制杂草生长

采用透明地膜覆盖时,草害是个严重问题,而用农用黑色地膜覆盖后,地面杂草因光照不足而难以生长,测定表明,覆盖透光率5%的黑色膜后,一个月后土壤几乎不见杂草;使用透光率10%的农用黑色地膜覆盖时,土壤虽生出杂草,但生长力很弱,不会成灾,桑园覆盖黑色地膜,免去了一年需要人工除草3~4次的麻烦,全年免除草,减少了桑园管理用工,同时还消除了因使用除草剂造成的土壤污染和蚕中毒。

2. 保持土壤水分

覆盖黑色地膜可使土壤保水能力增强,能有效减少土壤水分蒸发,尤其是在旱季以及远离水源、浇水困难的地块效果更为明显,而雨季又能防涝。据试验测定,黑色地膜覆盖后,地下 5 米含水量都比透明膜覆盖高 4% ~ 10%。另外,覆盖黑色地膜土壤不易板结,追肥、翻地更易进行操作。

3. 提高肥效

覆盖黑色地膜有良好的保肥效果,能明显减少肥料流失和挥发,提高肥效,降低肥料投入成本,用黑色地膜覆的土壤,因土壤温度变化平稳,有机质处于正常循环状态中。测定表明:在覆盖黑色地膜栽培作物的土壤中的全氮、有机质、速效钾、碱解氮等营养指标,比覆盖透明膜的都有不同程度的提高。

4. 减少病虫害

覆盖黑色地膜对防治桑瘿蚊效果显著,因为黑色地膜能有效阻止桑瘿蚊出土上树危害,个别出土危害桑芽的桑瘿蚊幼虫又无法入土,因此能明显减少桑瘿蚊的危害。根据某地调查,覆盖黑色地膜使桑瘿蚊危害率降低了 70% 左右,同时也能减少红蜘蛛、桑蓟马、桑叶蝉等害虫的发生。

5. 保持地温

覆盖黑色地膜能保持地温,促进桑树生长及夏伐后的发芽率,同时还能减少地温温差。黑色地膜透光率低,辐射热透过少,所以被覆盖土壤的土温日变化幅度小,有利于促进作物根系的正常生长。据试验测定,黑色膜覆盖的土壤,在植株生长旺盛期的高温季节,土温比用透明膜覆盖低 1 ~ 3℃。

6. 提高桑叶产量

覆盖黑色地膜能抑制杂草、保水、保肥、保温、减少病虫害,促进桑树生长,提高桑园产叶量。根据某公司调查,覆盖黑地膜的桑园夏伐后桑树发芽率提高 2% ~ 3%,发条数增加,能增产桑叶和蚕茧各 10% ~ 15%。

7. 提高叶质

因目前桑树树型都是低干养成,雨季枝条下部泥叶较多,覆盖黑色地膜后能有效减少泥叶,减少喂蚕洗叶的麻烦,同时减少蚕细菌病的发生。到晚秋蚕期还能推迟桑叶老化时间,秋季桑叶质量好,产量高,养蚕发病少,单产高,尤其是遇到旱年时效果更为明显。

8. 减少施药和除草用工

覆盖黑色地膜能有效抑制杂草生长,可以减少农药和人工投入,降低生产成本。

9. 改善土壤结构

覆盖黑色地膜的地块始终保持土壤表面不板结，膜下土壤空隙增大，土壤疏松，通透性增强，有利于桑树根系生长。

二、 黑色地膜覆盖技术要点

1. 黑色地膜的选择

选择有光泽、韧性好的黑色农用原生塑料薄膜，每亩用量 12～13 千克，可使用 2 年以上。地膜规格可按桑树栽植行距的宽度选择。如果是宽幅地膜，覆盖前按行距宽度进行裁剪，并卷成筒状以备使用。

2. 桑园地的选择

地膜覆盖宜选择成片、集中、较为平整的桑园，但幼龄桑园和稀植桑园覆盖效果更好。地膜覆盖前一年冬季，桑应冬耕一次并施足冬肥，以有机肥为主。地面稍做整理，使其畦中间略高于两侧，盖膜后雨水向畦沟流入，畦面不积水。冬季种绿肥的桑园盖地膜前不必整理，杂草较多的桑地也不必除草，直接盖地膜后绿肥和杂草会自然死亡。

3. 地膜覆盖时间与方法

一般施入春肥（催芽肥）后即可盖膜。方法：按桑树行间平铺地膜，畦两头用土压膜防止风吹；左右两块地膜在桑树株间交接，用土块镇压即可。注意：摊地膜时不宜绷得太紧，以免人工踩踏时造成破裂；地膜中间切勿盖土，畦沟上不要盖膜。

4. 覆盖地膜后桑园的肥水管理

盖膜后桑园施肥方法：将地膜一侧掀起，开沟施肥盖土后再把地膜复原。夏秋肥可合并于 7 月中下旬一次性施入。当年冬季不冬耕，不起膜。全年施肥 2～3 次，但总施肥量不减少，多施复合肥或适当配施磷钾肥，保证桑叶质量。多雨季节应开沟排水。夏秋季遇干旱时，可在畦沟中开鱼鳞坑以蓄积雨水，增加土壤含水量。

5. 起膜清园

地膜覆盖 2～3 年后会老化破裂，根据破裂程度于第二年冬季或第三年夏季将地膜清除出桑园，集中处理，以防污染环境。起膜后可冬耕一次，并施足有机肥，待下年春期再次盖膜。

若在第三年夏季起膜，当年秋期不必再盖膜，杂草生长一般很少，入冬后冬耕施肥，称为"一盖三年，三年一耕"，省力化效果及经济效益更加显著。

三、 黑色地膜适宜地域

黑色地膜覆盖技术适合长江以北年降水量较少而降水集中的蚕区以及易干旱的山区、沙土地等。低洼地和排水困难的地块不宜覆盖，以防涝害和烂根。

第四节
桑园覆草管理技术

桑园覆草技术就是利用麦秸秆、菜籽秆、蚕豆秆、稻草等植物秸秆，撒在桑树行间，实施桑园土壤覆盖的一项实用技术。桑园覆盖杂草秸秆增产作用显著，凡是有草料来源的蚕区，都可采用。

一、 桑园覆草的好处

1. 防止水土流失

桑园覆草可以保护表土，避免雨水直接打击，并使落在草料上的雨水变成缓慢的水流向土层渗透，减少土壤流失。

2. 保蓄土壤水分

覆盖草料可以减轻日晒、雨淋和人为践踏对土壤的影响，使土壤在较长时期保持比较疏松的状态。降雨时，能有较多水分渗入土层之中；天旱时，覆盖的草料又能减少土壤水分的蒸发损失。覆草的桑园比未覆草的桑园土壤含水量高3%以上。

3. 抑制杂草生长

桑园覆草，被盖住的各种杂草见不到阳光，不能正常生长，时间稍长就会死亡，即使刚萌发的杂草种子也无法继续生长。铺草对于防除杂草，特别是多年生杂草，有很好效果。

4. 稳定土壤温度

覆盖草料，夏季能使土壤不受烈日照射，土温相对较低。冬季又能减少土壤热量的散失，土温相对较高。全年土温的变动幅度较小而相对稳定，有利于桑树根系生长。覆草是冬季寒冷的北方蚕区和山地桑园保护桑树根部不受冻的主要措施。

5. 增加土壤有机质

覆盖的草料本身就是一种有机肥料，其腐烂之后，不但补充土壤中的氮、磷、钾，而且还能大大增加土壤腐殖质，这对于熟化桑园土壤、全面改善土壤理化性质、活跃与增加土壤微生物等均有重要作用。一般桑园土壤，只要经过连续数年的覆草之后，土壤肥力即会有明显提高。

6. 充分利用资源

每到粮食收获季节，农民把大量的秸秆放在田间进行焚烧，造成环境污染。实施桑园覆草可以有效利用自然资源，变废为宝，促进生态良性循环。

7. 桑叶增产

桑园覆草可有效促进桑树生长，提高桑叶产量和质量，一般桑叶可增产10%以上。

二、 覆草技术

桑园覆草是增产桑叶的一种有效措施。由于覆草的数量、方式、时期以及草料本身性质的不同，其增产作用大小也会有所不同。

1. 草料来源

稻草、麦秆、豆秸、油菜秆、绿肥、山野杂草、麦壳、豆壳、菜籽荚壳、种绿肥的茎秆、落叶、树皮、木屑、厨房有机垃圾、嫩柴、灌木枝条等均可在桑树行间覆盖。

2. 适时覆草

6月上中旬草源充足，且桑树夏伐后田间易操作；也可以在3月中下旬，用上年的杂草或稻草覆盖。

3. 覆草适量

一般每亩桑园覆草600千克左右，厚度以不见土为宜。注意：覆草少容易产生地面杂草，覆草过多会影响土壤的通透性。

4. 沟系配套

覆草的桑园沟系要畅通，防止水系不通。

三、 注意事项

1. 注意防火

覆草后的桑园，注意防火。

2. 桑园病虫防治

覆草后的桑园在进行桑树治虫的时候，还要在覆草上喷施一些高效低毒农药。多雨地区要注意加强对桑树膏药病和介壳虫的防治。桑瘿蚊发生地区，应避免桑园覆草。

3. 减少桑园干旱高温

要在伏旱出现之前，土壤水分比较多时，先浅耕松土，再铺草覆盖。

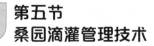

第五节
桑园滴灌管理技术

滴灌是通过主管、支管和毛细管上的滴头，在低压下向土壤经常缓慢地滴水，是直接向土壤供应已过滤的水分、肥料或其他化学药剂等的一种灌溉技术。水滴入桑树根部附近的土壤，使桑树主要根区的土壤经常保持最优含水状况。滴灌技术适用于任何土壤、任何地形和任何种植密度的桑园，丘陵和干旱山区效果显著。

一、 滴灌系统

滴灌系统由水源、首部枢纽、输水管道系统和滴头 4 部分组成。首部枢纽包括水泵、动力机、化肥施加器、过滤器、各种控制与测量设备。

二、 滴灌系统的布设

布设滴灌系统时应尽量使整个系统长度最短、控制面积最大、投资最低。滴灌系统分固定式和移动式两种，固定式主管、支管、毛细管全部固定；移动式主管、支管固定，毛细管可以移动。桑树滴灌采用固定式、移动式均可。滴头流量一般控制在 2~5 升/时，滴头间距 0.5~1.0 米。黏土，滴头流量宜大、间距也宜大，反之亦然。平坦地区，主管、支管、毛细管三级管最好相互垂直，毛细管应与桑树种植方向一致。山区丘陵地区，主管与等高线平行布置，毛细管与支管垂直。一般桑园滴灌毛细管长度为 50~80 米，并加辅助毛细管 5~10 米。

三、注意事项

一是滴灌的管道和滴头容易堵塞，对水质要求较高，所以需要安装过滤器；二是滴灌不适宜结冻期灌溉，不能利用滴灌系统追施农家肥。

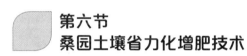

第六节
桑园土壤省力化增肥技术

绿肥根系发达，主根入土层较深，能吸收深层土壤中不易被其他作物吸收的养分。经翻埋后，绿肥的叶、茎、根很易分解，分解后为土壤提供大量的有机质，再加上绿肥根系有较强的穿插能力，促进了土壤水稳定性团粒结构的形成，从而改善了土壤的理化性状，使土壤肥力增强，促进桑树生长，提高桑叶产量。因此，桑园间种绿肥是最省力化的增肥措施。

一、桑园间作绿肥的好处

1. 增加土壤有机质与养分含量

绿肥中含有机质 15%、氮 0.5%。其中 2/3 氮素是通过根瘤菌从空气中固定而来。

2. 改良土壤，提高肥力

绿肥中含有丰富的有机质，是改良土壤的好材料，尤其对黏土、沙土、盐碱土的改良效果更佳。施用绿肥后，可使土壤结构得到改善，土壤的水、肥、气、热因素得到协调，提高了土壤肥力。

3. 保持水土，抑制杂草

间作绿肥后，地面得到了覆盖，可以防止雨水冲刷，减少水土流失，同时抑制杂草生长。

4. 节省劳力

绿肥可就地埋青，也可以发展草食家畜家禽，厩肥再返回桑园做肥料，既节省了劳动力，也达到了综合利用的效果。

二、 桑园间作绿肥主要技术要点

1. 选用良种

各地应根据当地气候和桑园土壤特点，选用适合本地栽培的绿肥品种。例如冬季绿肥中的蚕豆、紫云英等，耐湿性较强，适宜在温暖湿润的地区栽培；苕子耐旱耐瘠性较强，适于山地种植。夏秋季绿肥中的田菁，耐盐碱、耐瘠薄、耐湿性均较强，适宜于盐碱地或瘠薄地种植；猪屎豆耐瘠、耐旱，适宜于瘠薄的山地种植。

2. 适时早播

绿肥的播种时期应灵活掌握，紫云英、苕子、野苜蓿等，一般在9月播种为宜，最迟不超过10月上旬，蚕豆和豌豆以10月前后播种为宜。夏季绿肥最好在夏伐前10天左右播种，争取在夏伐前出苗。绿肥作物在适期播种的范围内，一般早播比迟播较好。

3. 适当密播

适当密播能提高绿肥鲜草产量。播种量的确定，要根据具体情况灵活掌握，如桑园行距宽，绿肥种粒较大、土壤瘠薄的应多播；绿肥作物分枝力强、土壤肥沃的可适当少播。一般紫云英每亩播种量为2~3千克、蚕豆10~15千克、苕子3~4千克，野苜蓿4千克。夏季绿肥，猪屎豆每亩播种1.5~2千克、绿豆3.5~4千克、田菁4千克。在不影响桑树生长情况下，可尽可能扩大绿肥播种面积。

4. 合理播种方法

播种方法依绿肥种类而不同，如紫云英、野苜蓿、苕子等宜撒播或条播，蚕豆、绿豆等宜点播或条播，行距以25厘米左右，穴距以10厘米左右为宜。播种行数以桑树行间宽度而定。此外，有些禾本科绿肥可与豆科绿肥混播或间作，既可保护幼苗安全越冬和提高产量，又能更好地改良土壤的理化性状。

5. 加强培肥管理

不同的绿肥作物，虽然耐瘠性强弱不同，但施用肥料后都有明显的增产作用，绿肥苗期对磷肥的反应较敏感，土壤缺磷时，幼苗生长差，影响绿肥产量，播种时要用过磷酸钙拌种，也可和土杂肥一起下种，做到"无磷不下种"。冬季绿肥，入春以后可施少量人粪尿和硫酸铵等化肥，以促进绿肥生长，达到"以小肥换大肥"的目的；夏季绿肥，为了促进绿肥生长和减少绿肥与桑树争肥矛盾，苗期应追肥 1~2 次。

6. 适时收割和施用

适时收割绿肥可以提高绿肥产量和肥效，一般在盛花期或初荚期收割，不仅产鲜草量多而且肥效高。绿肥种类不同，收割适期也稍有差异，紫云英和苕子宜在初花期至盛花期收割，野苜蓿和豌豆宜在盛花期，绿豆宜在初花期，田菁在孕蕾期，蚕豆宜在开始结荚期收割。收割期以不妨碍桑树生长为原则，也不宜过早或过迟，绿肥收割后应合理施用，绿肥收割后应摊放在田畦上，使散失一部分水分后在行间或株间埋青，埋青时，不要太靠近根部，以免因绿肥发酵产生烧根现象。可按绿肥鲜草量3%~5%加生石灰埋青，以中和分解过程中产生的有机酸，也可以加施少量人粪尿或化肥补充氮素，绿肥要深埋 15 厘米左右，放入绿肥后覆土踏实，不使绿肥露头，在天气干旱时，要及时灌水保持土壤湿润，以利分解。凡行距窄的桑园，当鲜绿肥不易埋青时，可将绿肥制成堆肥或草塘泥等再施。

第七节
全年大蚕条桑育隔年伐条技术

随着社会经济的发展和劳动生产率的不断提高，"一户一亩桑"的经营模式已满足不了蚕桑产业发展的需求，桑园的规模经营与省力化已成为稳定与发展蚕桑产业的必然选择。采用桑树隔年轮伐条桑收获、大棚养蚕条桑育、方格蔟自动上蔟等配套技术，是目前提高植桑养蚕工效、降低劳动强度的有效技术措施，深受蚕农的欢迎，经济效益和社会效益显著。该技术因各地养蚕布局不同而略有差异，应结合当地蚕桑生产实际选用。

一、 适于年养三季蚕的桑树隔年轮伐技术

1. 桑树剪梢方法

在冬季（或春季）剪梢时将桑园一分为二，一半实行重剪，留当年生条长60～70厘米，另一半常规剪梢，留条长100～140厘米（图3-2、图3-3）。新发展的桑园可统一规划，每户桑园以路或养蚕大棚为间隔，自然分成两等份，为推广隔年轮伐技术奠定基础。

图3-2 重剪梢　　　　　　　　　　图3-3 常规剪梢

2. 轮伐方法

重剪梢区当年养完春蚕后不夏伐，每根枝条留1～2个新梢继续生长，第二年养完春蚕后夏伐。常规剪梢区养春蚕时，从5龄第三天开始随用叶随夏伐，养完秋蚕后冬季剪梢时实行重剪，留条长60～70厘米，第二年养春蚕时每根枝条留1～2个新梢继续生长，第三年再进行夏伐。

3. 桑叶收获方法

（1）春蚕　1～2龄以重剪梢区为主，全园选采适熟叶喂蚕；3龄起蚕后对常规剪梢的夏伐区生长芽进行摘心；3、4龄蚕使用三眼叶；进入5龄后先使用重剪梢区桑叶，每根枝条选留1～2个生长均匀的新梢，强条留2个，弱条留1个，每个新梢保留2～3片桑叶，其余新梢和所有叶片采去喂蚕。用完重剪梢区后，对常规剪梢区进行伐条（常规夏伐）喂蚕。

（2）夏蚕　1～2龄选采适熟叶喂蚕；3～5龄第三天前使用夏伐桑疏条叶及留条上的下部叶片；从5龄第三天开始重剪梢区进行剪条收获，剪条时留新梢长度50～60厘米，剪去上部100厘米左右，剪口处留1～2片桑叶，其余叶片采去

喂蚕。

（3）秋蚕　5龄第三天前选采适熟叶及重剪梢区疏芽叶喂蚕；从5龄第三天开始剪条喂蚕，先剪重剪梢区，再剪正常剪梢的夏伐区，重剪梢区剪去夏蚕剪条后新长出的新梢，夏伐区剪条时留条长60～70厘米，剪条后剪口下留叶片2～4片，以防剪条后冬芽萌发。

4. 养蚕布局

此剪伐方法适用于每年饲养三季蚕，一般春蚕在4月下旬至5月上旬收蚁，夏蚕在7月上旬收蚁，秋蚕在9月上旬收蚁。每季蚕收蚁时间河南中西部稍早，河南东部稍晚。春蚕收蚁时间不能太迟，以免与麦收等农忙冲突或遇干热风。夏蚕收蚁不能太晚，否则重剪梢留芽区叶片老化，剪条过晚严重影响秋季叶片的生长，影响秋蚕放种数量，桑瘿蚊发生地区不利于桑瘿蚊的防治。秋蚕收蚁不能太早，一般要依据当地的气候情况确定秋季剪条收获时期，河南中西部地区剪条若早于秋分季节，冬芽会倒发，影响第二年放种数量。

应根据桑园立地条件，肥水管理水平和桑树的长势确定放种数量，一般每亩桑园春蚕可养蚕1～2张，夏蚕养蚕0.8～1张，秋蚕养蚕1～2张，全年养蚕2.8～5张。

5. 桑园肥水管理

春季桑树发芽前20天每亩桑园开沟施入优质有机肥500千克，复合肥50千克，尿素15～20千克，若施肥后天气干旱应及时浇水。4月上旬桑芽萌发时地面覆盖黑色地膜，以提高地温，保肥保水，清除杂草。春蚕结束后每亩桑园追施复合肥50千克，尿素15～20千克，春季没有盖黑色地膜的地块，可在夏肥追完后立即进行覆盖。夏蚕结束后每亩桑园追施复合肥25～50千克，秋旱时适时浇水。养蚕期间如遇特殊气候如干旱、连阴天气等，可结合使用叶面肥。

6. 病虫害防治

春天桑树发芽前根据各地桑园病虫害发生情况用药，一般桑树露青到脱苞期使用药一次，主要防治春期食芽害虫（桑尺蠖、桑毛虫等）。有桑尺蠖发生的地区要在3月中下旬密切关注桑尺蠖的发生时间，及早根据收蚁时间确定用药种类。夏伐后立即喷药一次，夏蚕前根据虫情发生情况灵活用药，若遇多雨气候，为了防治桑树细菌病，可喷1～2次甲基硫菌灵或盐酸土霉素，夏蚕结束后立即普喷一遍乐果，有桑瘿蚊发生的地区，可每亩撒施2.5～3千克辛硫磷粉剂。秋蚕前根据各地气候和虫情发生情况灵活用药，秋蚕结束后打一遍残毒期长的封园药。

二、 适于年养四季蚕的桑树隔年轮伐技术

桑树隔年轮伐条桑收获技术俗称截枝留芽或短截轮伐。适于每年养四季蚕的桑树隔年轮伐技术与前述适于年养三季蚕的基本相同，仅增加了中秋蚕期条桑收获。实行该技术，既能实现全年70%左右的条桑收获，又不会影响产叶量，而且方法简单易行，还有利于防治桑树萎缩病，已在河南省部分蚕区推广应用，取得了良好的效果。

技术要点：把农户桑园一分为二，实行半量轮伐，即在桑树落叶后一半进行水平重剪梢，留条长70～80厘米，另一半常规剪梢，常规夏伐。春蚕5龄盛食期，重剪梢区在每根条的中上部选留2个位置好、生长旺的壮芽，其余全部疏去喂蚕，所留生长芽用采叶留柄法采去中下部成熟叶喂蚕。正常夏伐区，春蚕5龄期伐条桑喂蚕。夏蚕期，将重剪梢区所留生长芽保留80厘米，以上部分剪去喂蚕，剪口下留2～3片叶，其他采叶留柄喂蚕。常规夏伐区，按照去弱留强、去密留稀，采用疏条法收获条桑喂蚕，从而基本实现夏蚕全龄条桑育。中秋蚕期，对常规夏伐区采片叶喂蚕，5龄盛食期对夏蚕剪梢的重剪区，每根枝条上除保留一个生长芽继续生长（不采叶）外，其他生长芽从基部剪去喂蚕。进入晚秋蚕5龄盛食期，对所有的桑树实行剪梢喂蚕，剪梢时注意要在剪口下保留3～5片叶，以防止冬芽秋发。

第四章
树型养成和桑叶收获

为了有计划、有目的地控制桑树自然生长，在桑树栽植后，根据其生理特性、品种特点、环境条件和生产要求，通过合理剪伐技术，把桑树养成一定树型。使枝叶在空间分布合理，桑园通风透光，个体和群体都能生长良好，减少花果，提高桑叶产量和质量。

收获桑叶是栽桑的主要目的，要充分发挥桑树生产潜力，适时采收养蚕所需要的优质桑叶。同时，还需做好桑叶预测估产工作，基本保持叶种平衡，保证蚕桑生产顺利进行。但桑叶是桑树的同化器官，担负着创造有机物质的生理功能。采摘桑叶后，必然影响桑树生命活动的正常进行。因此，采叶和养树之间存在着一定矛盾。必须在养用结合的原则下，做到既能充分利用桑叶，多生产蚕茧，又能保证桑树正常生长，持续高产、稳产。

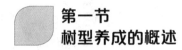

第一节
树型养成的概述

一、 树型养成和剪伐的目的

树型养成可分两个阶段。第一阶段是以剪定为中心，养成树型。就是从栽植后到树型成型这一阶段，使桑树骨干结构健壮，枝干配置合理，充分利用空间，适合生产要求，奠定桑园的高产基础。第二阶段是以收获为中心，维护树型。因树型养成后，随着桑树生长而起变化，必须结合收获技术，进行合理剪伐，调整和发展树型，以期达到持续高产、延长丰产期的目的。

二、 树型养成的作用

树型养成是根据桑树具有耐剪伐的特性，运用合理的剪伐技术，把桑树培养成适合当地生产需要的良好树型，为养蚕提供优质桑叶。

1. 合理剪伐， 养成良好树型

树型整齐，高矮适当，便于桑园管理和桑叶收获。

2. 提高桑叶产量和质量

使树冠整齐，枝干稀密配置适当，形成良好的群体结构，最大限度利用空间进行光合作用，制造有机物质。使养分相应集中，枝条生长健壮，叶大而厚，叶质充实，秋季桑叶硬化迟，达到优质高产目的。

3. 促进生长， 增强树势

枝条配置适当，养分集中，营养生长旺盛，能较长时间维持树势。衰老桑树，通过剪伐修整，可以复壮更新，恢复树势。

4. 减少花果， 增产桑叶

桑树生长发育到一定阶段后，就会开花结果，并随树龄增长，花果增多，消耗树体养分，降低桑叶产量。通过剪伐整形，可削弱生殖生长，促进营养生长，减少花果，增加桑叶产量。

5. 减少病虫害

寄生在桑树枝条上的病虫害，可随剪伐枝条而减少。树型整齐，枝条稀稠分布适当，能改善树冠日照和通风状况，一定程度减少病虫害发生机会，一旦发生病虫害，也便于防治。

三、 树型养成的类型

桑苗定植后，即可根据生产需要，进行定干，养成一定树型。桑树树型种类按主干高度、树冠状态，可分为低干桑、中干桑、高干桑及地桑等；按剪伐形式又分为拳式和无拳式。

树干高度在 50~70 厘米、养成 2 层枝干的为低干桑。

树干高度在 100~120 厘米、养成 3 层枝干的为中干桑。

树干高度在 130~160 厘米、养成 4 层枝干、树型高大的为高干桑。

地桑也称无干桑，是一种树干大致与地面平行的拳式树型。拳式桑树养成是在最上层枝干形成后，每年在固定部位剪伐，由潜伏芽萌发抽出新枝，经一定时间后，在最上层枝干顶端形成拳状，称拳式养成。拳式剪定结合留干高矮，又分低干拳式养成、中干拳式养成和高干拳式养成。

无拳式桑树在养成期间与拳式相同。但在定型开剪后，每年都在枝条基部提高 7~10 厘米剪伐，由休眠芽抽出新条，由于年年提高剪伐，树型逐渐增高，若干年后，树势衰弱时，可适当进行降干处理。

四、 树型养成中应注意的事项

良好的树型，是获得高产、稳产的前提。必须根据桑树品种特性，栽培管理要求等因素，注意以下事项，认真做好树型剪定和培养工作，并配合其他管理技术措施，达到早成型、早丰产的目的。

1. 品种耐伐性

桑树品种间的再生力和耐伐程度不同，在树型养成时，必须参照品种特性，因树制宜。耐伐性强，发条数多的品种，可采用一般拳式或无拳式养成，年年伐条。对树型弱的品种，只适宜高干养成和摘芽收获，减少剪伐次数，以免导致树势衰败。

2. 树干合理配置

各种树型都是由主干、枝干、枝条三部分组成的。主干和枝干是构成树型的骨架，最上一层枝干生长枝条的部位，叫收获母枝。枝干的分布、配置，要根据行距、株距大小和枝条开展情况而定。一般最上面几个芽必须健壮，外围枝干的顶芽最好向外，使树冠向外扩展，内部枝干的顶芽要向树冠空隙处生长，使枝干分布均匀，各占一定空间。各枝干的剪定高度要保持在同一水平上。总之要求在保持桑园适当通风和透光的条件下，能充分利用空间，最大限度地扩大树冠。

3. 控制采叶数量

在幼树养成期间，尽量控制用叶。一般定植当年不用或少用叶，第二年除适当以养树为主疏芽外，秋蚕采叶时，应在每根枝条上保留1/3的叶片。

4. 加强培肥管理

新桑园的培肥管理，以尽快养成树型为前提。只有在良好的肥水条件下，桑树才能正常抽枝生叶，使树体健壮，按预定要求养成树型，尽早投产。

第二节
一般树型养成法

桑树伐条分春伐和夏伐两种。在早春桑树处于休眠期中伐条的叫春伐，结合春蚕饲养收获桑叶伐条的叫夏伐。早春时，气温低，桑树处于休眠状态，生命活动缓慢，这时伐条，对桑树生理影响较小。春伐桑树，枝条生长期长，枝条比较粗壮，对加速桑树树型养成有利。夏季正是桑树生长旺盛时期，伐条对桑树生理影响较大，但可多养一次春蚕。生产上一般采取夏伐，对于夏伐桑园，一定要加强肥水管理。

一、低干桑养成法 （图4-1）

低干桑因栽植密度不同，可养成一层枝干或二层枝干。一般亩栽700～800株，树干高度50～70厘米，养二层枝干。亩栽800～1 000株，树干高度50厘米，养成拳式或一层枝干。

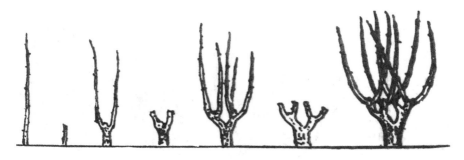

第一年春伐　　　　第二年春伐　　　　第三年春伐

图4-1　低干桑养成法

栽植当年发芽前，离地面15～20厘米进行定干。发芽后，当新梢长至15厘米左右时，选留不同方向的2～3根新梢养成壮枝，其余芽疏去。若只发一芽，等新梢长到20～25厘米时，在新梢基部15厘米处摘心，促使腋芽再发2～3根新梢，加强管理，也能达到当年养成2～3根壮枝的目的。生长良好的桑树，在当年中晚秋蚕期，可自下而上采摘条长1/2的叶片养蚕。

第二年春季进行春伐，离地面高35～50厘米剪伐，各枝条剪定高度应在同一水平上，养成第一枝干。发芽后，每个枝干选留位置适当的枝条2～3根，养成壮枝，其余疏去。秋季采叶养蚕与第一年相同。

第三年春蚕期提前用叶、提前夏伐，离地面50～70厘米剪伐，养成第二枝干。发芽后，每个枝干上选留2～3个芽条生长，其余疏去，这样每株桑树养成8～12根枝条。以后，每年都在枝条基部的同一部位剪伐，进行定拳，形成桑拳。

无拳式养成，每年夏伐时，在第二枝干基部留6厘米左右处剪定，若干年后，树升高，再进行降干措施，以恢复原有树型高度。

二、中干桑养成法 （图4-2）

桑苗栽植后，于春季发芽前离地面35厘米处剪定，养成主干。发芽后，当新梢生长到15～20厘米时，选留上部生长健壮，着生位置匀称的新梢2～3个，其余疏去，当年养成2～3根枝条。当年尽可能不用叶，或晚秋时采少许叶养蚕。

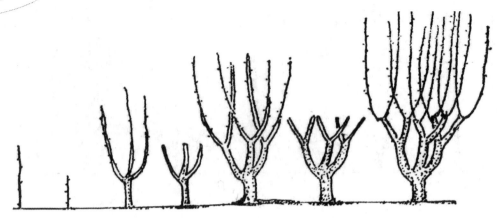

栽植　第一年定干　第一年秋　第二年夏伐　第二年秋　　第三年夏伐　　　第三年秋

图4-2　中干桑养成法

第二年早春发芽前，离地面65～70厘米处剪定，养成第一枝干。发芽后，每一枝干上选留分布匀称、健壮的新梢2～3根，其余疏去，每株培养成4～6根壮枝。中晚秋蚕可自下而上采去枝条长1/2的叶片养蚕。

第三年，春季发芽前，离地面90～100厘米处剪伐，作为第二枝干。发芽后，每个枝干上选留2～3个健壮枝条生长，每株留条8～12根。秋季采叶与第二年相同。

第四年，采叶养春蚕后提前夏伐，离地面100～120厘米处剪伐，养成第三枝干。发芽后，每个枝干上选留2～3根枝条，其余疏去养蚕，每株桑树上留条14～20根。以后每年均在同一部位剪伐，形成桑拳。

如果养成无拳式，每年夏伐时，在枝条基部留6～10厘米剪定。

三、　高干桑养成法 （图4-3）

第一年选用粗壮大苗，定植后，于春季发芽前，离地面50～60厘米剪去苗干，养成主干。如果苗木细小，定植后于春季离地面6～10厘米剪伐，新芽长至20厘米左右时，选留1个健壮新梢养成壮枝，待第二年春季发芽前再剪定主干。发芽后，新梢条长至20厘米左右时，选留位置适当的健壮新梢3根，其余疏去，当年养成3根枝干。秋季最好不用叶，使枝干充实。

图4-3 高干桑养成法

第二年春季发芽前，离地面 80～90 厘米剪定，养成第一枝干。发芽后，每根枝干留适当位置新梢 2～3 根，其余疏去，当年养成 6 根枝干。秋量最好不用叶或晚秋少采叶养蚕。

第三年春季发芽前，离地面 100～120 厘米剪伐，养成第二枝干。疏芽时，每一枝上端留 2～3 根新梢，养成 12 根枝干。秋季最好不用叶或晚秋少采叶养蚕。

第四年春季发芽前，离地面 120～150 厘米剪定，养成第三枝干。发芽后，每根枝干选留位置适当的新梢 2 个，当年养成 24 根枝干。中、晚秋蚕期，可自下而上采摘条长 1/2 的叶片。

第五年采叶饲养春蚕，提前夏伐，离地面 130～160 厘米处剪定，养成第四枝干。秋季采叶自下而上，采摘条长 1/2 的叶片，晚秋枝条梢端要保留 5～7 片叶。

第六年开始，每年春蚕结束时，在枝条基部剪伐，养成拳式。或提高 5～6 厘米剪定，养成无拳式。

四、几种树型养成法的利弊

桑树的各种树型是在长期生产实践中创造出来的。经过人工剪定培养的树型，在生理、生态、适应性和经济性状方面，都有不同程度的差异。因此，栽桑时必须在充分了解各种树型特点、当地气候和栽培条件的基础上，正确做出选择。

1. 低干桑的特点

低干桑树型养成年限短，投产早，收益快，盛产期 10～15 年。树势易衰败，树龄较短。营养生长旺盛，叶片大、花甚少、春叶成熟慢，秋叶硬化迟。单株发条数少，树冠不大，适于密植，容易达到丰产群体结构的要求，单位面积产叶量较高。树干低，根系分布浅，采叶伐条，树液流失量多，易受萎缩病危害，抗旱、耐寒性弱。树型低矮，通风透光较差，下部泥沙、黄叶较多，中耕除草不便，但采叶、修剪、防治病虫害等操作便利。缺株补植容易。

2. 高干桑的特点

树大根深，根系发达，能吸收土壤深层水分和养料，抗旱力强，树势健壮，树龄长，一般50~60年尚能丰产。树型高大，通风透光，日照充足。桑叶成熟快，水分含量较少，叶质充实，适于春蚕，特别适于春季小蚕用桑。但花果较多，叶型小，秋叶硬化早。枝干组织充实，萎缩病发生少，抗旱、耐寒性强。树型养成时间长，收益迟，但盛产期长。树型高大，行株距宽，耕作管理方便。适合房前、屋后、田间地边、分散栽植和间作桑园应用。但采叶、伐条及病虫防治不便。

中干桑的优缺点介于低干桑与高干桑之间。

3. 有拳式与无拳式养成法优缺点

（1）有拳式养成　树型整齐，操作管理方便，修剪技术容易掌握。树冠扩展面积小，发条数少，不能充分利用空间，单株产叶量较低。剪伐后由潜伏芽萌发抽条，发芽较迟，但后期生长快。由于年年齐拳剪条，桑拳容易衰老。因此，要注意经常整型护理，一旦缺拳损干，恢复补救困难。

（2）无拳式养成　因剪伐部位不固定，须熟练技术，如剪伐不当，容易造成树型紊乱。由于年年提高剪伐，枝干增多，发条数相应增加，树冠扩展面大，单株产叶量较高。提高伐条，容易发生枯桩，导致桑象虫滋生危害。而且树型整理，修剪用工较多。树型不断提高，须做降干处理。

第三节
收获桑叶

一、合理收获春叶

春季气候温和，桑叶产量高，叶质优良，是一年中养蚕获得稳产、高产的季节，在增收蚕茧中占有重要的地位。

1. 春季桑叶生长特点

春季桑树发芽后，随着气温升高，生长加快。河南省目前生产上常用的桑树品种，大都在3月底至4月上旬发芽，4月底逐渐进入旺盛生长期。平均3~4天生长一片叶，5月下旬，桑叶生长量达到高峰。

桑芽的生长速度，因着生在枝条上的位置而不同。一般枝条下部的芽，开叶3~5片即停止生长，成为止心芽（三眼叶）。枝条下部芽形成的叶片小，在春蚕3~4龄时即已成熟。着生在枝条上部的芽继续生长，成为生长芽，也叫新梢。一般到5月底，能长出10多片桑叶，每片叶子从开叶到成熟，需25天左右。止心芽和生长芽的比例，因品种不同而有差异。

2. 春叶的合理采伐

春蚕1~2龄时，选摘新梢上适熟桑叶；3~4龄采用枝条中下部止心芽；5龄期先后分批采收全部芽叶。据调查，先采止心芽，后采生长芽，桑叶可增产5%~10%，5龄蚕期收获桑叶时，最好按照桑园类型分区划片收获。一般早生桑、中生桑、零星桑、幼年桑和生长较差、增产幅度小的贫瘠地桑先采；晚生桑、肥地桑和成片桑后采。这样既有利于桑树生长，适应养蚕需要，又能充分发挥桑园增产潜力。

3. 结合桑叶收获及时夏伐

夏伐有更新老条、促进新条生长、增产桑叶作用。夏伐后的桑树，即转入重新发芽阶段，一般10天左右就萌发新芽。因此，采叶后要及时伐条。根据生产实践，5月下旬伐条的，夏秋期桑叶生长良好，随着伐条时间的延迟，桑树生长变差，一般夏伐最好不迟于6月上旬。

二、 合理收获夏秋叶

1. 夏秋季桑叶生长特点

夏秋季是桑树生长最旺盛的时期，叶片生长快，成熟快，硬化早。在正常环境下，肥水供应充足，6~8月，新梢平均每天伸长2厘米，平均每两天生长一片新叶。从开叶到生长到最大叶面积需15~20天。50~60天后，就开始硬化，硬化的快慢、迟早与肥水管理有关。在同一枝条上，下部叶成熟硬化早，上部叶成熟硬化迟。

2. 夏秋季采叶与桑树生长的关系

夏伐后，桑树生长发育需要的营养消耗和物质积累等都是靠夏秋季桑叶的光合作用。因此，在一定范围内，单位面积上叶面积愈大，有机物质生产也愈多，桑树生长愈旺盛，树体愈充实，树干愈健壮。特别是 6～8 月，是桑树生长最旺盛的时期，这时的生长量约占总生长量的 80%。采叶后，光合作用面积减少，光合作用能力下降，势必引起养分的重新分配。如果采叶过多，有机物质向生长部位转移量下降，枝干储藏养分减少，树体虚弱，第二年春季发芽率降低。据调查，秋季不采叶的桑树，翌年春季发芽率为 80.9%；采叶 1/2 的，发芽率 78%；采叶 2/3 的，发芽率 73%；全采的，发芽率只有 56.4%。所以，采叶过多，虽然当年秋叶产量高，但影响桑树生长，降低来年春叶产量。

采叶过度，易造成冻害，引起芽枯病、萎缩病等病害蔓延危害。特别是芽枯病与秋季采叶程度关系极大。如果秋蚕期每次采叶都能保留枝条上部 1/2 的叶片，冬季适时追施有机肥料，芽枯病的发病率就会大大降低。

3. 夏秋叶的合理收获

各期小蚕用叶，要先采摘枝条上部的适熟叶。一般托叶凋萎，新梢皮孔转黄，叶色将转为浓绿色而有光泽的桑叶，是 1 龄蚕的适熟叶。托叶脱落，新梢皮孔变成褐色，叶色刚呈浓绿或浓绿色的，可作为 2～3 龄蚕用桑。大蚕期从枝条下部向上采摘桑叶。采叶时，必须摘叶留柄，保护腋芽不受损伤，绝不能自上而下一把捋下。具体方法如下。

（1）夏蚕桑叶收获法　饲养夏蚕主要是利用疏芽叶和枝条下部的 4～5 片叶。此时正值夏伐后桑树恢复生长期，如采叶过多，留叶过少，对以后枝叶生长影响很大，必须严格控制。

（2）秋蚕期桑叶收获法　秋蚕期正是高温季节，枝叶生长迅速。每次采叶都应自下而上，保留枝条上部着叶数的 1/2，保持光合作用继续进行，减少对桑树生长的不良影响。

总之，各期采叶时，都应根据桑园管理状况和养蚕计划安排，分批、逐块采摘，不致采摘过度或漏采，造成下部叶片硬化黄落。要采前顾后，才能达到桑树稳产高产的目的。

三、 桑叶采摘技术

收获桑叶是根据蚕的发育程度，分期分批采摘各龄适熟桑叶。由于养蚕时期和季节不同，收获方法也有所区别。

1. 摘片叶

采叶时，摘叶留柄，保护腋芽。这种方法适用于小蚕用桑和夏秋蚕期桑叶收获。夏秋季的桑条是来年春季桑树发芽长叶的基础，要保护好腋芽不受损伤。所以，摘片叶虽用劳力较多，但必须贯彻执行。

2. 采芽叶

一般在春蚕壮蚕期采芽叶养蚕。芽叶包括生长芽和止心芽的叶片及新梢，采叶时，将枝条上生长芽和止心芽全部摘去，速度快，省劳力，但只适用于夏季伐条的桑树。夏秋蚕期不能应用此法采叶。

3. 伐条

一般在春蚕壮蚕期，将一年生枝条剪下，称夏伐。在养蚕生产中，推广的大蚕条桑育，就是将枝条连叶剪伐，直接用来喂蚕。在条桑收获中，一般枝条重占40%～50%，芽叶重占50%～60%。条桑育要求枝条细、直、匀、节间密、发芽率高、叶片厚、大小适中，芽叶占条桑比重大。

在春蚕5龄用叶后，夏伐愈早愈好，可减少储藏养分的消耗，并使桑树后期生长期长，有利秋蚕饲养。

第五章
桑园常规管理技术

　　优质高产的桑园，必须有良好的栽培管理措施。常规桑园管理工作包括土壤管理和桑树管理两部分，土壤管理主要包括耕耘、除草、排灌、施肥等；桑树管理主要是补植缺株、整修树型、整枝、剪梢、解束、低产桑园的改造等。另外，低产桑园的改造、病虫害的综合防治、气象性灾害防控等也是桑园常规管理工作。

第一节
桑园土壤常规管理技术

一、桑园耕耘

桑园内要经常进行施肥、采叶、防治病虫害等作业，由于人为踩踏和灌溉、淋渍，桑树对养分的吸收以及下雨或干旱等因素的影响，土壤变得密实板结，不利根系生长。因此，必须进行耕耘，为桑树根系创造良好的生长环境。

1. 耕耘的作用

（1）改善土壤物理性状 通过耕耘和松土，可使土壤疏松，空隙度增加，改善土壤的空气和水分状况，有利于增强桑树根系的呼吸作用和吸收作用。

（2）改善土壤的化学和生物学性状 耕耘后土壤的水分和空气状况得到了改善，土壤中微生物活动加强，促进土壤中有机肥的分解，同时提高了土壤的熟化程度，使土壤中难溶性的营养物质转化为可溶性养分，相应提高了土壤的肥力。

（3）促进新根的形成 由于桑树根系大多分布在 10~40 厘米的土层内，耕耘会切断部分根系。少量断根，能促进根系再生和发育；但断根过多，会对桑树生长不利。

（4）抑制杂草和病虫害发生 耕耘能将杂草翻入土中深埋，抑制其生长；能把藏于土里的害虫翻至土表冻死、晒死或鸟食将其杀灭。

2. 耕耘的方式

般行距较宽的可采用小型机械耕作，密植桑可采取牛耕或者人工挖翻等形式。

3. 耕耘的时期和方法

耕耘时期除考虑到桑树生理外，还要结合除草、施肥、绿肥翻埋等作业，劳力安排，统筹兼顾。一般冬季、夏季各进行一次，有些地区还进行春耕。

（1）冬耕　冬耕工作应在桑树落叶后、土壤封冻前进行。施基肥的桑园，可先施肥后翻土，把肥料翻入土中，既可避免肥料有效成分损失，又可使有机质提前分解，改善土质。间作冬季绿肥的桑园，还可以结合绿肥播种，适当提前施肥和冬耕。冬耕深度一般为 15～20 厘米，桑树附近宜浅耕，行间要深耕，以不伤粗根为原则。翻起的土块不要打碎，充分翻露底土，使其冻融交替加速风化，从而改善土壤的理化性状。结合冬翻还要做好沟渠的清理工作，使排水畅通。

（2）春耕　春耕应在春季桑芽萌动前进行，最迟在 3 月中旬前进行。在冬耕基础上，通过春季浅耕，使桑树发芽后有更好的生长条件。春耕宜浅，深度 8～10 厘米，一般与除草结合进行。通过春耕能进一步改善土壤结构，同时能消除旺盛生长的越冬杂草，减少杂草与桑树争肥争水。春耕时，土块要打碎耙平。

（3）夏耕　夏耕可起到疏松土壤、抗旱保墒、消灭杂草的作用（图 5-1）。夏耕在桑树生长期间进行，由于桑树根系发达，侧根较多，因此，夏耕宜浅不宜深，一般深度在 8～10 厘米，避免损伤桑根，影响桑树生长。夏耕应在夏伐施肥后及时进行，因发芽前根毛吸收作用暂时停止，此时夏耕不良影响较小。如果延迟到桑芽萌发后翻耕会使已经恢复生长的桑根再次受到损伤，也易碰掉萌发的新芽，影响桑树的生长。

图 5-1　旋耕机进行夏耕

二、除草

　　桑园杂草种类繁多，且繁殖快、再生能力强，与桑树争夺水分、养分，影响桑园通风透光，抑制桑树生长，降低桑叶产量和质量，同时杂草又会助长害虫和病菌的滋生蔓延，危害桑树。因此，必须及时灭除桑园中的杂草。

1. 除草时期

桑园里杂草多，除草要掌握"除早、除小、除了"的原则。一般春、夏、秋除草3次。春季的杂草吸收肥水量极大，要结合桑园春耕，在桑树发芽前除去越冬杂草。夏季气温高，雨水多，桑树夏伐后地面日照足，是杂草生长的旺盛时期，应结合夏耕，在夏叶收获前除草1~2次。秋季是许多杂草迅速生长和开花结实时期，应在开花结实前除尽杂草。减少杂草种子可减少第二年杂草的数量。

2. 除草方法

桑园除草方法以人工、机械和生态除草为主，尽量少用化学方法除草，最好不用除草剂。

（1）人工除草 一般在密植桑园、机械作业不方便的情况下，利用锄头将杂草除去，或用牛犁行间，再人工辅助把桑树根部附近杂草除去。此法缺点：劳动强度大、费工。

（2）机械除草 机械除草就是利用微型旋耕机械等设备，进行中耕除草。一般行距在160厘米以上的桑园，都可用旋耕机或手扶拖拉机带耙进行中耕，耕幅120厘米左右，每行耕一趟，每小时可耕3亩，每天工作6~8小时，每天可除草20亩左右。植株附近机械未耕部分可用人工辅助除草。机械除草工效较高，省工省时，种桑大户应尽量采用此法除草。

（3）生态除草 杂草的萌发生长和桑树一样，不仅需要一定的水分和养分，还需要一定的空气、温度和光照等条件。可利用杂草这一特性创造一个有利于桑树生长而不利于杂草生长的生态环境，以达到除草的目的，这就是生态除草。例如，采取合理密植，并加强田间管理，促进桑树旺盛生长，使桑树在栽植初期的生长势压倒杂草，并保持一定浓密的叶幕，使地面光照微弱，就能有效地控制杂草生长。在桑园行间，间种豆科、绿肥等作物，利用绿肥的枝叶覆盖遮阴也有抑制杂草生长的作用。此外，因地制宜采用稻草、麦秸或其农作物秸秆等物覆盖，不仅有施肥保墒和防止水土流失的效果，还能抑制杂草的萌发生长。

（4）化学除草 用化学除草剂杀灭杂草的方法叫化学除草。如果桑园杂草较多，又没有别的办法，可以使用化学除草。

三、 灌溉和排水

水是桑树进行生命活动的必要条件和组成桑树各器官的重要组成成分。桑树的一切生命活动都是在水的参与下进行的，桑树根系从土壤中吸收的水分95%以上都消耗在叶片的蒸腾作用上，桑树蒸腾作用失去的大量水分，必须从土壤中及时得到补充，才能使桑树的水分维持在一个相对平衡的状态，生命活动才能正常进行。

桑树是深根性植物，有一定的耐旱能力，但是土壤水分不足会引起桑叶产量降低。桑树生长最适土壤含水量为田间最大持水量的70%～80%，桑树能健康生长发育的土壤含水量必须保持在60%以上，土壤含水量低于50%，桑树的地上部分与地下部分生长都会受到阻碍。但是土壤水分含量过高，会造成根部呼吸障碍，引起桑树萎凋、叶片褪绿等，同样对桑树的生长不利，因此应加强桑园的水分管理，做好灌溉和排水工作，维持土壤水分收支平衡，并尽可能使土壤持水量保持在最适水平，为桑树生长发育创造良好的土壤水分环境。

1. 灌溉

（1）灌溉时期　桑园灌溉时期，主要应根据桑树在不同生长发育阶段的气候特点及土壤含水量来确定。

1）春季　桑树发芽、展叶期和夏伐后的再发芽期的需水量较多，如土壤水分不足，就会延迟发芽，降低发芽率和抑制芽叶生长，影响产量，若遇天旱，必须灌溉一次。

2）夏秋季　温度较高，日照充足，桑树生长旺盛，需肥水量较大，如果水分供应不足，就会影响桑树生长，必须根据土壤水分状况来定，如土壤含水量低于60%就要灌水。正常的夏秋季桑树旺盛生长期，若久旱无雨，新梢生长缓慢，每天伸展不到2厘米，甚至出现止心现象，顶端2～3片嫩叶显著较小，新梢节间缩短，上下开差大，这时桑树应及时灌水。

3）晚秋　桑树进入缓慢生长期，需水量少，一般不需要灌溉，以免引起枝条徒长，发生冻害。

（2）灌溉方法　桑园灌溉常用的方法有穴灌、沟灌、漫灌、喷灌和滴灌等。穴灌适用于不能引水的零星桑树，如四边桑等；沟灌、漫灌适用于能引水的成片桑园；喷灌、滴灌一般适用于农业生产条件比较先进的成片桑园。

1）穴灌　水源不足、地势不平的桑园可采用穴灌。在两株桑树间开穴，挑水灌溉，待水渗入土中后再填穴，穴灌劳动强度大。

2）沟灌　水源充足，地势平坦，设有排灌系统的桑园，可引水灌溉或水泵抽水灌溉，将水引入桑园行间沟灌。沟灌能增加单次灌水量而减少灌水次数，投资较少，比较省力，但用水量较多，灌水后应及时浅耕松土以减少地面蒸发，提高灌溉效果。

3）漫灌　漫灌又称淹灌，是盐碱地和干旱地常采用的一种方法，漫灌能将土壤上层中的盐分淋洗下去，降低盐碱度，以利桑树生长。但是漫灌耗水量大，灌后土壤易板结，须中耕松土，以减少地面蒸发，提高灌溉效果。

4）喷灌　喷灌适用于地形复杂的桑园，是少量多次的灌水方法，较沟灌省水，不会破坏土壤团粒结构，有利于保水、保肥，还有调节桑园小气候、增加桑园内的空气湿度和降低温度的作用，可以冲洗掉附着在桑叶上的氟化物和灰尘，有增强桑树的光合作用，提高桑叶产量和质量的作用。有条件的地方应提倡喷灌。目前常用的有移动式（喷淋机）和固定式（自动喷灌）两种。具体设置时，要根据喷头规格和射程埋设引水管道，安置蓄水池和喷灌点。

5）滴灌　滴灌是在桑园行间埋入水管，水分通过毛细孔，渗湿土壤供桑树根系吸收利用，滴灌能使桑园土壤经常保持适宜的水分，避免水分流失，有明显的节水效果，且增产效果显著，但是投资费用较大。

2. 排水

桑园积水后，土壤中缺乏空气，桑树根系呼吸困难，吸收作用受到抑制，特别是在雨天转晴后，地上部分蒸腾作用加强，而根系吸水受阻，会发生桑叶萎蔫变黄、脱落等现象。根系在缺氧条件下，会产生乙醇和硫化氢等有毒物质，使根部腐烂发黑，甚至死亡。因此，及时做好排水工作，降低地下水位，对桑树生长非常重要。

新桑园建园时要设置完善的排水系统，开挖好排水沟，要求排渠纵相连，沟沟相通，并通向河道或水库，做到排灌两用。平时要经常疏通沟渠，使水流畅通，达到雨后不积水，旱时能灌溉，确保桑园高产、稳产。灌溉时应注意最好在早晨或傍晚进行。中午浇水，由于土壤温度很高，而水温较低，对桑根有一定程度的不良影响，这种影响对幼小桑尤为显著。

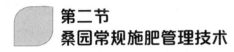

第二节
桑园常规施肥管理技术

肥料既是桑树生长发育的物质基础,又是桑叶获得优质高产的重要条件。特别是桑树每年剪伐和采叶时,都需要从土壤中吸收大量营养元素,致使土壤营养成分缺乏。如不及时施肥或施肥不足,必将造成桑树生长不良,枝条短、细,叶片小、薄,叶色发黄,产叶量低,叶质差,树势衰弱。

桑园施肥,还必须注意氮、磷、钾的比例。偏施氮肥的桑叶,如遇阴雨或日照不足,就会降低叶质,影响蚕茧收成。还必须重视和了解肥料与桑叶产量、质量的关系,并配合其他农业技术措施,综合考虑,合理施肥,才能充分发挥肥料的增产效果。

一、桑树需肥特性

桑树在生长发育过程中所需的各种营养元素,以碳、氢、氧为最多,其次是氮、磷、钾、钙、镁、硫元素,称大量元素,桑树还必须吸收硼、铁、锌、铜等一些量少而不可缺少的微量元素。各种营养元素不能相互代替,缺乏任何一种元素都会使桑树生长发育产生不良的影响。

1. 氮

氮主要是促进枝叶生长和叶片中蛋白质的合成,在叶片中含量最多,增加桑树氮肥营养,有利于叶绿素的形成和叶面积的增大,加强光合作用,促进枝叶迅速生长,叶色深绿,叶肉厚,叶体含有机质多,叶质充实,硬化迟,养蚕收成好,茧层量高。缺氮时,桑树生长慢,枝条细而短,叶片中叶绿素含量减少,叶片细而薄,叶色黄,早硬化,产量低,叶质差,养蚕收成也低。但施氮过多,桑树枝条徒长,叶片软,生长期长,桑叶成熟迟,叶片大,叶肉薄,容易受病虫害和不良气候的影响,叶质差,养蚕容易引起蚕体虚弱发病,蚕茧收成下降。

2. 磷

磷能促进桑叶成熟，提高叶质，增强根系呼吸能力，加速根系生长，特别对幼根作用显著。施用适当比例的磷肥，可以提高桑树抗病、抗旱、耐寒能力。增强蚕体质，提高养蚕成绩，提高蚕卵产量和质量，增强下一代蚕体健康。缺磷时，桑树生长发育缓慢，开叶迟，落叶早，叶片缺乏光泽，根尖和新梢生长不良，下部桑叶发黄变褐，或枝条基部叶片的叶柄、叶背、叶脉呈现紫褐色，叶片小，叶质差。

3. 钾

钾能促进桑树对氮肥吸收利用和蛋白质合成，促进叶绿素形成，提高光合作用能力，加速营养物质合成。在增施氮肥的基础上，增施磷、钾肥料，能提高叶质，促进新梢和枝条成熟，使器官组织发达，增强抗旱、耐寒、抗病虫害的能力。缺钾时，根和枝条生长细弱，新梢停止生长早，叶尖和叶缘常发生褐色枯斑，易受真菌危害，降低叶质。严重缺钾时，叶片边缘向内焦枯，呈烧叶状。

由于钾在桑树体内能被再度利用，缺钾时老叶先受害。桑树夏伐后，新芽萌发时，枝条基部残留叶片出现褐色斑点，即为钾转移的标志。

4. 微量元素

桑树正常生长所需要的微量元素有硼、铁、锌等。这些元素在桑树体内虽然含量甚微，但在生理作用上是不可忽视的，也是不可缺少的。

（1）硼　硼能提高光合作用和蛋白质合成，促进碳水化合物的转化和运输。它与分生组织、生殖器官的生长发育有密切关系。硼还能改善氧对根系的供应，促进根系发育，加强土壤中硝化作用，增强树体抗病能力。土壤中可溶性硼的供应，与土壤性质、有机质含量有密切关系。一般表土比心土含硼量高，黏土比沙土高，土壤 pH 超过 7 时，硼呈不溶性状态，钙质过多的土壤，硼也不容易被根吸收利用。高温、干旱也影响硼在土壤中的可溶性，易发生缺硼病。硼在桑树体内属于活性弱的元素，不能再度利用。缺硼时，桑树生长受阻，树皮粗糙、变脆，输导组织受损，发芽率降低，并导致粗皮病的发生。河南大别山区桑树粗皮病的普遍发生，多与缺硼有关。

（2）铁　铁在桑树的营养需要量上是不多的，但在生理上所起的作用很重要。铁对叶绿素的合成具有催化作用，同时又是构成许多氧化酶的重要元素，对树体的氧化还原过程有调节作用。铁在土壤中的含量较多，一般不缺乏，但在

pH 较高的石灰性土壤中容易缺铁，这类土壤大多分布在干旱地区，如进行灌溉，可克服铁的不足。另外，含锰、锌过多的酸性土以及在钾供应不足、地温较低、湿度较大的土壤和泥炭土中也容易发生缺铁现象。铁不足时，桑树的新芽生长衰弱，呈萎缩状态，新叶的主脉和侧脉稍稍留有绿色，全叶黄白色。因铁在桑树体内不能移动，不能被再利用，所以缺铁时，桑树的老叶生长正常，而幼叶呈现黄白色。

（3）锌　锌在桑树体内以与蛋白质结合的形式存在且可转移。其分布状况与生长素分布呈正相关关系。凡生长旺盛，生长素含量多的部位，锌的含量也高。缺锌时，生长素含量低，细胞吸水少，不能伸长，枝条细短，叶片小而薄。锌素营养状况好，可提高桑树抵抗真菌侵染能力。还容易造成叶色浓淡不匀，叶脉间色淡，呈黄色或黄绿色，叶片小而皱缩，新梢细小；严重时，树势显著减弱。沙土、盐碱土及瘠薄的山地桑园，易发生缺锌现象。主要因沙土含锌盐少，容易流失。盐碱土锌盐易转化成不溶性状态。另外，缺锌还与土壤石灰含量过多有关。

二、桑园合理施肥

桑园合理施肥，主要根据各地区气候、土壤条件、桑树品种、栽植密度、采伐技术、桑树生长发育状况和养蚕用叶要求等，来确定施肥时期、施肥方法、施肥数量、肥料种类及各元素搭配比例，不断供给桑树生长过程中所需要的养分，既要达到用肥经济有效，又要达到增产桑叶、提高叶质的目的。

1. 肥料种类和性质

桑园常用的肥料种类很多，可分有机肥和无机肥两大类。充分了解肥料性质，可作为合理施肥的依据。

（1）有机肥　有机肥是桑园不可缺少的重要肥料。它含有桑树生长发育所需的多种营养元素，是一种完全肥料。由于肥效迟而持久，故又称迟效性肥料。有机肥料含有丰富的有机质，在土壤微生物的作用下，形成腐殖质，能促进土壤团粒结构的形成，改善土壤理化性状，增强土壤保水、保肥和透气性，并使养分缓慢而持久的释放，供根系吸收利用。通常把土壤含有机质多少，作为衡量土壤肥力的重要标志。

1）人粪尿　人粪尿除大部分为水分外，还含有比较容易腐熟分解的有机质和尿素等多种盐类，是一种速效性有机肥。腐熟的人粪尿，一般含氮 0.42%、磷

0.13%、钾 0.27%；新鲜人粪尿中，含尿素 2%，呈尿素态氮，必须经 1~2 周腐熟后施用。尿素经腐熟分解转变成碳酸铵后，桑树根系才能吸收利用。氮不能和草木灰、石灰混合。腐熟后的人粪尿加水稀释后，做追肥或冬肥施用。人粪尿腐熟，还可防止寄生虫卵和病菌传播。

2）厩肥　厩肥由牲畜粪尿、垫料和饲料残渣等混合沤制而成。它含有丰富的有机质和氮、磷、钾等多种营养元素。其中各种成分含量，因牲畜种类、饲料和垫草不同而有差异。一般含氮 0.48%、磷 0.24%、钾 0.63%。厩肥腐熟分解缓慢，可直接用于桑园，是一种肥效高而持久的迟效性优质肥料。一般做栽桑基肥或冬肥施用。

3）堆肥　堆肥以秸秆、落叶、杂草、垃圾等为主，加入 5%~10% 泥土，2% 过磷酸钙，1%~1.5% 石灰和少量人畜粪，经堆制腐熟而成。一般含氮 0.4% 左右，磷 0.18%~0.26%，钾 0.45%~0.76%，有机质 15%~25%。可做栽桑基肥或桑园冬肥施用，能改良土壤结构，增加土壤有机质，提高土壤肥力。

4）蚕沙　蚕沙是蚕粪、残桑和干燥材料等的混合物。饲养一张蚕种，大概可得新鲜蚕沙 250 千克左右。一般蚕沙中含氮 1.45%、磷 0.25%、钾 0.11%，是桑园的优质、高效有机肥。新鲜蚕沙中的氮素呈尿酸状态，腐熟分解过程中，能产生高温，可杀死蚕沙中的病菌、病毒。因此，蚕沙经过堆积、沤制、腐熟后施入桑园最好，可提高肥效和防止蚕病原微生物的传播。

5）饼肥　桑园中常用的饼肥有豆饼、菜籽饼、棉籽饼等。饼肥是一种高效有机肥，施用饼肥的桑树，不仅肥效长，枝叶生长茂盛，而且枝条充实坚韧，叶质优良。饼肥一般含有机质 75%~85%、氮 1%~7%、磷 0.4%~3%、钾 1%~2%。饼肥中所含氮素，多是蛋白态氮，须经土壤微生物分解后，才能被桑树吸收利用。可做桑园基肥或追肥施用。

（2）无机肥　无机肥料一般是用化学方法合成的，故又叫化学肥料。其特点是易溶于水，容易被桑树吸收利用，肥效快。施用化肥后，桑树生长迅速，增产作用显著。化肥养分含量高，体积小，运输和施用便利，但其养分含量单一，必须配合其他肥料施用。化学肥料有生理酸性和生理碱性两种，要根据土壤酸碱度选用，而且长期单施化肥，会破坏土壤结构，使土壤板结，肥效降低。最好配合有机肥料施用，提高施肥效果。

1）尿素　白色结晶或颗粒状，含氮 44%~48%，是氮肥中含氮量最高的一种，易溶于水，吸湿性强。尿素施用后，受土壤微生物分泌的尿酸氧化酶作用，分解成碱性的碳酸铵，进一步分解成氨、二氧化碳和水。氮素被桑树吸收利用后，土壤中不残留其他酸性物质。尿素在土壤湿润时肥效高。

2）碳酸氢铵　又名重碳酸铵，白色粉末或细粒状，含氮17%～17.5%，略有氨的臭味，易溶于水，吸湿性大，是速效性氮肥。在土壤中分解成氨和二氧化碳，都能被桑树吸收和利用，不残留于土壤中，是生理中性肥料，但挥发性强，应适当深施。

3）硫酸铵　白色结晶，含氮20%～21%，易溶于水。在土壤中分解为铵离子和硫酸根离子。铵离子被桑树吸收利用，硫酸根离子存留于土壤中，是生理酸性肥料。长期施用，会增加土壤酸度，使土壤板结，宜施用适量石灰，以使酸性中和。

4）过磷酸钙　是目前施用最多的一种速效性磷肥。灰白色或带淡红色粉末状，稍有酸味，含磷14%～20%。其有效成分是水溶性磷酸钙。在中性和微酸性土壤中肥效高；酸性和石灰性强的土壤中肥效低。最好与有机肥料混合，集中施在桑根附近。

5）草木灰　含有多种无机营养元素，但以钾元素最多，一般含钾3%～4%和少量磷、钙及一些微量元素。草木灰中的钾大多是以碳酸钾的形态存在，易溶于水，桑树容易吸收利用。草木灰是碱性肥料，能中和土壤酸度。与饼肥混施，能碱化饼肥中油脂，促进其分解。可作桑园基肥或追肥。不能和硫酸铵、人粪尿混合施用。

6）硫酸钾　白色或微棕色粉末状，易溶于水，吸湿性小。含氧化钾48%～52%，是生理酸性肥料。桑园中长期施用硫酸钾，会使土壤变酸，应适当施用石灰中和。钾肥在土壤中易被吸附固定，故应与有机肥料配合，集中施在桑树根系附近。

7）氯化钾　白色或淡褐色粉末结晶，吸湿性小，易溶于水。含钾50%～60%，是生理酸性肥料。在酸性土壤中大量施用时，易使土壤中游离的铁离子和铝离子增加，有害于桑树的正常生长。应与有机肥料配合，深施在根系分布最多的土层里。

2. 确定施肥时期的原则

确定施肥时期，要根据气候、土壤、养蚕生产需要和桑树生长发育的规律性变化等因素进行调节。春季桑树发芽开叶后，随着气温升高，枝叶生长逐渐加快，根系吸收增强，需从土壤中吸收大量养分，供给枝叶生长需要。夏伐后，桑树根毛大量死亡，吸收活动暂时停止。但因此时气温高，开叶不久，即进入旺盛生长期，根系吸收活动加强，土壤中水分、养分消耗量大。一般从发芽后到8月上、中旬，是桑树一年中生长最旺盛的季节。夏、秋季桑树生长量要占全年总生长量的2/3，而6~8月，枝条生长量又几乎占整个夏、秋季生长量的90%左右，是桑树最需要养分的时期。所以，要根据桑树的这种生长特点，做好分期施肥工作。

（1）春肥　春肥又叫催芽肥，对促进春季芽叶生长有显著效果，并为夏、秋季桑叶增产打下基础。长江流域一般在惊蛰到春分之间施肥，北方在清明前施肥。从桑树的生长发育来说，春肥应在桑芽萌发前的15~20天施下，最迟也要在用叶前30~40天结束施肥工作。小蚕用叶和黏性土桑园可稍早，大蚕用叶和沙质壤土桑园宜稍迟。春肥应以速效性氮素肥料为主，也可配合施用腐熟的堆厩肥、人粪尿等有机肥料。

（2）夏肥　夏肥应在夏伐后立即施入，使新根和根毛长出后，能及时吸收到养分，满足桑树旺盛生长对肥料的人量需求，促进枝叶迅速伸展。施夏肥的桑园，不仅当年夏、秋叶增产，也为来年春叶增产奠定基础。有人做过调查，及时施足夏肥，当年夏秋叶可增产30%~55%，第二年春叶增产19%~37%。夏肥一般分二次施用，在夏伐后施第一次肥，疏芽后或夏蚕饲养结束时，施第二次。夏肥应以速效性肥料为主，因夏季气温高、分解快，也可配合有机肥料施用。

（3）秋肥　秋肥主要在秋季施用，由于秋季高温多湿，正是桑树生长旺盛时期，为了延缓桑叶硬化、提高秋叶利用率、提高秋叶产量和质量，应在采叶或剪梢后补充施入。秋肥最迟应在8月下旬以前施入，不能过迟。氮肥施用量不宜过多，应配合磷、钾肥料施用。

（4）冬肥　冬肥是桑园的基础肥料，应以有机肥料为主。施用冬肥是改良桑园土壤、提升土壤肥力、提高桑叶产量和质量的重要措施，还可起到保温、减少桑树病害的作用。冬肥应以厩肥、垃圾、河塘泥等有机肥料为主，于桑树落叶后到土壤封冻前及时施入。

三、 施肥量计算的依据

桑园施肥量是影响桑叶产量的主要因素之一。只有施肥充足、配制合理，才能获得优质、高产桑叶。施肥多少应根据桑树品种、树龄、长势、土质、栽植密度和桑叶产量来确定。特别是栽植密度较大的桑园，产叶量高，需肥量大，在增施肥料的条件下，才能充分发挥其增产作用，否则容易造成树势衰败。根据试验研究，高产桑园施足基肥，重视各项栽培管理技术，每生产 100 千克桑叶，需要从土壤中吸收 2 千克纯氮。为了使桑树正常生长，除施用氮肥外，还必须配合施用磷、钾肥料。氮、磷、钾等营养元素，在桑树生命活动中，是相辅相成、相互协调、相互促进的关系。按不同的生产目的对桑叶质量的要求，氮、磷、钾施用比例也不同，如种茧育小蚕用桑可为 5∶3∶4，丝茧育小蚕用桑为 10∶4∶5。以这个比例做基础，根据当地的具体情况，再结合以往施肥量和桑叶产量的关系，加以调整，使之逐渐接近桑树的生长需要。

施肥之前，应该了解肥料种类、性质和成分含量，以便设计配比。同时还要根据桑树生长情况、经济能力和产叶量要求，确定肥料种类和施肥量。在全年施肥量决定后，可以按照施肥时期、施肥次数适当分配。一般春肥占 20% ~ 30%，夏秋肥占 50% ~ 60%，冬肥占 20% ~ 30%。冬肥应以有机肥料为主。栽植当年的小桑树，施肥量应比成林桑园低。育用种茧桑，要重施冬肥、少施春肥，以提高叶质。

四、 施肥方法

桑园施肥要求把肥料施到桑树根系分布最多的土层中去，以减少养分损失，提高桑树对肥料的利用率，但是施肥的具体深度与广度，因桑树品种、树龄大小、树形大小、栽植密度和土壤质地等而有不同，施肥的深度和范围也应有所差别。具体方法有穴施、沟施、撒施、环施、淋施和根外施肥等。

1. 穴施

穴施是桑园施肥中应用比较广泛的一种，是在桑树株间或行间距桑树干 30 厘米左右处开穴施肥。穴的大小、深浅因肥料种类、施肥量及树形大小而定。一般化肥、饼肥、人粪尿等体积小，可挖深 20 厘米，长宽为 30 厘米 ×35 厘米的施肥穴。厩肥、堆肥、土肥等体积大的肥料，施肥穴开挖得要大些，深度 30 厘米，长宽为 30 厘米×35 厘米左右。树小施肥量少，挖穴可小而浅些；树大，施肥量多，则开穴应稍大而深些。施肥后随即覆土，防止成分逸散。

2. 沟施

沟施一般用于成片的密植桑园。在桑树行间中央或一侧开沟，沟深度与宽度依肥料种类和施肥量而定，一般在 30 厘米左右，开沟时尽可能少损伤根部。沟施一般适于厩肥、堆沤肥、绿肥等体积大的农家肥。在行距 1.3 米以内的成林桑园中，均可隔行开沟（一沟两行桑树）以节约挖沟施肥工作量，但第二年应换行开沟，以利桑根均衡分布。

3. 撒施

撒施是把肥料均匀地撒在桑园的地面上，再翻入土中，一般都结合冬耕和夏耕进行。体积较大的泥土肥、垃圾肥、堆肥以及改良酸性土壤的石灰均可采用此法。撒施比沟施、穴施有一定的优点，因为桑根分布广泛，沟施、穴施只顾及局部，肥效不如撒施全面。

4. 环施

环施适用于树型高大、根系分布广泛的高干桑或乔木桑。离树干一定距离开一环状施肥沟，沟的位置通常在树冠垂直投影的中段部，沟的宽、深以能容纳所施肥料为度。

5. 淋施

淋施是将化肥或人畜粪肥，按亩施肥量兑水，开沟淋下，覆土，一可加速肥效的发挥，减少肥害；二可补水，特别在雨量偏少的干旱季节。

6. 根外施肥

根外施肥在桑树生长期间，用水溶液肥料喷洒在桑叶叶面上，使其吸收利用的一种辅助性的速效省肥的施肥方法，根外施肥对桑叶的增产有一定的效果，以秋季更显著。但根外施肥仅是一种辅助性的施肥，不能代替土壤施肥。根外施肥一般都用喷施的方法进行。

五、 桑园施肥应注意的事项

桑园全年各季施肥是一个统一整体，每季肥料既影响当季桑树生长发育，又为下季增产奠定基础，但各季施肥又各有侧重和特点，不能平均对待。桑园施肥是改良土壤的有效措施，应根据各种土壤性质，选用适宜肥料品种，并注意氮、磷、钾等各种营养元素的配合比例，才能提高施肥效果。如果对桑园土壤单施某一种化肥，就会破坏土壤结构，反而降低肥力。桑园施肥应以有机肥料为主，配合无机肥料。各地丰产桑园的经验证明，有机肥占全年施纯氮总量的70%，是桑园稳产、高产、丰收的基本保证。同时还要注意氮、磷、钾的合理配比。配方施肥应了解各种肥料性质、有效成分含量混合施用效果等，选择适宜搭配品种，提高肥效。还要注意施肥方法，防止肥效损失，提高桑树对肥料的利用率。

第三节
桑树常规管理技术

桑树常规管理包括伐条、疏芽、摘心、剪梢、整株、束枝和解束等，可保持桑园株数齐全，株型整齐，条数适当，通风透光，树体健壮，形成良好的群体结构，从而可以提高光能的利用效率。

一、伐条

伐条是树型养成和桑园管理的重要技术之一，可保持桑树树型整齐、提高桑叶产量、便于桑叶采摘，每年都要对其进行剪伐。

1. 伐条方式

桑树伐条的方式有春伐和夏伐两种。在冬末春初桑树发芽前剪伐桑条称为春伐。剪伐的部位根据树型养成的要求而定。萌发较早的品种，应适当提前剪伐。春伐的优点是可增强树势，树型养成阶段能养成强壮的树干；缺点是春蚕期产叶量不高。春蚕大蚕期用叶后剪伐桑条称为夏伐。夏伐的优点是可增加春叶产量，缺点是对桑树树势有一定影响。水肥管理条件较差的桑园不宜采用夏伐。中等水肥管理条件的桑园，最好的方法是进行轮伐，即每年分别轮流进行春伐和夏伐桑园的一部分，这样既保证了有一定的桑叶产量，又保持了桑树树势。

幼龄桑在树型养成期，以培养树型为主，可在早春桑树发芽前剪除全部枝条。衰老桑树，枝条细短，不宜夏伐，可进行春伐复壮，即在春季桑树发芽前，截去枝干，降低树冠，复壮更新。对于春季暂不养蚕的桑园，也可春伐复壮。

2. 伐条时间

春伐在桑树的休眠期进行，即一般在 12 月下旬至第二年 1 月上旬进行，时间上与剪梢要求基本一致，不可过早或过晚。

桑树夏伐宜早。结合春蚕后期在 5 月底 6 月初及时夏伐，最好不要迟于 6 月上旬，有利于桑树尽快转入重新发芽阶段，促使夏秋桑树枝叶生长良好。春蚕 5 龄后即可用伐条叶喂蚕，春蚕上蔟后应及时将桑条剪伐完。夏伐早，发芽早，秋季产叶量高；反之则发芽迟，桑叶产量低，影响秋蚕生产。

3. 伐条方法

夏伐是从 1 年生枝条基部 1~2 厘米处将枝条剪下，细小枝条或过密枝条齐拳伐掉，缺拳处枝条，可近拳高度剪伐，剪伐时要选好留芽，在留芽上方 1 厘米左右处斜剪；春伐是在春季发芽前将衰弱枝条齐拳剪伐，健壮条从基部 3~5 厘米处剪伐，其他要求同夏伐。伐条部位要按照幼龄桑、成龄桑的不同剪伐部位要求进行伐条，成龄桑园每年都要在同一高度的桑条基部剪伐，以免形成过多枯桩，影响树势。伐条时要注意同时剪去细弱枝、枯枝、枯桩等。

4. 注意事项

夏伐要及时，一般在春蚕 5 龄饷食起陆续伐条，最好在春蚕上蔟后伐条完毕。在春大蚕饲养结束时夏伐必须全面结束，做到"蚕熟叶尽条伐完"，夏伐一定要及时，不能拖延，否则将影响桑条生长、发育和夏秋蚕生产。伐条选择晴天进行，以减少伤流，一般选在晴天、中午前后伐条较好，可减少伤流，避免损失营养。以免雨水冲刷掉桑树剪口上桑浆（树液），剪口易腐坏，影响树体正常生长。伐条要齐拳剪伐，剪口平整，不留枯桩、半截枝，伐条后的枝条、枯桩、死拳要及时清出桑园。在锯枯桩、死拳时要特别注意不伤临近的树干和桑拳。伐条时必须选用锋利的刀具，最好用割灌机或桑剪进行，不能用刀砍或镰刀割。剪口要平齐，尽量减少伐条的伤口面积，更不能剪裂枝条或皮层与木质部分离。同时要求把桑树基部的叶和细小侧枝全去掉，减少养分消耗，有利于新芽快速萌发。伐条后要及时供应充足的肥料和水分，才能促进根系的恢复和休眠芽生长。为了使秋季桑叶优质、高产，桑园夏伐后应结合除草、中耕松土，重施夏肥，施肥以速效性肥料为主。如遇干旱，会影响发芽和叶片生长，桑园应灌水，使土壤湿润为宜。

二、 疏芽

桑树春伐或夏伐后，经过一段时间，定芽、潜伏芽大量萌发。由于芽量过多，强弱芽混生，继续生长则出现止心、细弱和下垂枝条，消耗大量养分，导致产叶量不高。同时，由于桑芽密生郁闭，桑园通风透光不良，也会加速桑叶黄化、硬化、老化，降低叶质，影响蚕体健康。因此，必须及时分批疏去止心芽、弱小芽以及过多的生长芽。

1. 疏芽的作用

合理疏芽，可有目的地控制单株或单位面积上的有效条数，不仅能使每株桑树保留适当的枝条数，而且使枝条分布均匀、位置适当、养分集中、通风透光、树势旺盛、枝条生长健壮整齐，形成良好的丰产群体结构，从而提高桑叶的产量和质量。

2. 疏芽的原则

去弱留强、空隙处少疏多留、密集处多疏少留、外围多留，使每株桑树的发条数相对一致，数量适当，分布均匀。

3. 留条的数量

疏芽程度主要根据高产桑园的每亩总条数标准和栽植密度来确定，同时根据桑树品种、肥水条件、桑树的长势和树型等因素灵活应用。疏芽过少，效果较差；疏芽过多，会使每亩总条数减少和总条长缩短，导致产叶量降低。通常在确定总条数的基础上，可根据每亩株数决定单株留芽（枝条）范围，进行疏芽。以成林高产桑园为例，按每亩留条 8 000～10 000 根为标准，每亩栽 800 株的桑园疏芽时每株应留 10～12 根的新梢；每亩栽 1 000 株应保持留新梢 8～10 根；每亩栽 1 500 株的速成丰产桑园，每株应保留 5～7 根的新梢。此外，发条数少的品种应比发条数多的品种多留些新梢，肥水条件好、长势旺的应多留，反之则少留，而中干桑应比低干桑多留。如幼龄桑园，则按树型养成要求进行。

4. 疏芽的方法

在春伐或夏伐后进行疏芽，一般分两次进行，疏芽不能过早或过迟，过早容易碰伤芽，过迟浪费桑树养分，在桑条高 7～10 厘米时进行第一次疏芽，疏去过密过细、位置不当和生长不良的多余枝条，留芽量为每株目的留芽量的 2 倍。以每亩栽 1 000 株的桑园为例，若平均每株桑树目的留条为 8 根，第一次疏芽则每株桑树平均留芽 1~6 个健壮芽，四周可酌情选留弱条的 4~5 个芽。具体方法是在过粗桑条中选留 1 个位置好的，在中条的四周选留 2~3 个健壮芽。第二次疏芽，在芽长 20~30 厘米时，结合大蚕用叶，将细弱、横生、下垂、过密的桑条用桑剪从基部剪下喂蚕。方法是在过粗桑条周围选留 2~3 个壮条，以利长成中条，避免出现过粗条。中条的选留 1~2 个壮条，弱条的根据桑树长势全部疏去或选留 1 个，避免再出现弱小条。

三、 摘心

在春蚕期饲养过程中，摘去枝条上新梢顶端的嫩心部分称为摘心。

1. 摘心的作用

春季桑树摘心，是一项桑叶增产效果明显的措施，可以抑制新梢继续向上生长，使原来供给嫩头生长的水分、养分集中供应到幼叶中去，促进嫩叶生长，使留下的嫩叶迅速成熟，叶片增大增厚，并使新梢上的叶片成熟度趋向一致，改善叶质，提高桑叶利用率，增产桑叶 10% 左右。同时，桑树春季摘心也可防治桑瘿蚊，控制桑瘿蚊虫口密度。另外，在树型养成阶段采用摘心措施，能促使腋芽萌发分枝，加速养成树型。

2. 摘心的时间和程度

桑树摘心时期和摘心程度应根据用叶时间来决定。春壮蚕用桑一般在用叶前 10~12 天进行，春蚕 2~3 眠期，摘去桑树新梢顶芽，注意先摘心的桑树先采叶，后摘心的桑树后采叶。具体应掌握在 4 龄蚕期摘心的可摘去 1~2 片嫩叶，3 龄蚕期摘心的以摘去雀口状嫩头为度，2 龄蚕期摘心的只要摘去顶芽就行，不可过早摘心，以免影响桑叶产量。另外，土壤润的多摘，土壤干的少摘或不摘。

3. 注意事项

桑树春季摘心要按用叶时间合理划分桑园，分批摘心。充分利用农闲时间，全面摘心，不留尾巴，做到片片清、株株清、条条清。为了使伤口及时愈合，摘心应在晴天或阴天进行，雨天不宜摘心。摘心时应将心芽集中并带出桑园，统一销毁，以防止桑树病、虫原留在桑园内。摘叶以后最好进行一次根外施肥。

四、 剪梢

利用打破桑树枝条顶端生长优势的植物学原理，在桑树落叶期间，适当地剪去枝条梢端的徒长部分，这一技术工作称为剪梢。

1. 剪梢的作用

及时剪去呼吸作用大的条梢部分，可减少养分的消耗，使枝条充实冬芽饱满，来年春季桑树发芽率高、发芽势强、生长芽多、叶片增大、叶肉增厚，从而提高桑叶产量。根据调查，剪梢合理，一般能增产桑叶10%左右。剪梢还具有提高桑树抗寒能力和减少花果的作用。另外，由于枝条上部常有桑细菌性黑枯病的病原寄生和传播桑萎缩病的桑菱纹叶蝉产卵，因此，剪梢还有减少上述病害的传播和蔓延的作用。

2. 剪梢的时期

因各地的气温不同，冬季桑树剪梢的最佳时间也各异。桑树剪梢，一般从霜降前后至来年的2～3月树液未流动前均可进行。为有效地减少树体养分的损失，应选择冬季气温比较低的12月至翌年1月进行为最好，因为此时桑条内的大部分养分都转移到根部，枝条内养分最少，因而剪梢损失最少。如果剪梢过早或带绿剪梢，会影响桑树的光合作用，且叶中养分尚未转到枝条中，影响养分积累，同时桑树还未停止生长，遇到气温高时，会引起桑芽秋发，不利于桑树越冬。立春以后，气温回升，桑树生理活动增强，树干、树根中的养分陆续向枝头运输，枝条上的芽孢开始萌发。如果此时剪梢，会损失大量养分和水分，造成剪枝上部不发芽或发芽很少及细弱，桑叶的产量、质量大大降低。所以剪梢不可过早，也不能太迟，但需要接穗时，可根据嫁接时期，稍晚些进行剪梢，但也不可太迟，必须在树液流动前进行。如果在中晚秋蚕期采用条桑养蚕，可在桑树止心后，根据养蚕需要，分批剪梢收获条桑，但应注意在收获后每根枝条顶端要保留3～4片桑叶，以防止腋芽秋发。

3. 剪梢的形式

目前有水平剪梢（图5－2）和非水平剪梢两种剪梢形式，过去大都采用非水平式剪梢的方法，通过试验调查及生产实践证明水平式剪梢操作简单方便，树型整齐，光照均匀，能充分利用光能，减少相互遮阴；同时体现着抑强扶弱，能促使来年春季新芽生长均匀，有更好的增产效果。水平式剪梢法，即依据桑树树体的总长度，按照一定的比例进行剪除，使得剪后留下的枝条基本处于同一水平高度上。也可以最长枝条的1/2为标准，进行水平剪梢。

图5-2 水平剪梢

4. 剪梢的程度

剪梢时留条的高度，应根据桑树的品种、树型及生长情况而定，条长和长势好的可多剪，条短和生长势差的少剪，不足高度的桑条剪去嫩梢部分枝条，长度在1.7米的剪去1/4，枝条长1.3~1.7米的剪去1/5，枝条长1米左右的剪去未木栓化的梢端。留条不能过短，长度在1.1~1.3米为宜。不足高度的桑园，在剪梢时按条长的2/3作为剪梢高度的依据。

5. 注意事项

应该使用专门的剪刀修剪桑树，切不可用镰刀、菜刀、柴刀等刀具乱割乱砍，以避免剪口凹凸不平和损伤树枝、树皮、冬芽等，妨碍桑树的生长发育；剪梢应在芽背上方1厘米处下剪，剪口呈45°斜口，做到不伤芽、不剪破，以免影响顶芽生长；选择在晴天进行，不在雨天、大雾天进行剪梢伐条；剪梢后立即清园，将桑园内的残叶、杂草等收集起来制作堆肥或焚烧，消灭潜藏其中的病原菌和越冬害虫。

五、整株

桑树经过一年的生长、使用，到了冬季树型生长凌乱，有些枝条成为无效枝，有些病虫害也寄宿在树体上越冬，正在成长中的小桑树也需要定型，为解决好这些问题，需要进行整株，就是把桑树上的死拳、枯桩、病虫害枝以及细弱枝、下垂枝等无效枝修剪去。

1. 整株的作用

整株可使树型整齐，养分集中，减少养分消耗，增强树势，提高产叶量，同时死拳、枯桩又是病菌害虫寄生的地方，从而达到减少病虫害，特别对消灭桑象虫效果显著。

2. 整株的时期

整株要在冬季桑树休眠期进行，过早或过迟都会使树液流失较多，一般在12月中旬至翌年1月上旬桑树进入休眠期后进行。

3. 整株要求

主、支干层次分明，去弱留强，去密留稀，分布均匀，修去病虫枝及枯桩。

4. 整株的方法

修枝整形应把细弱枝、无效枝、下垂枝、过密枝、横生枝、干枯桩（枝）、病虫枝、死拳等不良枝全部从基部剪掉，这部分枝条因在下部，光合作用弱，来年春季桑叶不多。留下粗壮良枝，使养分更集中，有利于提高产量。根据壮条多少修枝。每平方米留12～15枝壮条，根据壮条的位置和方向修枝。所留枝条保持向四方展开，通风透光，使枝条能充分地利用光能。修枝整形后的桑树每亩留条8 000～10 000条，这样才能提高桑树的亩产叶量。对未投产的小桑树应以培养目标树型为主，即在冬季按照高、中、低干桑的养成要求，分别按应有的主干、第一枝干、第二枝干的高度、条数，剪去多余的枝条，最后培养成树型整齐、生长潜能大的丰产树型。

5. 注意事项

将剪下的条梢、枯桩等连同园内杂草一起清理出园，集中烧毁，可起到整理树型，减少桑园虫、卵的作用，防止病虫害蔓延。修剪时应紧贴枝干分杈处和枝条基部，不要撕破树皮，剪口和锯口要平滑，使伤口容易愈合。

六、 束枝和解束

1. 束枝

桑树落叶后到冬耕前，及时用稻草或草绳将枝条结缚成束，称为束枝。桑园束枝以后便于冬耕、施肥和其他管理工作，如矫正枝条姿态和便于捕杀桑毛虫、桑尺蠖等害虫。束枝不宜过紧或过松，以免损伤冬芽。

2. 解束

解束就是将束草解开，一般在春季桑树发芽前，施肥和冬耕后，以及桑园越冬害虫活动前进行。注意解束不宜过迟，否则会损伤萌发的桑芽，并引起束草内的害虫活动分散，解除下来的束草要集中做堆肥处理或烧毁，以杀灭束草内的害虫。

七、 清园与涂白

冬季清园与涂白是桑园管理中一项十分重要的工作，因为冬季气温低，害虫进入休眠期越冬，病害的孢子或病原菌也随落叶和入冬前修剪下来的病叶和病枝落在桑园中，这是集中捕杀的最佳时机，该工作做得彻底就可大大减轻来年的病虫危害，很多的病虫是在桑树的树枝、树干、孔隙或裂皮中越冬的，清园与涂白可消灭在树干和杂草中越冬存活的害虫及病菌，减轻来年病虫害的发生。

1. 清园

枯枝、落叶、杂草是许多病虫的主要越冬场所，清园时必须将枯枝落叶、杂草、树枝集中清理出桑园，进行深埋或烧毁，剪梢时要注意去病枝、带虫卵枝、死芽等。消灭枯枝落叶上越冬的病虫，可减少来年的病虫基数。

2. 涂白

将清园后的桑树主干用涂白剂涂白。主要涂白剂有硫酸铜石灰涂白剂（硫酸铜 500 克、生石灰 10 千克），配制方法是用开水将硫酸铜充分溶解，再加水稀释；将生石灰慢慢加水熟化后，继续将剩余的水倒入调成石灰乳，然后将稀释后的硫酸铜溶液倒入石灰乳中搅拌均匀即成涂白剂。

第四节
桑园气象性灾害及防灾、 减灾技术

气象性灾害是由异常气象所引起的对桑树的多种灾害，主要有霜害、冻害、风害和雹害等。

一、霜害

霜害会影响桑树生长，轻则降低桑叶产量和质量，严重时会造成桑树死亡。在桑树栽培过程中，要注意收听当地气象预报，采取可能的预防措施，做好受灾害后的善后措施，使灾害降低到最低程度。霜冻多在春季桑树萌芽后遇到晚霜时发生，晚霜一般出现在寒流来临，天气晴朗之日，傍晚天晴无风，21：00左右的气温在10℃以下，黎明前可能出现霜害。一般早生桑易受害，低干桑比中、高干桑受害重，低处比高处重，萌发的嫩芽比脱苞芽受害重。霜害主要表现在萌发的芽叶上，轻的局部焦枯，重的全部焦枯。

1. 主要补救方法

根据冻害危害的不同程度采取不同的补救措施：对于桑树冻害较严重的蚕区，指导蚕农进行及时春伐，以恢复桑树长势，并追施农家肥。适当饲养夏蚕，扩大饲养中秋、晚秋蚕，确保单位面积全年饲养量不降，同时加强消毒防病，提高单位产量等措施进行补救。对于桑树冻害较轻的蚕区指导蚕农加强桑园田间管理，追施速效肥及时进行灌溉，提高桑叶产量和质量，并适当推迟春蚕收蚁时间，确保春季蚕业生产丰产丰收。对于桑树冻害比较严重，但又怕影响经济效益而不进行伐条的部分蚕农，顺势加以指导，加强施肥管理，增施人粪、硫酸铵等速效性肥料，促使潜伏芽、副芽萌发，在开3~4片叶时，进行根外施肥，用0.5%尿素稀释液喷施2~3次，每次间隔5~7天；并适当推迟饲养春蚕收蚁时间。

2. 桑树严重冻害后采取春伐的利与弊

桑树严重冻害后采取春伐有利于树势的快速恢复，延长桑树的有效丰产期；能合理饲养夏、中秋、晚秋蚕，并适当提高各季蚕的饲养比例，把霜冻的危害程度降到最低，确保单位面积全年效益不减。

由于桑树芽叶被严重冻坏，不能正常生长，只能靠潜伏芽重新萌发，所以需要很长一段时间。虽说能推迟饲养春蚕，但影响来年春季桑园的产叶量。如若施肥、灌溉不及时，则影响更大。（如图5-3、图5-4）。

图5-3　没有采取春伐、及时施肥的桑树长势

图5-4　没采取春伐，但及时施肥、加强管理的桑树长势

3. 预防桑树遭受霜冻的方法

（1）基本预防　在春季桑树发芽时，应及时收听、收看天气预报。若傍晚天气晴朗无风，并伴有寒流来临，则翌日凌晨就有可能出现霜害；部分蚕农有在桑园内挂铁器预测霜害的经验，当看到铁器上有霜时，说明该区将会发生霜害，应立即采取措施，预防霜害。蚕农有"雪下高山，霜下洼"之俗语。对于易发生霜害的山区、低洼、河滩等地，在建立桑园时，应选择抗寒性较强、副芽较多、发芽较迟的桑树品种；在树型养成上以养成中、高干树型为主，从而减轻晚霜害造成的损失；晚秋蚕应进行合理采叶，枝条梢部要保留3~5片叶子，使叶片继续进行光合作用，积累更多的储存养分，以增强桑树的抗寒能力；对于有条件的蚕区，可在大棚内建立小蚕专用桑园。

（2）熏烟法　依据气象预测预报，准确判断后，可在桑园上风处，堆放杂草、枯枝落叶等潮湿可燃物，于凌晨生火熏烟，使产生的浓烟笼罩桑园，可升高地温，减少地面热量的损失，以达到有效防霜之目的。每亩桑园可设 4 ~ 5 处熏烟地点。

（3）灌水法　对于有灌溉条件的蚕区，在霜害来临之前几天，对桑园进行灌溉，使土壤水分增多，利用水的比热容比空气大，使地表气温不会激变，有防止霜害发生的效果。

（4）除虫　加强桑园除虫，当霜害发生后，应注重治虫保芽工作，确保新芽不再受桑尺蠖、桑象虫、桑毛虫等害虫危害。

（5）推迟收蚁　若霜害发生在蚕种已出库催青期间，可用低温抑制胚子发育，以达到延迟收蚁的目的，当蚕卵胚子发育到丁$_2$胚子时，可在5℃外库抑制10天；若胚子发育已超过丁$_2$胚子阶段，则正常催青至转青卵，然后移至5℃外库进行 5 ~ 7 天抑制。

二、冻害

冻害和霜害一样都是由低温袭击所引起的灾害。但是冻害和霜害有明显区别。首先发生的时期不同，霜害一般发生在晚秋落叶前或早春发芽开叶的阶段，而冻害发生在桑树休眠阶段，以及休眠前和休眠解除时；从危害的部位看，霜害是危害芽叶，而冻害主要是危害枝条、树干甚至根部；霜害发生温度是 −3 ~ 3℃，而冻害是在 −5℃以下。一般树龄小的比树龄大的抗寒性弱，低干桑比中、高干桑受害重，夏伐桑比春伐桑受害严重，晚秋期枝条梢端留叶的比不留叶的受害较轻。冻害表现在枝条及树干上，冻害部分呈现明显的皱缩干枯状。桑园防冻措施有选用耐寒品种、合理采伐、施肥排水、盖土防冻等。

三、风害

风对桑树生长的影响，因风速大小而不同。一般的风速可以调节桑园温度、湿度及空气成分，对桑树生长有利。当风速在 10 米/秒时，能使枝条摇动，桑叶摩擦破碎，降低叶质。当风速在 20 米/秒以上时，能使枝条折断，桑树倒伏。风害多发生在易受台风袭击地区及每年的台风季节。在易受风害地区建立桑园，应结合其他农作物建立防护林带。听到当地气象台（站）台风警报后，可把枝条若干根结缚起来成束，以防止枝条摆动碎叶。风害后要巡视桑园，折断的枝条要剪去，倒伏的桑树要扶直壅土，追施速效性肥料，加速恢复树势。

四、雹害

雹害多出现在晚春到早秋季节，是在局部地区发生的突发性灾害，对桑树的破坏力很强。受害轻的，桑叶破损；受害重的，芽、叶打落，枝条折断，使桑叶产量受损严重。春蚕期受雹害重的，可进行春伐，使多产夏秋用叶；夏秋期受害重的，可将折断的枝条剪去，同时加强肥水管理，使桑树迅速恢复生长。

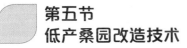

第五节
低产桑园改造技术

一、桑园低产原因

河南省现有桑园的单位面积产叶量相差甚大，高的可达 2 000 多千克，低的只有几百千克。因此，在新发展桑园的同时，改造现有低产桑园，提高单位面积产叶量，是桑园提质增效的一条重要途径。

造成桑园低产的原因很多，主要有：施肥水平低，桑园管理粗放或只用不管，使桑园荒芜，病虫危害严重，桑树树势衰败或死亡，又未能及时补植，桑园缺株多，空隙大。秋天采叶过度，桑树生理机能失调，未老先衰。丘陵、山地桑园的梯田修筑不符合要求，水、土流失严重，土壤瘠薄、缺肥，更缺有机质肥料，又疏于管理，桑树衰败。栽植密度过稀，未能及时养成相应的树型，树冠偏小，发条数不足，不能充分利用土地、空间。桑树品种不良，产叶量低，效益差。桑树生理机能衰退，组织器官败坏，发条机能弱。土壤 pH 过高或过低，或积水时间过长，排灌不及时，桑树生长发育不良。有些桑园低产是受单因素影响，有的是几种因素的综合作用。要改造低产桑园，首先要调查分析造成低产的原因，根据具体情况，采取有针对性措施，加以改造。

二、改造方法

1. 加强管理，合理用叶

造成桑园低产的主要原因是采伐过度，养用失衡，培肥管理差，致使桑树未老先衰。所以要养用结合，特别在夏秋季要合理用叶；广辟肥源，提高施肥水平，重施有机肥，改善土壤结构，提高土壤肥力。加强病虫防治，注意秋季灌溉排涝，迅速恢复树势，提高桑叶产量、质量。

2. 补植加密

由于栽植过稀或缺株过多，或树型养成不当等因素，造成单位面积有效条数少，即使加强管理也难达到丰产要求，必须用补植加密的办法改造。

（1）壮苗补植　对行株距过宽或缺株过多的幼龄桑园，选用根系发达的大苗、壮苗，于行间或株间或空缺处补植。要深穴浅栽，施足基肥，壅土踏实，加强培肥管理，春伐养树，迅速增加株数和每亩有效条数。

（2）压条补植　适用于地桑及低干养成桑园，四季都可进行。但以春压和夏压用得最多。

3. 增拳养条

由于树型限制，单株拳数少、枝条少，不能充分利用空间。补植又受老树遮阴影响，生长不良，可用增拳办法，增加单位面积总条数和总条长。

（1）提高夏伐　适用于低干桑，夏伐时，选粗壮、分布均匀的枝条，提高15～20厘米剪定，作为新枝干。如需养成拳式，第二年夏伐时，仍在上年剪定处伐条养拳。提高夏伐，一定要配合增施肥料，加强管理，才能达到迅速增加条数、提高桑叶产量的效果。

（2）见空补拳　桑园缺株或栽植密度稍稀或个别枝干衰弱、枯死时，于夏伐时见空插针，留条补拳，扩大树冠面积。如遇树干下部发生新条，要着重培养，夏伐时剪定养成1～2拳。

（3）横伏增拳　对树型较高，行株距较宽或零星、缺株桑园，在春季发芽前，选位置适当的粗壮枝条，向行间或空档处水平攀伏，用草绳固定，并按空当大小保留一定长度，剪去条梢。由于水平伏条后，解除了枝条的顶端优势，促使桑芽萌发齐一，并形成生长芽。以后疏芽，每隔12～16厘米留一新梢，其余全部疏去。根据补空要求，每一根伏条上养3～4根新条。夏伐时，老条不动，于新枝条基部3厘米处剪去新梢条，以后每年在此处剪伐、收获、养拳。

4. 老树更新

树势衰败或枝干残缺不全的老树，可根据衰败程度，采取不同措施，复壮更新。

（1）春伐复壮　桑树因采伐过度或培肥管理不当，造成树势衰败、枝条细小，但树龄不老、枝干健全。可在春季发芽前，选枝条生长较好的，在枝条基部5厘米左右剪伐，其余细弱枝、病虫枝、下垂枝一律从基部剪去。发芽后，适当疏芽，增施春肥、夏肥，加强病虫防治，做好秋季抗旱、排涝工作，树势很好恢复，当年秋叶就能增产。

（2）截干更新　桑树因年年提高剪伐，造成树型过高、紊乱，上部枝干衰败，发条数少，采叶管理不便。下部枝干、主干良好，可用截干办法更新。于春季桑树树液未流动前，在枝干分杈处的上方截断，促使分枝处的潜伏芽萌发生长，重新培养枝干，代替老拳。截干后的新芽，因养分集中，生长迅速，能很快养成树型，提高产叶量（图5-5）。

图5-5　截干更新

（3）套种换树　在树势衰败、缺株较多的低产桑园中，选择大树壮苗，冬季于行间深沟浅栽，施足基肥。着重加强夏肥、秋肥、病虫防治、除草、秋旱灌溉和排涝工作，迅速养成树型，待新桑开剪后，老树收获结束后即行挖除。这种方法既不影响桑叶产量，又能尽快更新桑园。

5. 嫁接换种

主干已坏死而根部良好的老树或实生桑可用嫁接换种的方法改造更新。换种嫁接方法很多，常用的有挑苞、挖根接等。

（1）挑苞　利用挑苞换种，改造实生桑和更新老树，是安徽金寨县蚕农的成功经验。3月中旬，春分前后，树液开始流动，皮层与木质部容易分离时，选优良品种中健壮枝条中部饱满的冬芽，于芽上下各1厘米处，分别环割一刀，深达木质部，并在芽的背面纵切一刀，行环状剥皮并取接芽。

注意：不要使内面向外突出的白色肉质物（即护芽肉）被破坏或脱落，造成空心芽，影响成活。接芽片剥取后，沿横切面用大拇指甲撕去韧皮部，但不能撕破皮层和护芽肉。然后在被改造的实生桑或老树上，选不同方向、生长良好的一年生枝条数根，于基部20厘米左右处的冬芽，上下各0.7厘米削去冬芽，并使芽基梢隆起。将接芽片的护芽肉，对准砧木芽基隆起处贴紧，用桑白皮绑扎，并将枝条在挑苞部位上方1~2芽处剪断。发芽后，将该枝条上下砧芽全部抹去。其余枝条春季照样采叶收获、不影响当年产叶量。

挑苞成活后，加强管理，注意防治虫害，在新芽长出4~5片叶时，解除绑扎物。春季采叶时，不能误摘新芽。夏伐时要保护好挑苞芽梢，其余枝条全部伐去，注意及时抹除砧芽。当挑苞芽梢长至20厘米左右时摘心，促使腋芽萌发，当年养成2~3根枝干，同时加强培肥管理，注意养成树型。

（2）挖根接（又叫蒲泥接）由于被改造的老树根系较好，分布深广，嫁接成活后新芽条生长迅速、健壮。春季3月中、下旬，桑树树液流动后，选优良品种健壮枝条做接穗。于枝条中部选2个健壮饱满的冬芽，在下面一个冬芽侧面下方1厘米处，斜削成3厘米长的平滑斜面，并于背面先端薄薄削去一层表皮，以稍见绿色为度，再于第二个冬芽上方1厘米处剪断，即成接穗。然后将被改造的老树根部泥土挖开，在根茎下方，选皮层光滑的部位，用桑刀划成"∧"形，深达木质部，有乳白色汁液渗出。再用竹片撬开皮层，把接穗的斜削面对砧木皮层方向插入、插紧为止，但不能插破。用泥土壅紧嫁接部位，再盖上松土，埋没接穗头呈馒头形。

嫁接新芽成活后应保护好。砧木在采春叶后，离地高30厘米处锯去树干，所留树桩作为缚扎新芽的支柱。新芽长到一定高度时，根据树型养成要求，摘心，促使分枝，提前一年养成树型。冬季落叶后再把老树桩锯去。

第六章
桑树病虫害防治技术

在桑树生长发育过程中，常会遭受各种病虫危害，轻者降低桑叶产量、质量，重者导致桑树死亡。为了有效地防治桑树病虫害的发生与蔓延，保证桑叶高产、优质和养蚕安全，必须采取预防为主的综合防治方针，掌握病虫发生规律，采取各种有效措施及时防治。

第一节
桑树病虫害的发生与环境条件的关系

一、 病害的发生与发病环境

桑树病害的发生，是由病原、环境和桑树本身状况等因素综合影响的结果。

1. 病原

病原的存在是发病的必要条件，病害的严重程度取决于病原的密度和分布范围。一种病害开始在一个地区发生，往往并不严重，未能引起重视，随着病情的发展，病原密度逐渐增加，传播范围不断扩大，导致大面积的病害发生，给生产造成严重损失。特别是在苗木调运过程中，由于检疫不严，病原带入，会给生产带来严重后患，应引起重视。

2. 发病环境

病原随着风雨和昆虫的携带，到处传播，随时都可能与桑树枝、干、芽、叶、根接触而附着在上面。但病原能否侵入桑树，还受环境条件的影响，例如大多数真菌性病害的发生，都是在连续阴雨，低温多湿，日照不足或桑园郁闭，通风日照差或地下水位过高，土壤板结透气性差，桑树抗病力降低造成的。细菌性病原在大多数情况下，不会侵入无气孔和无损伤的植物组织，如果桑园管理粗放，采叶粗暴，造成桑树枝条、腋芽、叶片受伤，就会为细菌的入侵打开门户。病毒和类菌质体病原最突出的特征，就是通过菱纹叶蝉等某些媒介昆虫交互吸食病株传染。因此，桑园内及附近的病树，就成为主要传染源。

3. 桑树本身状况

不同的桑树品种，在同一栽培条件下，病害发生情况不同，这是由于桑树品种间差异所产生的不同抗病性结果。即使同一抗病品种，由于管理不当，偏施氮肥，桑园长期积水，杂草丛生或栽植过密，群体结构不合理，桑园郁闭，通风透光差或夏秋季过度采伐，树体虚弱，生长发育不良，也会降低抗病能力。

二、 虫害的发生与发病环境

危害桑树的害虫种类很多，常见的有 40 ~ 50 种，一年四季都能对桑树各部位造成损害，甚至连年成灾，给蚕桑产业发展带来严重损害。同时，不少桑树害虫也是家蚕病原的共同寄主，在虫害严重的季节，往往也是家蚕病害发生最多的时候。因此，防治桑树害虫，成为养好家蚕的重要条件之一。

1. 气象条件与害虫发生的关系

一般说来，春季天阴多雨，持续低温，是提高野蚕孵化率和幼虫生长发育的良好条件，在这样条件下，寄生蜂的发育困难，因此，造成野蚕盛发。在正常的气象条件下，虽对野蚕发育也有利，但寄生蜂的发育极为良好，野蚕被害率极高。春季野蚕虽多，但如遇 7 ~ 9 月连续高温，刚孵化的野蚕几乎无一生存。作为桑树萎缩病传毒的媒介昆虫菱纹叶蝉，其生育的最适温度为 20 ~ 25℃。20℃时，病原在虫体内的生存期最长，潜伏期能达 24 ~ 48 天，传播力也最大。在34℃时，大多数若虫不能羽化而死亡。

秋季干旱、高温，常常是红蜘蛛、桑蓟马等害虫迅速繁殖的良好条件，对桑树造成严重危害。冬季 −4℃ 以下的低温，容易使裸露的越冬虫卵和在枯枝落叶中隐藏越冬的桑螟、桑毛虫的成熟幼虫冻死。

2. 营养条件与害虫发生的关系

桑树害虫的繁殖力直接取决于桑叶的质和量。食料不足，明显降低害虫的生殖能力，各种鳞翅目幼虫，在末龄期极度贪食，它们急需储藏物质为越冬或化蛹做准备，如在这时缺食，则将降低越冬虫态的抗寒能力，大大减少下一代虫口密度。刺吸式口器的害虫如桑白蚧、桑蓟马、红蜘蛛、菱纹叶蝉等，在生长不良的桑树上取食，可以直接吸收植株体内水解了的碳水化合物和蛋白质，比在健株上取食的营养价值要高得多。因此，在树势衰弱、生长不良的桑树上生活的害虫，其繁殖力要高。一些杂食性害虫如桑天牛、桑尺蠖等，由于寄主不同，幼虫成活率、大小和发育快慢明显不同。其中以桑叶或桑树为食者，幼虫体大、成活率高、发育也快。

3. 桑园管理与害虫发生的关系

一些桑树害虫产卵于土中或直接进入土中化蛹、越冬。冬季通过深翻土壤，改变其生活条件，造成羽化、生活障碍。同时，一部分虫体暴露，通过霜冻和日晒、干燥死亡或被鸟啄食，降低虫口密度。冬季深耕土壤，把地面落叶、杂草翻入地下，还可使一部分害虫因失去越冬场所而冻死。菱纹叶蝉在萎缩病发生严重的桑园，丁每根枝条上可产卵 20~100 粒，温暖地区，卵粒大多分布在枝梢 1/3 处，枯拳死桩又常是桑蛀虫、桑象虫隐藏和越冬场所。因此，冬季剪梢，修枯拳、枯桩，可以减少虫口密度。

4. 作物结构的改变与害虫发生的关系

稳定的耕作制度，常使害虫对寄主植物保持一定的依赖关系。当耕作制度改变，必然影响一部分害虫的生活习性及向新的寄主迁移。菱纹叶蝉是杂食性，在蚕区以危害桑树为主，当夏伐后一部分虫子迁飞到春伐桑园继续危害，一部分聚集到桑园周围的杂草、芝麻、玉米秆等植物上，并能在其上完成世代交替。因此，在桑园周围种植芝麻，诱集菱纹叶蝉，集中杀灭，也是桑树病虫防治上的一项新措施。

第二节
常见桑树病害及其防治技术

一、桑萎缩病

1. 危害症状

桑萎缩病是由病毒和类菌质体协同作用引起的一种全株性病害。发病初期，先见于少数枝条，以后逐渐蔓延全株，根据病体表现，通常可分为萎缩型萎缩病、黄化型萎缩病和桑花叶卷叶病（又叫桑花叶型萎缩病）。

萎缩型萎缩病发病后，病叶逐渐缩小，叶面皱缩，叶色由稍黄渐变为黄色，叶质硬脆，裂叶品种的叶片变圆，枝条细短，节间变密，叶序紊乱，侧枝细长，春芽早发，不生桑果，秋叶早落。严重时，病叶明显缩小，但不皱缩，叶色黄化，枝条细瘦，细根发霉，最后整株死亡。

黄化型萎缩病的病叶明显黄而缩小，叶质粗糙，病叶向反面卷缩，叶序紊乱。发病初期，常出现上部叶片小，下部叶片大，形如塔状。发病严重时，病树一经夏伐，叶小如猫耳朵，腋芽秋发，侧枝多面细短，丛生如帚，病株不结桑果，细根变褐萎缩，2~3年后枯死。

桑花叶卷叶病初发病时，在叶片侧脉间出现浅绿至黄绿色斑块，但叶脉附近仍为绿色，出现黄绿相间的花叶或成镶嵌状，叶形不正，叶缘常向叶面卷缩，有的裂叶一半无缺刻，叶片侧脉易生小瘤状突起，叶脉褐变，病枝细，节间缩短。此病有时显症有时不显症。发病重时，病叶小，叶面卷起明显，叶脉变褐更明显，瘤状、棘状突起更多，腋芽早发，侧枝多，病株逐渐衰亡，但根系不腐烂。

2. 发病规律

病原在病株中越冬，第二年通过病株嫁接和菱纹叶蝉传播，引起新株发病，循环往复，不断扩大危害。萎缩病的发生，还与气候、品种、培肥管理关系密切。

夏秋季发病多，春季发病少，前一年已发病的病株，春季一般不表现症状或表现症状较轻。夏伐后，气温升高，特别是7月中旬至9月中旬，症状急剧表现，危害严重。夏伐过迟、秋叶采摘过度、偏施氮肥等都是诱发萎缩病的重要因素。

3. 防治方法

（1）加强检疫　严禁病区苗木和接穗外运，扩大危害。

（2）挖除病株　在新老桑园或苗圃地，发现病株立即挖除，是杜绝病原、防止病害扩散蔓延的有效措施。

（3）选择优良桑树品种　选栽抗该病性强的桑树品种，抗萎缩病能力较强，如湖桑系列品种，产叶量较高，可因地制宜选用。

（4）加强培肥管理　桑园要多施有机肥，种植绿肥，化肥要氮、磷、钾配合施用；桑园不能积水，低湿桑园要开沟排水；适时夏伐，不能太迟；秋叶要适当养留，不可过度采伐，晚秋蚕期结束后每根枝条顶端最少要保留7片叶。以利桑树生长，增强抗病能力。

（5）治虫防病　菱纹叶蝉是传播桑树萎缩病的媒介昆虫。因此，全面治虫，消灭菱纹叶蝉，是预防发病和控制病害扩展的重要措施。根据菱纹叶蝉的发生规律，应切实做好春、夏、秋三季药物治虫和冬季剪梢除卵等工作。

1）春季治虫　4月中、下旬，用稻丰散或杀螟硫磷1 000倍液喷洒。

2）夏季治虫　桑树夏伐后的 6 月上旬，用 50% 马拉硫磷或 90% 敌百虫 1 500倍液喷杀。

3）秋季治虫　9 月下旬至 10 月上旬，中秋蚕结束时，用 50% 马拉硫磷 1 500倍液喷杀。

4）冬季剪梢除卵　入冬以后，可剪去枝条梢端1/4 左右长度集中烧毁，消灭部分菱纹叶蝉越冬卵，降低虫口密度，增产桑叶。

二、　桑细菌病

1. 危害症状

由细菌寄生引起的一种病害。危害叶片及嫩梢，最早发生在幼嫩叶片上。开始叶片上有油渍状圆形或不规则形的斑点，后扩大变成黄褐色病斑，周围叶色稍褪绿变黄，气候干燥时中央穿孔。严重时，叶片皱缩，大部分发黄，容易脱落，顶部芽叶多变黑腐死，形成烂头现象。叶脉、叶柄、新梢被害后，产生暗黑色稍凹陷的细长病斑，受害部位常生长畸形。枝条被害后，出现粗细不等的浅棕褐色点线状病斑，在气候潮湿时，病斑上产生大量蜜黄色珠状溢脓，即集结在一起的病原细菌。严重时病斑深达枝条深层，周围呈肿胀状。

2. 发病规律

细菌在枝条和土壤中越冬，翌年春暖潮湿时，枝条病斑里的细菌大量繁殖，产生溢脓，借风、雨、昆虫和枝条间相互接触，传染到邻树的幼芽、叶片上，从伤口和气孔侵入，引起初次感染。新病斑又大量溢脓，扩大危害。高温多湿有利病菌繁殖，一般春蚕期发病最多，尤其风雨袭击和虫害造成的伤口，病菌更易侵入危害。此外，发病还和桑品种、地势等有关，在沿河潮湿易招风的桑园发病较多。

3. 防治方法

（1）消灭病源　发现有病枝条，应及时剪除烧毁，病枝不能做接穗。

（2）防止伤口　加强桑园治虫，减少虫伤；采摘秋叶时要摘叶留柄，防止损伤冬芽。

（3）选用抗病品种　一般湖桑系列、育711、农桑系列等品种抗细菌病都较强，可因地选用。

（4）加强培肥管理　桑园要多施堆肥、厩肥等有机肥料，早施夏肥，土壤酸性强的应适当施用石灰改良，地势低洼桑园要注意开沟排水。

（5）药剂防治　发病初期，及时剪除病条后，用100倍农用链霉素或300~500倍盐酸土霉素药液喷雾杀菌，10天1次，连用3次。或用0.6%~0.7%波尔多液喷洒，防止蔓延。

三、桑褐斑病

桑褐斑病土名叫烂叶病、焦斑病。河南省分布普遍，春季发生较多，影响叶质，危害严重时，桑叶减产。

1. 危害症状

危害叶片，一般嫩叶发生较多。病斑初为暗色，水渍状、芝麻粒大小，后逐渐扩大成近圆形或不规则形，轮廓明显，边缘暗褐色，内部淡褐色，其上环生白色或微红色后变淡褐色的粉质块，即病菌的分生孢子盘。病斑周围叶色稍褪绿变黄。严重时病斑互相连接，叶片枯黄容易脱落。同一病斑可发生在叶片正反两面。病斑吸水膨胀，易腐败穿孔；干燥时中部会裂开。

2. 发病规律

高温多湿，有利于病菌繁殖，因此在雨水多的年份常流行发生。河南省一般以4月下旬至5月发病最重，其次在9月前后。病害的发生和地下水位、通风透光、桑树品种、施肥等关系密切。一般地下水位高，通风透光差的桑园容易发生。

3. 防治方法

桑园湿度大，发病就重，反之则轻。其次，偏施氮肥或肥料不足，易造成桑树抗病力减弱而感病，因此，对桑斑病的防治，应采取消灭病原、加强水肥管理为主的各项措施，防止病害的发生和蔓延。

（1）消灭病源　随时收集病叶烧毁，或做堆肥，或做家畜饲料；蚕沙应在桑园较远的地方挖坑做堆肥，不使病菌散发传染；桑园实行冬耕，将病叶深翻到底层土中，加速病叶腐烂，消灭越冬病源。

（2）加强水、肥管理　低湿桑园，要及时开沟排水，注意通风透光，降低桑园湿度，以抑制病菌的繁殖。多施河泥、厩肥等有机肥，早施秋肥可促进桑树生长健壮，提高抗病能力。

（3）选种抗病品种　各地可因地制宜选种湖桑、育711、农桑等抗病性高产品种。

（4）药剂防治 发病严重的桑园，在秋蚕期结束后，可喷 1~2 次 0.7% 的波尔多液，或在春季桑树发芽前结合治虫，普遍喷一次 4~5 波美度石硫合剂，以进一步消灭可能依附在桑树枝干上越冬的病菌。桑苗可喷 0.6% 的波尔多液，第一次于 4~5 月叶子全部开展时进行，以后根据实际情况，继续喷药 1~2 次。

四、桑叶枯病

1. 危害症状

危害叶片，以嫩叶发生较多。春季发病来势快，被害叶的边缘发生深褐色的连片病斑，严重时全叶发黑、脱落，整枝新梢只留嫩芽。病斑局限于边缘的桑叶，随着桑叶的生长多向反面卷缩。夏季顶端叶片被害时，叶尖及附近的叶缘变褐，后扩大至前半部叶片，变成黄褐色枯斑；下部叶片被害，叶的边缘或叶脉间，发生黄褐变灰褐的梭形或不规则形的大病斑。病斑边缘颜色较深，病健部界限明显。病斑吸水易腐败，干燥时裂开，被害叶容易脱落。

2. 发病规律

环境湿度大有利于病菌繁殖，雨后更易发病。本病一般在 4 月下旬至 5 月上、中旬，7~8 月。多发生在地下水位高、通风透光不良、施肥不合理的桑园。

3. 防治方法

桑叶枯病的病菌是一种弱寄生菌，常在桑树树势衰弱或受损伤的情况下发生，特别在阴雨连绵季节，病势发展更迅速。因此，在防治上应以加强桑园培肥管理为重点，创造适应桑树生长良好的环境，提高桑树抗病能力，防止病害的发生和扩展。

（1）消灭病源 随时收集病叶烧毁，或做堆肥，防止病菌扩散传染。桑园实行冬耕，将残留地上的病叶深翻到底层土中消灭越冬病源，以控制蔓延。

（2）加强培肥管理 低湿的桑园，要及时开沟排水，桑园要注意通风透光，早施秋肥，防止施入对桑树有害的物质等，以利桑树生长健壮，提高抗病能力。

五、桑芽枯病

桑芽枯病是桑树枝干常见病害之一。

1. 危害症状

危害枝条，在冬芽或伤口周围产生红褐色下陷的油渍状斑，逐渐扩大，并密生粉红色至橙红色肉质小粒即病菌的分生孢子座，3~4月发生最多。病部在5月后产生紫黑色颗粒。被害严重时皮层腐烂，散发乙醇气味，芽梢枯死。

2. 发病规律

随风雨及昆虫传播，通过伤口和皮孔侵入危害。此病菌喜低温多湿，河南省多发生在3~4月，虫蛀、冻害、生长衰弱的枝条危害严重。

3. 防治方法

桑树枝干性病害种类较多，因地区及年份不同有所变化，病害的发生同桑园的培肥管理、虫害的发生等关系密切。桑芽枯病在秋叶采摘粗暴、利用过早过多、偏施或迟施氮肥等引起桑树生长衰弱或徒长时，较易发生，尤以幼龄桑园更易发生。

（1）消灭病源　桑芽枯病在2~3月时检查发现严重病枝应剪除烧毁。轻病枝必须及早在最后一个病斑下6~7厘米处剪下烧毁。若发现枝条只有少数小病斑时，可用嫁接刀等将病部刮除烧毁。以上伤口都须用硫酸铜50克和水5千克的硫酸铜液进行消毒，然后再涂上生石灰2千克，加水5千克调成糊状的石灰浆，或硫酸铜500克，加生石灰1千克，再加水6千克调成糊状的波尔多液浆（须随配随用）进行保护。严重发病的桑园，冬季可用5波美度石硫合剂进行枝条消毒，以预防病害的发生。

（2）剔除病苗　发生桑芽枯病和桑拟干枯病的病苗，不得栽植，应及时烧毁，以防蔓延。

（3）加强培育管理　低洼多湿的桑园，要注意开沟排水防止桑园多湿，同时要加强桑园通风透光，控制病害特别是桑灰色膏药病的发生。合理剪条，防止产生半截枝。采摘秋叶要留柄摘叶，切勿损伤皮层，防止过早过多采摘秋叶。早施秋肥，合理配施磷钾肥，避免偏施氮肥。冬季管理时动作要轻，避免产生伤口，防止病菌侵入。

六、桑紫纹羽病

桑紫纹羽病土名烂蒲头或泥龙，是桑树主要的根部病害。除危害桑树外，还能侵害百余种植物，如甘薯、马铃薯、花生、萝卜、苹果、梨、桃、茶、刺槐等多种植物。

1. 危害症状

危害桑根。初发病时，根皮失去光泽，逐渐变黑褐色。严重时，皮层腐烂，只剩下相互脱离的栓皮和木质部。被害桑根的表面缠有紫色的根状菌索，以后在露出地面的树干基部及土表相集成一层紫红色的绒状菌膜，于5~6月生子实层。在腐朽的根部除菌索外，并生紫红色的菌核。桑根受害后，树势衰弱，叶形变小，叶色发黄，生长缓慢，随着病情的加剧引起全株死亡。

2. 发病规律

本病主要依靠病根接触、水流及农具接触等传染。多发生在土壤湿重及排水不良的桑园。病害的发生与间作关系密切，一般间作易感病的甘薯、马铃薯、花生等间作物极易造成危害。有病桑苗是病害远距离传播的重要途径。

3. 防治方法

桑紫纹羽病危害桑根，其病原对外界不良环境有较强的抵抗力，病害发生后，如进行土壤消毒，工本较大，目前还不宜大面积使用。因此，在防治上，必须以认真处理病苗、病株、病土，实行轮作，加强培育管理等预防措施为主，防止病害的发生和蔓延。

（1）处理病苗　在种植前必须剔除带病桑苗，并及时烧毁。对有感病嫌疑的桑苗，需在45℃温汤中浸20~30分杀灭根部菌丝（用含有效氯0.3%的漂白粉药液浸30分，也有消毒作用）。

（2）病株、病土处理　发现少数病株，应及早挖除，连同残根一起烧毁，并将病株周围的桑树挖去，再在周围挖1米深的深沟，以防残留病原侵害健株，然后进行土壤消毒或改换无病土壤。根据以往经验，用2%福尔马林溶液杀菌效果好，但在使用前应掘松土壤，处理后用薄膜等严密覆盖24小时，使挥发的药剂向土内渗透，不致很快散发掉，处理后经2周才可种桑，否则有药害。

（3）进行轮作　发病严重的桑园或苗地，必须将病株全部挖去烧毁，改种禾本科作物，如水稻、玉米、麦类等，经3~5年后再种桑树或育苗。

（4）加强培育管理　桑园严禁间作易感病作物。新建桑园须了解前作物是否患紫纹羽病，并可先栽种萝卜或将0.3米长的细桑条埋入16.5厘米深的土中，经40~50天后挖起检查，如根部无紫红色菌丝，则证明该地无紫纹羽病病菌存在，适宜种桑。对易积水的桑园，要做好开沟排水，防止土壤多湿。

七、 桑拟干枯病

桑拟干枯病的种类较多，分布也较广。

1. 危害症状

危害枝条，在半截枝上发生较多。常以冬芽为中心，形成褐色长椭圆形的病斑，病斑湿润时为水肿状，干燥后皱缩。被害皮层易剥离，皮下密生黑色小点。若病斑围绕枝条一圈，枝条即枯死。

2. 发病规律

随风雨及昆虫传播，不断侵入生长衰弱、幼龄的桑树及有虫口的枝条。

3. 防治方法

病害的发生同桑园的培肥管理、虫害的发生等关系密切。桑拟干枯病在秋叶采摘粗暴、利用过早过多，偏施或迟施氮肥等而引起桑树生长衰弱或徒长时，较易发生，尤以幼龄桑园更易发生。在地势低洼、土壤潮湿通风透光差、桑介壳虫发生较多的桑园严重。因此，在防治上应消灭病源，加强桑园培育管理，增强桑树抗病力，积极消灭害虫，防止病害的发生和扩展。

（1）消灭病源　桑拟干枯病，在 2~3 月时检查桑园，发现严重病枝应剪除烧毁。轻病枝必须及早在最后一个病斑下 6~7 厘米处剪下烧毁。若发现枝条只有少数小病斑时，可用嫁接刀等将病部刮除烧毁。以上伤口都须用硫酸铜 50 克，加水 5 千克的硫酸铜溶液进行消毒，然后再用生石灰 2 千克，加水 5 千克调成糊状的石灰浆；或涂硫酸铜 500 克，加生石灰 1 千克，再加水 6 千克调成糊状的波尔多液浆（须随配随用）进行保护。

（2）剔除病苗　发生桑拟干枯病的病苗，不得栽植，应及时烧毁，以防蔓延。

（3）加强培肥管理　低洼多湿的桑园，要注意开沟排水，防止桑园多湿，同时要加强桑园通风透光，控制病害特别是桑灰色膏药病的发生。合理剪条，防止产生半截枝。采摘秋叶要留柄摘叶，切勿损伤皮层，防止过早过多采摘秋叶。早施秋肥，合理配施磷、钾肥，避免偏施氮肥。冬季结束时动作要轻，避免造成伤口，防止病菌侵入。

（4）防治虫害　积极消灭桑白蚧等害虫，以防病害的发生和蔓延。

八、桑根瘤线虫病

1. 危害症状

危害桑根，被危害后枝叶发育迟缓，叶小面薄，叶色发黄，侧根和细根生有许多大小不一的瘤状突起，内有根瘤线虫，细根常黏朽，严重时树势衰弱，芽叶枯萎。

2. 发病规律

桑根瘤线虫成虫、幼虫都能越冬，每年发生约3代，幼虫侵入幼根，经3次蜕皮后变成成虫，雌成虫继续成长，使桑根呈瘤状突起，雄虫主要在土中生活，通过病苗、农具、灌溉水等传播，以中性沙质土发生最多。

3. 防治方法

桑根瘤线虫病危害桑根，其病原对外界不良环境有较强的抵抗力，病害发生后，如进行土壤消毒，劳力、成本都消耗较大，目前还不宜大面积使用。因此，在防治上，必须以认真处理病苗、病株、病土，实行轮作，加强培育管理等预防措施为主，防止病害的发生和蔓延。

（1）处理病苗　如发现本病，应将根上的肿瘤完全剪去烧毁，然后在45℃温汤中浸30分，杀灭遗留的桑根瘤线虫。

（2）处理病株病土　发现少数病株，应及早挖除，连同残根一起烧毁，并将病株周围的桑树挖去，再在周围挖1米深的深沟，以防残留病原侵害健株，然后进行土壤消毒或改换无病土壤。根据以往经验，用2%福尔马林液杀菌效果较好，但在使用前应掘松土壤，处理后用旧凉席等严密覆盖24小时，使挥发的药剂向土内渗透，不致很快散掉，处理后经2周才可种桑，否则有药害。

（3）轮作　发病严重的桑园或苗地，必须将病株全部据去烧毁，改种禾本科作物，如水稻、玉米、麦类等，经3~5年后再种桑树或育苗。

九、桑里白粉病

桑里白粉病在河南省分布普遍，除危害桑树外，还侵害梨、苹果、枫、杨、栗、桐等。

1. 危害症状

危害叶片，多发生于枝条中、下部将硬化的叶片，晚秋亦危害上部的叶片。发病初期，在叶背生分散的白粉状圆形病斑，之后逐渐扩大，连成一片，严重时布满叶背，同时叶的表面随之变成淡黄褐色，大小范围与叶背病斑相同。后期病斑中央密生黄色渐变黑色的小粒点，即病菌的闭囊壳。

2. 发病规律

高温多湿的环境有利于病菌的繁殖，多在秋季桑叶将硬化时发生，9～10月发生最多。一般硬化早的品种和通风透光差的桑园，容易发生。

3. 防治方法

桑里白粉病是夏秋常见的叶部病害，病害常在9～10月盛发，多发生在枝条中下部将硬化的叶片上，硬化早的桑品种发病严重，通风透光差的桑园易促进发病。应采取消灭病源，加强肥水管理，选用抗病品种等预防措施，减轻病害的发生与危害。

（1）消灭病源　秋季落叶后，收集病叶烧毁或做堆肥，蚕沙要在桑园较远的地方挖坑做堆肥，不使病菌扩散传染。

（2）合理采叶　秋蚕期应结合桑树生长情况多次采叶，尽量先将枝条中下部的桑叶采下饲蚕，以利通风透光，减少发病。

（3）加强培肥管理　夏伐后立即追施夏肥一次，干旱季节应引水抗旱，延迟桑叶硬化，减少病害的发生。

（4）选种抗病品种　桑湖系列、农桑系列、育711等品种抗病力强，产叶量高，可因地制宜选种。

十、　桑葚菌核病

1. 危害症状

桑葚菌核病是肥大性菌核病、缩小性菌核病、小粒性菌核病的统称。

肥大性菌核病花被厚肿，灰白色，病模膨大，中心有一黑色菌核，病模破损后散出臭气。缩小性菌核病病葚显著缩小，灰白色（图6-1），质地坚硬，表面有暗褐色细斑，病葚内形成黑色坚硬菌核。小粒性菌核病桑葚各小果染病后膨大，内生小粒形菌核，病葚灰黑色，容易脱落而残留果轴。

图 6-1 桑葚菌核病

2. 发病规律

借气流传播到雌花上，菌丝侵入子房内形成分生孢子梗和分生孢子，最后菌丝形成菌核，菌核随桑葚落入土中越冬。春季温暖、多雨、土壤潮湿利于菌核萌发，产生子囊盘多，病害重。通风透光差，低洼多湿，花果多，树龄老的桑园发病重。

3. 防治方法

（1）清除病株 桑园中病葚落地后应集中深埋。翌年春季，菌核萌发产生子囊盘时，及时中耕，并深埋，减少初侵染源。

（2）药剂防治 花期喷洒 70% 甲基硫菌灵可湿性粉剂 1 000 倍液、50% 多菌灵可湿性粉剂 800～1 000 倍液，喷树冠有良好的防效。

第三节
常见桑树虫害及其防治技术

一、桑虱

桑虱土名叫乌龟虫、桑臭虫等。河南省部分地区发生危害，除危害桑外，还危害乌桕、榆、女贞、柑橘、栎和蚕豆等。

1. 危害症状

桑虱以针状口器刺入桑树皮层吸食汁液，常群集在冬芽四周，严重时整条桑枝上爬满桑虱，造成冬芽不能萌发。

2. 生活习性

一年发生1代，以卵在土下越冬，第二年1月下旬后陆续孵化出土，密集在桑株下部，于桑树发芽前先后爬到一年生枝条上危害。雌虫蜕皮3次，5月上旬变为无翅成虫。雄虫在4月下旬二次蜕皮前，隐伏树干裂隙中，二次蜕皮后，分泌白蜡质结成长圆形茧化蛹，5月上旬羽化为成虫，交尾后雄虫很快死亡。受精雌虫，5月下旬逐渐爬入土下，在土下25~50毫米处，分泌白蜡质形成卵囊，产卵于卵囊中，产完后死在卵囊上，每一雌虫最多产卵262粒。

3. 形态特征

成虫：雌虫无翅，椭圆形，体长11~13毫米，背皱，赭色，边缘橘黄色。触角、口器及足黑色。雄虫体长约4毫米，紫红色，前胸有黑斑。前翅黑色，后翅退化。触角10节，3~9节各有三圈轮生褐色长毛。腹部两节各有对根状突起，前面两节也有较小突起。卵：椭圆形，初产时鱼肚白色，孵化前变橘黄色。卵囊长扁筒形，白色棉絮状。幼虫：似雌成虫，体较狭小。雄蛹：暗红色，翅芽长卵形。茧白色，蜡质棉絮状。

4. 防治方法

桑虱一年中有7~8个月（卵的阶段）在土下，每年1月下旬至2月中、下旬孵化出土，集中到主干上，发芽前分散爬上枝条。防治上应根据其发生特点，抓住有利时期，挖除卵囊，杀死幼虫。防治方法：

（1）掘卵　结合桑园夏季中耕、施肥，拣去土中的白色卵囊。

（2）抹杀　用刷子、草把、破布等抹杀初孵树上密集在主干上的幼虫、若虫，一般在1~2月进行。

（3）药杀　在桑树发芽前，桑虱盛孵化后，用50%与拉松乳剂1 500倍液，或50%二溴磷乳剂1 000倍液，或柴油乳剂10~15倍液喷杀幼虫、若虫。因桑虱常在桑芽四周密集分布，喷药时必须围绕枝干四围喷布周到，避免漏喷。

4. 保护红缘瓢虫

保护天敌红缘瓢虫的成虫与幼虫均能捕食桑虱，在红缘瓢虫多的时间，不要使用农药。

5. 控制扩散

外购的桑苗、接穗、嫁接体等，应检查有无桑虱，发现桑虱应及时抹杀，以免扩散。

二、桑象虫

桑象虫是危害桑芽的主要害虫。

1. 危害症状

成虫危害桑芽，吃成深洞，有时也吃叶片、叶柄和嫩梢基部。伐条后危害最重，主芽被吃光后继续危害新发出的芽，常易造成全树片叶不发，光秃如死桑。

2. 形态特征

成虫：体长约 4 毫米，长椭圆形，黑色稍有光泽。头管状弯曲向下，触角膝形。鞘翅上有 10 条纵沟和刻点。卵：椭圆形，乳白色，孵化前变灰黄色。幼虫：近圆筒形，稍弯曲。头咖啡色，胸腹部淡蜜黄色。蛹：乳白色，纺锤形。腹部末端左右各有 1 个小突起。

3. 生活习性

一年大多发生 1 代，以成虫在半截枝皮下的化蛹穴内越冬，少数发生 2 代，以幼虫或蛹越冬。第二年 3～4 月出来危害，5～6 月产卵在半截枝上（一般不在已枯死或未剪伐的健枝上产卵，即使产卵幼虫也不能成活），卵大多产在皮孔内，少数产在芽苞或叶痕内，每处 1 粒。卵期 5～9 天。孵化后幼虫就在半截枝皮下生活，把枝蛀食成细狭的隧道。幼虫期 29～72 天。老熟后蛀入木质部，形成一个上盖细木丝的椭圆形穴，化蛹其中。蛹期 5～7 天。7～8 月为成虫羽化盛期，有的迟至 11 月间才羽化，但当年不走出化蛹穴。

4. 防治方法

桑象虫除以越冬成虫危害春、夏桑芽外，卵、幼虫、蛹和入冬前成虫都在半截枝上生活，这是桑象虫的发生特点。因此，在防治上应认真做好冬季整枝修桑工作，彻底剪除半截枝；在桑象虫危害重的地区，应提倡齐拳剪伐，使桑象虫没有适宜的产卵场所，从根本上减轻桑象虫的危害。

（1）合理剪伐　桑象虫发生重的地区，应采用齐拳剪伐，减轻危害。

（2）桑园及其附近避免用桑树做篱笆　因篱笆桑不能合理剪伐，留下半截枝多，有利于桑象虫产卵繁殖，造成危害。

（3）修除半截枝　冬季翻耕前修去半截枝，剪下的半截枝必须及时拿出桑园，进行处理，不可遗漏。

（4）药剂防治　夏伐后桑象虫成虫集中危害截口下的桑芽，此时必须及时喷药，杀虫保芽。于夏伐后 1～2 天立即用 50% 敌敌畏 1 000 倍液喷雾，喷药应在早晨或傍晚成虫不活动时进行。

三、桑尺蠖

桑尺蠖别称造桥虫等。河南省分布普遍，全年可见，以越冬幼虫危害刚萌发的冬芽最为严重，是早春桑园危害较大的害虫。

1. 危害症状

初孵幼虫多在叶背取食叶肉，被害叶面呈现透明点，成长后沿叶缘向内食害，造成大缺刻。越冬幼虫危害冬芽，将整个桑芽吃空，仅留芽苞，常易造成整株桑树不能发芽（图 6-2）。

图 6-2　桑尺蠖

2. 生活习性

一年发生 4 代，11 月陆续以 3～5 龄幼虫躲入桑树裂隙或半伏枝干上越冬。第二年早春冬芽转青前后开始活动，啃食桑芽，桑芽开叶后即为各代幼虫发生期，一般为 5 月下旬、7 月上旬、8 月中旬和 9 月下旬。成虫有趋光性，产卵在枝顶嫩叶反面，一雌蛾可产卵达千粒以上。卵粒群集一处，一叶上多至 500 粒。卵经 5～9 天孵化，初龄幼虫日夜取食，静止时倒挂在叶背上，经三次蜕皮，仅夜间取食，日中静止在枝干荫处，好像小树枝。幼虫经 16～30 天后老熟，在近主干的土面或桑树裂隙、折叶中结茧化蛹。蛹经 7~20 天后羽化为成虫。

3. 防治方法

桑尺蠖一年发生 4 代，幼虫食害桑树芽、叶，全年可见但严重威胁生产的是在早春越冬幼虫危害冬芽阶段，是防治的重点时期。

（1）束草诱杀　利用桑尺蠖幼虫有躲入树皮裂隙越冬的习性，在 10 月桑尺蠖幼虫越冬前，用稻草束在桑树主干或分杈上，诱集幼虫躲入越冬，于第二年 3 月前（桑尺蠖幼虫活动前）解下束草，及时烧毁处理，可消灭部分越冬幼虫。

（2）人工捕捉　在早春桑芽萌动阶段及时捉除越冬幼虫。

（3）药剂防治　一般在桑第一片叶露尖前的半个月左右，即 3 月上中旬，开始防治。用 90% 敌百虫 500 克加水 500~1 500 千克（防治桑尺蠖的有效浓度为 0.02%）或 50% 辛硫磷乳剂 500 克加水 500~1 000 千克喷雾防虫。桑尺蠖幼虫常被桑尺蠖脊腹茧蜂寄生，就是被它寄生杀死的，这是桑尺蠖的有益天敌，必须注意保护。

4. 注意事项

用药时期在 3 月中下旬到 4 月中旬，4 月下旬桑尺蠖幼虫多近老熟，危害已减轻，而且开始饲养春蚕，不再用药。

四、桑毛虫

桑毛虫又名金毛虫等。河南省分布普遍，近年来危害较重，是桑园主要害虫之一。除危害桑树外，还危害桃、苹果、梨、柿等。幼虫体上生有毒毛，触及人体引起红肿疼痛，大量吸入可致严重中毒；触及蚕体会出现黑色斑点。

1. 危害症状

初孵化幼虫集中在叶背取食叶肉，叶面呈现成块透明斑，三次蜕皮后分散取食成大缺刻，仅留叶脉。危害桑芽，多由外层渐向内层剥食，往往造成冬芽全枯，影响春季桑叶产量。

2. 形态特征

成虫：体长约 18 毫米，白色。雌蛾尾部有黄毛，前翅有一茶褐色斑。雄蛾腹面从第三腹节起有黄毛，前翅有两个茶褐色斑。卵：扁球形，珠灰色。卵块形状不定，上盖雌蛾腹部的黄毛。幼虫：成长幼虫体长约 26 毫米，黄色，有一条红色背线。各节体上有很多红、黑色毛疣，上生黑色及黄褐色长毛和松枝状白毛。第六、七腹节中央各有一红色盘状腺体。蛹：黄褐色，胸、腹部各节有幼虫期毛疣遗迹，上生黄色刚毛。臀棘较长，生细刺一撮。茧：土黄色，长椭圆形。茧层薄，有毒毛。

3. 生活习性

一年发生 3 代，少数发生 4 代，以 3～4 龄幼虫躲入树干裂隙、枯枝、落叶、束草中结茧越冬。茧层初期很薄，随气温降低逐渐加厚。翌年 4 月开始活动，咬破茧壳出来危害。各代幼虫发生期为 6 月中旬、8 月上旬和 9 月中旬。成虫有趋光性，产卵在叶背。一雌蛾产卵最多达 681 粒，一般 400 粒左右。卵期 4～7 天。幼虫蜕皮 5～7 次，经 20～37 天老熟，在卷叶内或树干裂隙中结茧化蛹，蛹期 7～21 天。

4. 防治方法

桑毛虫在 4 月以越冬幼虫危害桑芽，以后各代相继危害夏秋叶，均很严重。

（1）人工防治

1）做好桑园清洁工作　扫清落叶，剪除虫害枝条，剔去裂隙中的虫茧，消灭越冬幼虫。

2）束草诱杀　在桑毛虫幼虫越冬前，用稻草束在桑树主干或分枝上，诱集幼虫躲入越冬，第二年 3 月幼虫活动前及时解草烧毁处理，保护桑毛虫天敌，消灭越冬幼虫。

3）摘除有卵叶　桑毛虫卵块产在叶背，上盖黄毛，很易识别，如已孵化在 3 龄前也多群集一处，及时摘除杀灭作用很大。

（2）药剂防治　90% 敌百虫 500 克加水 1 000 千克。50% 辛硫磷乳剂 500 克加水 2 500 千克。在春蚕收蚁前 15 天喷药消灭越冬幼虫是药剂防治的关键，可降低以后各代的发生数量（小蚕用桑应采用人工捕捉，最好不用药）。

（3）点灯诱杀　在各代成虫发生盛期，点灯诱杀，如采用黑光灯效果更好。

五、桑木虱

桑木虱又名白丝虫等。河南省蚕区都有发生，危害桑树、柏树。

1. 危害症状

成虫产卵在春芽脱苞期嫩叶背面，有卵叶缘向叶背卷起成"耳边"状；若虫孵化后在叶背和嫩梢危害，被害枝叶布满白毛，嫩叶被害常向叶背卷成筒状，最后脱落。若虫经常分泌水珠状甜汁，滴在下部叶片上，会诱发霉病。

2. 形态特征

成虫：体长约3.5毫米，初羽化时水绿色，渐变灰褐色。触角黄色，末节黑褐色。单眼两个，淡红色。胸背有数对深黄纹。前翅半透明，有咖啡色斑纹，前缘和外缘处较多越冬，成虫体色较深，产卵阶段雌虫腹下呈红黄色。卵：谷粒形，初乳白色，渐变黄色。一端尖有一卵角，另一端圆生一卵柄。孵化前现红色眼点。若虫：体扁平，黄绿色，腹末有长白毛，2龄3束，3龄后4束，5龄若虫翅芽肥大，基部有两黑纹（图6-3）。

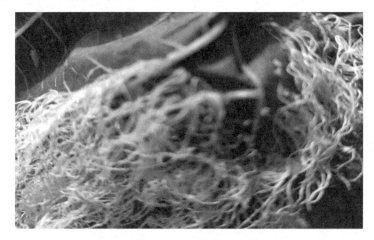

图6-3 桑木虱

3. 生活习性

一年发生1代，以成虫越冬，翌年3月下旬交尾产卵，卵产在刚脱苞春芽的第一片未展开的嫩叶反面，群集处。一雌虫平均产卵2 100粒。卵经10~22天孵化，若虫在叶背取食，经5次蜕皮后，于5月上中旬羽化为成虫。桑木虱成虫会随食料迁移，夏伐后飞往柏树密集取食，称"柏林夏季密集"，7月上旬夏叶再发，飞回桑园，密集在柏树邻近的桑株上，称"桑园夏季密集"，此时桑木虱在桑园内分布较集中，靠近柏树的桑株虫口密度最大。秋蚕采叶后，9月又飞往柏树，10月下旬秋叶再发，复飞回桑园，这时柏树与桑园均有分布，密度最小。至12月气温下降至4.4℃以下时，即在桑株裂隙或虫孔中越冬，也有在山坡柏树上越冬。

4. 防治方法

桑木虱是山区桑园的主要害虫之一，必须引起注意，切实做好防治。

（1）捕杀成虫　在虫口密集地区利用成虫有迁移和密集的特性，及时用网捕杀。捕杀一般发生在 5 月上中旬，成虫羽化盛期：7 月上中旬，桑树夏伐芽萌发后，成虫迁回桑树时。

（2）摘卵叶　产卵盛期后，及时摘去叶缘卷起的卵叶，但不要伤及全芽。

（3）药剂防治　可用 40% 乐果乳剂 1 200 倍液，或 50% 马拉松乳剂 1 500 倍液。乐果乳剂和马拉松乳剂均有杀卵作用。如临近蚕期时使用，喷药后隔 7 天才能采叶喂蚕。

（4）保护天敌　桑木虱的主要天敌是桑木虱啮小蜂等。

六、野蚕

1. 危害症状

野蚕在河南省内各蚕区均有分布，是夏秋期桑树主要害虫。野蚕以幼虫食害桑叶，4～10 月随时可见。食桑量大，被害叶仅留叶脉。大量发生年，成片桑园的嫩梢均有被害，甚至全部桑叶被吃光，严重影响夏秋蚕生产与桑树生长。野蚕的微粒子病、硬化病、脓病病原能与家蚕交叉感染，常成为夏秋蚕蚕病的主要传染源之一。

2. 形态特征

成虫：成虫头小、复眼黑褐圆形，触角羽状，暗褐色。体灰褐色。前翅翅尖下方有弧形凹陷，翅上有 2 条深褐色宽横带，两带中间有一深褐色新月形纹。后翅棕褐色，中央有暗褐色宽带，后缘有一镶白边的黑点。雌蛾腹肥大、尾尖：雄蛾腹细小、尾端上举，体色较雌蛾深。雌蛾体长 20 毫米，翅展 45 毫米；雄蛾体长 15 毫米，翅展 32 毫米。卵：卵扁平，圆形，中央微凹入。初产时黄白色，后呈灰褐色。长径 1.2 毫米，横径 1 毫米。幼虫：幼虫初孵时灰黑色，有长毛。成长后为褐色，有斑纹，体长 40～65 毫米。头小，第二胸节背面有黑色眼状纹一对，周围红色，第三胸节背面有 1 对深褐色圆纹，三节特别膨大。腹部第二节背面有红褐色半月纹，第五节背面有 1 对淡圆点，第八节背面有一尾角。蛹：蛹棕褐色，略呈纺锤形，体长 12～23 毫米。茧：椭圆形，灰白色，茧层紧密。

3. 生活习性

野蚕以卵越冬。各代孵化参差不齐，世代重叠。河南一年发生 2～3 代，危害盛期分别在 5 月中旬、7 月中旬、8 月下旬和 10 月上旬。以第二代危害较重。

初孵化幼虫数头到数十头群集嫩梢，食害嫩叶。成长幼虫分散危害，日中静止枝条上，晨昏及夜间危害，食桑量很大。幼虫有三眠和四眠两种。老熟幼虫在嫩叶背面或二叶之间结茧化蛹，也有在叶柄与枝条交叉处结茧、化蛹。成虫有趋光性，日中飞翔力弱，仅飞行在桑树株间，傍晚即开始活动。产卵在枝条或主干上，也有产在叶背，群集一处，排列不整齐，产卵数多少不定。卵期非越年卵 8~11 天，幼虫期 12~34 天，蛹期 12~45 天。野蚕的天敌有野蚕黑卵蜂、野蚕黑瘤姬蜂、广大腿小蜂及桑蟥寄生蝇等。

4. 防治方法

野蚕是河南省主要蚕区危害最大的害虫，应以人工防治为主，结合喷药杀虫，及时防治。

（1）刮除虫卵　冬季结合刮桑蟥卵，一起刮除。刮下的卵块投入寄生蜂保护器以保护天敌。

（2）捕杀幼虫　初孵化幼虫都群集在嫩叶背面，成长幼虫停在枝叶上，应随时捉除。

（3）摘除蛹茧　各代蛹期，及时采摘蛹茧，是防治野蚕的有效措施。必须注意集中处理，既要保护天敌，又要防止蛾子羽化后飞往桑园产卵繁殖。

（4）药剂防治　可用 50% 辛硫磷 5 000 倍液，或 90% 晶体敌百虫 3 000~5 000 倍液防治。前者喷药后隔 5 天，后者喷药后隔 15 天方可采叶喂蚕。

（5）点灯诱杀　因成虫有趋光性，可点灯进行诱杀。

七、 桑天牛

桑天牛别名桑牛等，是桑树枝干主要害虫，河南省分布普遍。主要危害桑柑橘、苹果、梨、桃、栎及其他树木。

1. 危害症状

成虫常在新枝条上嚼食皮层，一旦周围皮层有一段被吃成环状，枝即枯死。如产卵在过小的枝条上，成虫常在产卵处上部，咬一环状伤痕，使上部枝条枯死。幼虫在枝干内向下蛀食，每隔一段距离，向外蛀一排泄孔。经两年蛀入主干下部，被害桑树生长不良，容易衰老，严重的整株枯死。

2. 形态特征

成虫：体长 36~48 毫米，黑褐色，密生黄褐短毛。头部中央有一条纵沟。

前胸背面有横走隆起纹，两侧中央各有一小刺。鞘翅基部多黑粒点。卵：长圆形，一端较细，略弯曲，乳白色。幼虫：圆筒形，乳白色，第一胸节硬皮板后部密生深棕色粒点，中有 3 对尖叶状白纹。蛹：纺锤形，淡黄色。翅芽达第三腹节。

3. 生活习性

一般 2 年 1 代，以幼虫越冬。幼虫期长达 2 年，越冬幼虫，6 月初化蛹，下旬羽化，7 月上旬开始产卵，产卵期长达 2～3 个月，卵多产在直径 10 毫米左右的当年生枝条上，木质较松的桑品种产卵多，产卵痕呈 "U" 形。产卵时间早晚最多，每一雌成虫产 100 粒左右。成虫寿命可达 80 余天。

4. 防治方法

桑天牛是危害桑树枝干较重的害虫之一，幼虫期长达 2 年，在桑树枝干内蛀食的虫道一般垂直，幼虫多在有新鲜粪便排出的（即最下一个）排泄孔附近；在自然情况下，桑天牛的卵常被桑天牛啮小蜂寄生，是一种有效的天敌。防治上，应根据这些特点，抓住有利时期消灭幼虫，同时注意保护天敌。

（1）人工防治

1）捕捉成虫　7～8 月羽化盛期，及时捕杀成虫，防止食害枝皮和产卵危害。

2）针刺幼虫　以铁丝或金属针插入最下蛀孔，向下刺进，杀死幼虫。

（2）药剂防治　在桑天牛幼虫活动期均可进行，以夏伐后施药操作方便，效果好，对家蚕安全，一般在 4～8 月进行。用注射器或弹簧加油壶等工具，注入 500～1 000 倍的 80% 敌敌畏乳剂。

施药时先将蛀孔处的粪便剔除，注药后再用泥土填塞孔口，隔 5～7 天检查 1 次，继续有新鲜粪便排出的桑株，应再补治 1 次，即可全部杀死。

（3）保护天敌　冬季修整桑枝时，遇有未孵化的桑天牛产卵痕（即枝上无排泄孔）的桑枝，其中大部分卵是被桑天牛啮小蜂所寄生，未孵化的桑天牛卵枝不应剪去，在夏伐时剪下的未孵化卵枝，亦应拣出扎在一起，挂在桑树上，等到 7 月上旬，寄生蜂已羽化完毕，再进行处理。

八、桑白蚧

桑白蚧又名桑介壳虫等。河南省分布普遍，局部地区常间歇性严重发生。桑园地下水位高，郁闭阴湿，对桑介壳虫发生有利，一般危害较重。危害桑树、茶树、果树和其他多种树木。

1. 危害症状

桑介壳虫多寄生在枝、干上，以针状口器刺入枝干皮内吸食汁液，严重时整枝盖满介壳，层层重叠，不见树皮，妨碍桑芽萌发，影响树势，以致逐渐枯死；也有寄生在叶柄或叶脉两侧，造成桑叶提早硬化。

2. 形态特征

成虫：雌虫无翅，梨形，长约1.3毫米，淡黄色上盖介壳。介壳圆形或椭圆形，灰白色，背面隆起，中央有橙黄点。雄虫橙赤色，体长0.65毫米，前翅膜质透明，后翅退化成"人"字形平衡棍，触角10节，各节生毛。介壳白色长圆形，前端有橙黄点，背面有3条隆起线。卵椭圆形，白色或橙色。幼虫：椭圆形，有足。白色卵孵出的幼虫白色，是雄虫；橙色卵孵出的幼虫橙色，是雌虫。蛹：椭圆形，橙黄色。

3. 生活习性

一年发生3代，以受精雌成虫越冬。各代幼虫发生期在5月中旬、7月下旬、9月上旬。雄成虫能飞翔行走交尾后很快死亡，雌成虫固定一处危害，受精后，卵产在雌虫体下，每只雌虫可产40～200粒。卵期，高温时4～7天，低温时10～20天。初孵化幼虫能爬行，一次蜕皮后失去触角及足，口器刺入树皮，不再移动，分泌蜡质逐渐形成介壳，雌虫三次蜕皮后变无翅成虫，雄虫二次蜕皮后化蛹。经一周羽化为有翅成虫。

4. 防治方法

气候条件和天敌的影响是造成桑白蚧在局部地区间歇性大发生的主要原因。荫蔽多湿有利桑白蚧的发生，一般地下水位高，密植的桑园发生较多；寄生在桑白蚧雌虫体内的桑蚧蚜小蜂对抑制桑白蚧的发生作用很大。夏秋季高温干旱，桑白蚧的危害较轻。相反，夏秋季低温多湿，虽然早期只能发现极少数桑白蚧雌虫，以后几代却会暴发危害。

因此，防治桑白蚧必须根据当年的气候条件，加强桑园检查，掌握各代幼虫发生期进行。

（1）人工防治　用丝瓜络或破麻布等擦死枝干上的桑白蚧。

（2）药剂防治

1）药剂种类　用柴油乳剂 500 克加水 7.5～10 千克，或采用废机油乳剂等。

2）施药时期　第一次在夏伐后进行。桑白蚧严重的桑园应提前伐条，于 5 月中旬喷药。第二次在夏蚕后（7 月中下旬）2 代幼虫发生期进行。第三次在 9 月上旬 3 代幼虫发生期进行。

3）注意问题　①掌握在各代幼虫发生期喷药是防治桑白蚧的关键，错过这一阶段，桑白蚧介壳增厚，防治效果即显著下降。②冬季因受精雌虫盖有介壳，并紧贴树干，一般药剂防治效果差。如需防治，应提高用药浓度。

九、桑瘿蚊

桑瘿蚊有桑芽吸浆瘿蚊和桑橙瘿蚊两种。成虫在桑芽上产卵，幼虫吸食嫩芽汁液，轻者造成桑芽扭曲变形，重者造成顶芽凋萎、腐烂，枝条封顶，腋芽萌发，侧枝丛生，成扫帚状，影响桑叶产量和质量。

1. 形态特征

桑橙瘿蚊成虫体长 2～2.5 毫米，翅展约 5 毫米，静止时两翅叠在背上，淡橙黄色，复眼大，触节 14 节，前翅发达呈匙形，近翅基前缘至后缘有 1 条横带，翅脉 4 条。卵长椭圆形、稍弯，长 2.3 毫米左右。幼虫似蛆，淡橙黄色；老熟幼虫入土结成近似圆形、扁平、中凹的囊包，称休眠体。蛹长 2 毫米左右，淡橙黄色。桑芽吸浆瘿蚊体形略小，体色稍浅，前翅无暗色横带，卵为香蕉形。

2. 生活习性

桑瘿蚊在河南一年繁殖 6～7 代，世代重叠。以老熟幼虫在土下结成休眠体越冬。月平均气温在 12℃以上，而土壤湿度适宜时，解除休眠化蛹，成虫多在傍晚羽化，夜间活动，有趋光性，卵产于顶芽叶背褶皱处或第一、第二位嫩叶的叶背。幼虫孵出后即侵入顶芽内部危害。地下水位高、河边及低洼潮湿的桑园发生多、危害重，栽植密度大，产叶量高，水肥条件好的桑园危害严重。

3. 防治方法

（1）土壤撒药　桑树夏伐后，对于桑瘿蚊发生严重的桑园，应在 6 月下旬和 7 月下旬，每亩用 40% 乐果乳油 2.5 千克拌干细土 30～50 千克配成毒土撒入桑园，然后浅锄，使农药和土壤充分接触，可有效杀死桑瘿蚊等。蚕期要注意毒土不要撒在桑树枝条和叶片上，以防家蚕中毒。

（2）顶芽喷药　各代幼虫发生盛期，用辛硫磷的 800～1 000 倍稀释液喷顶梢。

（3）春叶摘心　在早春第一代幼虫发生危害时期，全面摘除桑心，运出桑园烧毁。

第四节
桑树病虫害综合防治技术

病虫害对桑树危害很大，一旦大量发生，就会影响桑叶的产量和质量，另外，有的害虫还能传播病害，引起蚕病暴发，从而降低产茧量，所以必须重视桑树病虫害的防治。桑树病虫害的发生往往与季节变化、气候的冷暖、旱涝以及桑园管理状况有关。一般精心管理的桑园病虫害轻或者没有，粗放管理的桑园病虫害重甚至造成毁灭。

一、春季桑树病虫防治

春季在一年中是桑叶产量最高、质量最好、养蚕效益最高的一季。但开春后，各种害虫纷纷出来危害桑树，往往造成桑树迟发芽或不发芽，发芽后其嫩梢、嫩叶也极易遭到危害，影响桑叶的产量和质量及养蚕收入。因此，必须抓好春防春治，把病虫消灭在危害之前，确保桑叶增产、养蚕增收。

1. 人工捕捉害虫

在桑芽萌动期，采取人工捉虫保芽。主要是捕捉桑尺蠖、野蚕、桑毛虫和桑天牛幼虫等大型害虫，见虫就捉。有些桑虫可利用其习性进行捕捉，如利用黄叶虫的群集性和假死性在早晨露水未干时用打落法捕捉；利用金龟子的群集、假死、趋光性，在傍晚出土危害时，用手电筒或火把捕捉。

2. 药物防治

一般在上年秋末未能及时防治，而幼虫越冬基数高时要进行白条治虫。在 3 月下旬桑树发芽前，使用杀螟硫磷 1 000～1 500 倍液喷洒树干、树枝，可以杀死越冬桑尺蠖、桑毛虫并兼治桑象虫。桑树发芽后，要及时到田间观察，必要时用短效农药补治一次。在桑菌核病发生地区应在桑花盛开期用70%甲基硫菌灵1 000倍液喷桑花和枝叶。4月中旬至5月上旬有桑褐斑病的可用50%多菌灵或70%甲基硫菌灵1 500倍液喷治。4月上旬或5月下旬发现桑赤锈病病芽叶，要及时摘除，并用25%三唑酮可湿性粉剂1 000倍液喷治新梢和叶片，对蚕安全。

3. 及时处理病株

对发生紫纹羽病、黄化型萎缩病、黑枯型细菌病等枯死的植株，应及时挖除烧毁，控制蔓延。对桑萎缩病较轻的桑树进行春伐，以减轻危害；重病株挖除烧毁。对芽枯病的枝条，刮除病斑后，涂刷20%的石灰乳，病重树条应剪除烧毁。对有菌核病危害的桑园应及时摘除树上被危害的桑果；摘除桑褐斑病、桑赤锈病芽和病叶。

4. 整理沟渠， 注意排灌

桑园旱涝，均会减弱桑树抗病、抗虫能力，容易发生病虫害。应及时整理沟渠，以利排灌。促进桑树生长，减轻病虫危害。

5. 做好采叶和夏伐工作

及时夏伐收获，可减轻桑萎缩病等的危害。桑象虫危害严重的桑园要做到齐拳剪伐，不留枯桩、半截枝，伐条后的枝条、枯桩、死拳要及时清出桑园。

二、 夏秋季桑树病虫防治

夏秋季气候高温多湿，是病虫害极易蔓延和暴发的季节，因此，必须认真做好这个时期的病虫害防治工作。

1. 及时中耕除草， 减少病虫滋生场所

清沟理墒，整修沟渠，做到能灌能排。增施桑园专用复合肥，改良土壤结构，增强树势，提高桑树抗病力。

2. 夏伐后3 - 7天内对所有桑园全面进行一次药剂防治

夏伐后，用80%敌敌畏和50%辛硫磷各1 000倍混合液喷雾，杀虫，可有效杀灭桑象虫、桑螟等。喷药时应将桑树拳部喷湿喷透，桑园周边杂草一并喷治；喷药宜在10：00前，16：00后；新栽桑应重点加以防治，夏伐后由于害虫食物缺乏，不少鳞翅目害虫将迁移到新栽桑园危害桑叶，因此，所有新栽桑必须同时用药防治。

3. 桑瘿蚊发生严重的桑园

应在6月下旬和7月下旬，每亩用40%乐果乳油2.5千克拌干细土30~50千克配成毒土撒入桑园，然后浅锄，使农药和土壤充分接触，可有效杀死桑瘿蚊等。蚕期要注意毒土不要撒在桑树枝条和叶片上，以防家蚕中毒。

4. 受桑毛虫、桑尺蠖、野蚕等危害严重的田块

用蚕期用灭蚕蝇300倍液喷顶芽，可有效杀死顶芽内的幼虫，虫口密度较大的田块，可隔5~7天再喷杀一次。

5. 发生桑细菌病的桑园

夏伐后使用0.1%的硫酸铜单独喷治，连续使用2~3次，间隔期为一周。在6月下旬至7月上旬，结合疏芽及时疏去发病枝叶并使用硫酸铜喷治；发生桑里白粉病可用50%多菌灵1 000~1 500倍液防治；桑赤锈病可用25%百菌清1 000倍液喷叶面和新梢；桑树褐斑病，可用50%多菌灵500~1 000倍液，或70%甲基硫菌灵1 500倍液喷洒。

6. 桑天牛危害的桑树

可人工捕杀桑天牛成虫，用毒签插入蛀孔，药杀桑天牛幼虫。

7. 保护益虫，发挥天敌作用

捕食性天敌如瓢虫能捕食桑木虱、介壳虫、蚜虫；茶翅蝽以刺吸口器插入桑蟥幼虫，吸取蛹和蛾体内体液致其死亡；螳螂能扑食桑木虱、黄叶虫和其他害虫。寄生性天敌如桑蟥黑卵蜂、桑天牛啮小蜂，能分别在桑蟥、天牛卵内寄生；桑毛虫脊腹茧蜂、桑尺蠖茧蜂、桑白毛虫脊腹茧蜂，分别在桑毛虫、桑尺蠖、桑白毛虫体内寄生，还有广大腿蜂寄生在桑蟥、野蚕、桑螟、桑尺蠖等害虫蛹体内。这些天敌都要加以保护，以充分发挥天敌的自然控制作用，保护环境，有利于良性生态循环，减少害虫虫口密度。

三、冬季桑树病虫害防治

冬季是桑园各种害虫和病菌蛰伏于枝干、落叶、杂草和土壤中休眠越冬的季节，是全年病虫害防治的关键时期。

1. 封园治虫

晚秋蚕上蔟结束后，一般在10月下旬至11月上旬，野蚕、桑螟、桑尺蠖、桑毛虫等桑园害虫正值幼虫或成虫期，此时用长效菊酯类农药（20%杀灭菊酯

8 000～10 000 倍药液或高效氯氟氰菊酯 8 000 倍液等）将桑园全面、彻底喷洒一遍，可最大限度地杀死越冬害虫，减少来年桑园的虫口密度，保证桑树旺盛生长。

2. 清园冬耕

晚秋蚕结束、桑树落叶后，应及时、全面清除桑园内以及路旁四周的枯枝落叶、杂草，不留昆虫的越冬寄生场所。所清杂物集中烧毁或沤制堆肥，以消灭大量潜伏在枯枝落叶、杂草中越冬的桑褐斑病、炭疽病、白粉病、叶枯病、污叶病病菌和桑毛虫、桑蓟马、红蜘蛛等害虫的虫、蛹及卵块，减少来年春季桑园病虫危害。桑园冬耕，可以把越冬害虫、虫卵翻于地表，经日光暴晒和低温而杀死，减少来年第一代虫口密度。

3. 整枝剪梢

桑树整枝剪梢可以同时剪除病虫枝，减少病虫隐患如桑疫病、桑赤斑病、桑梢小蠹虫、桑蛀虫、桑叶蝉等病原和害虫，剪梢可以消灭大部分菱纹叶蝉的越冬卵。桑疫病枝应从病斑下 10 厘米处剪掉。把桑树的枯枝锯掉烧毁，可消灭桑象虫越冬成虫。

4. 挖除病株

凡有萎缩病、根结线虫病及其他传染性病害的桑园，冬季要逐株检查，发现病株，彻底挖掉，集中烧毁，以防传播蔓延。

5. 人工防除病虫

填塞虫孔，捕捉桑尺蠖，刷除枝干介壳虫，用人工诱杀桑天牛幼虫。为防止桑螟、桑尺蠖、桑毛虫等在树干裂缝、孔隙中越冬，先用竹刷刷干净树体，清除越冬幼虫蛹等，再用石灰和黏土混合堵塞孔隙，阻止害虫出入；用 5 波美度石硫合剂喷洒树干和枝条，既可防止桑介壳虫，又可兼治桑树芽枯病、膏药病、拟干枯病和污叶病等。可降低越冬害虫的虫口基数，达到病虫害防治的目的。

6. 束草诱杀

桑园清洁之后，将草捆束于桑树主干与枝干分杈处，诱集以幼虫越冬的害虫。如桑尺蠖、桑毛虫、桑螟等。束在树上的草在来年桑树发芽前要收集起来烧掉。

四、 注意事项

桑园在使用农药防治病虫害时，必须严格按照有关要求进行用药。由于农药种类繁多，使用浓度和方法各异，近年经常发生农药引发的家蚕中毒现象。有的是因配制浓度不当引起；有的是因未过残效期就采叶引起；有的是农药自身存在问题，如有些标称为短效农药，但在复配成分中含有长效农药，造成蚕农对残效期无法掌握，因此蚕农在购买农药时一定要选择正规渠道，最好选用蚕桑专用农药，并按要求的方法使用。使用药物时要注意安全间隔期，必要时可以先采少量桑叶进行试喂，观察蚕有无中毒症状后再大量采叶喂蚕，以防造成不应有的损失。

第七章
桑蚕的生物学特性

桑蚕又称家蚕，是以食桑叶为主而吐丝结茧的经济昆虫之一。桑蚕属于完全变态的昆虫，在它的一个世代中要经过卵、幼虫、蛹和蛾 4 个阶段，桑蚕是以卵越冬的。

第一节
桑蚕的生活史

家蚕从卵到成虫，生长速度很快，体幅增加近20倍，体长增加近30倍，体积增加6 000倍，体重增加达10 000倍，体内的造丝器官——绢丝腺增加16万倍。

一、卵期

桑蚕以卵繁殖。卵有越年卵和不越年卵之分。不越年卵被产下后，胚子不停地发育。经十多天便孵化成幼虫。但越年卵被产下后，经一周左右，胚子发育到一定程度后，便进入一个停滞发育的"滞育期"，不再继续发育。只有给予解除滞育的条件后，胚子才能发育孵化成幼虫。如春季繁育的越年卵，在6月产下，要经过十多个月到翌年春暖时才能孵化；秋制种的卵期一般也经过5~7个月才能孵化。

二、幼虫期

从蚕卵刚孵化出来的幼虫，一般为黑色，也有褐色的，多刚毛，形状像蚂蚁，故称蚁蚕。蚁蚕从桑叶中吸取各种营养物质，迅速生长，体色由暗淡逐渐转为青白色。幼虫长到一定限度时不食不动，称眠，从开始入眠到蜕皮终了这段时间称眠期，在此期间新皮生成，旧皮蜕下。每蜕一次皮，蚕体的重量、长度、宽度、体积都显著增大。在两次蜕皮期间称龄期。眠又是划分龄期的界限。刚蜕皮的蚕称起蚕。蚕每蜕一次皮就增加1龄。从卵内孵化出来到第一次蜕皮终了称为1龄蚕。第一眠后饷食起到第二次蜕皮终了称2龄蚕……以此类推。一般蚕的幼虫期要蜕皮4次，有5个龄期。通常把1~3龄的蚕叫小蚕期（稚蚕期），4~5龄蚕合称为大蚕期（壮蚕期）。幼虫发育到5龄的末期，逐渐停止食桑，蚕体收缩而稍呈透明，称熟蚕。熟蚕一旦找到适当的结茧场所，便开始吐丝结茧。幼虫期经过的时间，依蚕品种、环境条件不同有长短。一般全龄期在春季为 26 天左右，夏秋季为 21 天左右。

三、 蛹期

蚕结茧完毕后，即在茧内蜕皮化蛹。外表上蛹不吃不动，实际上体内正在进行着巨大的变化，以完成幼虫向成虫发育过渡。蛹期的长短也与品种和保护温度有关，在适温范围内一般要 14～18 天。在制种生产上，都在这一段时间内进行雌雄鉴别。雌蛹的腹部肥大，末端钝圆，在第八腹节腹面的正中有"x"形线纹。雄蛹的腹部瘦小，末端较尖，在第九腹节腹面的中央有一褐色小点。

四、 成虫期 （蛾期）

桑蚕的成虫又称蚕蛾。蛹期结束时，成虫（蛾）已在蛹皮内形成，蜕去蛹皮，羽化为成虫，向茧端吐出碱性胃液，湿润茧层，溶解丝胶，然后用胸脚分开丝缕形成茧口，蚕蛾便由此爬出。羽化出来的成虫，生殖器官已发育成熟，当天就可以交配产卵，繁殖后代。成虫不摄取食物，交配产卵后，休内营养物质大量消耗，经一周左右便自然死亡，从此结束了桑蚕的 1 个世代。

第二节
桑蚕的生长发育与环境关系

任何生物都离不开其周围的环境条件，否则就无法生存。只有在良好的生活环境条件下，蚕才能正常生长发育，完成其生活史。

一、 温度

桑蚕属于变温动物，其体温随外界环境气温的变化而变化，和外界自然温度基本一致，即蚕所得到的热量和失去的热量基本平衡。蚕的体温来源主要是体内有机物质通过呼吸作用进行氧化分解所产生的热能。同时，蚕体也受太阳的辐射能和人工加温的热量影响。蚕体降温，方法有蒸发、传导、辐射和对流。因此，在高温时，如果饲育环境中能通风，则也能降低蚕体温。

蚕的饲育适宜温度范围为 23～28℃。小蚕期适应于比较高的温度，大蚕期适于偏低温度。同一个龄期中，前期温度宜偏高，后期（催眠期和眠期）温度宜偏低。在适温范围内由于各种酶的活性较强，能使蚕的生理机能正常，因此蚕生长发育良好，体质强健，产茧量高，茧质好。若超出了适温范围，则蚕生长发育都要受到影响。温度在 20℃ 以下时，随着温度的下降，蚕体酶的活力也随着减弱，蚕行动呆滞，生长发育缓慢。若长期接触 30℃ 以上的高温，由于酶的钝化，同样使酶的活力下降，蚕生长发育同样受到影响。如果温度超过 35℃ 时，蚕的龄期经过反而比 30℃ 时延长。

二、湿度

湿度对蚕的生长发育影响与温度类似。在一定的温度范围内随着湿度的增加，蚕血液循环加快，脉搏次数增加，呼吸旺盛，体温上升，蚕对桑叶的食用量、消化量、消化率随之而增加，多湿时饲育经过时间缩短。小蚕期明显，大蚕期不明显。

蚕发育的适湿范围，在蚕的发育不同阶段要求不同。1 龄要求蚕室相对湿度 85%～90%，以后随龄期增加而逐渐减少，每龄降低 5% 左右，到 5 龄大致为 70% 左右。所以，90% 以上的多湿和 50% 以下的干燥环境对任何龄期的蚕都是有不良影响的。

三、空气和气流

蚕以蚕体两侧的 18 对气门进行呼吸作用和体内水分的蒸发作用。蚕生长发育需要新鲜空气，空气新鲜程度一般以空气中的二氧化碳多少为标准。当蚕室二氧化碳浓度超过 1% 时，蚕的生长发育就会受到不良影响。二氧化碳浓度超过 12%～13% 时，蚕会吐胃液；长时间超过 15% 以上时，蚕就会死亡。二氧化碳对蚕呼吸障碍的程度一般小蚕比大蚕影响小，同一个龄期内前期比后期影响小。

蚕室内除二氧化碳气体对蚕有影响外，还有一氧化碳、二氧化硫、氨气等不良气体。一氧化碳含量超过 0.5% 时蚕即受害中毒。二氧化硫在 0.1%～0.2% 时对蚕有危害，同时蚕茧解舒不良。氨气含量超过 0.05% 时有损茧丝质量。因此，一定要经常注意蚕室的通风换气，以保持室内空气新鲜。特别是在 5 龄期和高温多湿时更需要注意空气的流通，但也需注意防止因过度通风换气而造成桑叶萎凋。蚕室不准吸烟，烟味对蚕是有毒的。

四、光线

家蚕有 6 对单眼，能感觉到光线的强弱。家蚕的趋光性最明显：一般小蚕趋光，大蚕背光，同一个龄期内前期趋光，后期背光，熟蚕背光。在 25℃ 以上的温度条件下，光线对蚕生长发育影响更为明显，在低温条件下，光线对蚕生长发育有促进作用。小蚕期照明，大蚕期黑暗，能使蚕全龄期经过延长，体重增加，从而使全茧量增加。养蚕的光线以日间散光薄明，夜间黑暗自然状态为宜。补催青时蚕卵转青后采取绝对黑暗，可促使蚕种孵化齐一。

五、营养

家蚕所需营养物质，大致可分为空气、水、蛋白质、碳水化合物、脂类、维生素及无机盐等 7 类。这 7 大类中除空气以外都来自桑叶。成熟叶所含的营养物质基本上能够满足蚕生长发育的需要。但为了增强蚕的体质和提高茧丝的产量，促进蚕食下较多的桑叶量，首先要求提高叶质。一般小蚕用桑特别是 1 龄用桑，要求水分和蛋白质多，碳水化合物较少，随着龄期的进展，碳水化合物增多，而水分和蛋白质减少。小蚕期吸收的营养物质，主要用于营造蚕体；蛋白质是构造体细胞的基础，小蚕用桑除了含有丰富的蛋白质外，还需有适量的碳水化合物供作能量。并且小蚕期水分容易散发，需含水较多的偏嫩叶。大蚕期尤其是 5 龄中后期，需要较多的蛋白质作为形成绢丝物质的原料，同时为了供给能量及储藏养分的脂肪和糖，即增大蚕体，也需要足够多量的碳水化合物。因此说，小蚕期用水分、蛋白质较多，碳水化合物适量的偏嫩叶为好，大蚕期用碳水化合物、蛋白质含量较多而水分适量的桑叶为宜。

偏施、多施氮肥（化肥）和日照不足的桑叶，对蚕生长发育都有一定的不良影响。偏施或多施氮肥的桑叶虽然蛋白质含量较多，但可溶性碳水化合物特别是糖的含量相对减少，含水量也偏高，蚕体内因碳水化合物不足而水分过高，体质虚弱，蚕病增多。桑叶光照不足，光合作用减少，叶内光合作用的产物碳水化合物含量少，蛋白质的合成也因此受阻，使含量减少，同时因蒸腾作用降低，桑叶含水量较高，所以用光照不足桑叶养蚕，蚕体虚弱，减蚕率增加。桑叶含水量在 70% 以下，手搓桑叶能碎者称之过老叶。这种桑叶内含蛋白质少，可利用的营养成分少而不能利用的纤维素多。用过老叶喂蚕，由于缺乏营养而使蚕生长缓慢，体重轻，经过延长，产茧量低。天气久旱不雨的干旱叶，桑叶水分显著减少，蛋白质也少，而纤维素特别多，用这种蚕叶喂蚕，由于缺乏营养物质而难以满足蚕体生长发育的需要，同时，由于叶内含水量少，蚕食下后会使血液 pH 升高，妨碍了体内物质代谢，因而极易诱发蚕病。不得已使用干旱叶时，可采用叶面喷水法来减轻危害。另外，采叶时应在早上采叶，避免日中采叶。桑园需及时浇灌抗旱，并注意耕耘保墒。在运输采叶途中或储藏桑叶的过程中，要注意松装快运，阴凉保鲜储藏，严防堆积过多，蒸腾发热，用蒸热叶喂蚕易诱发蚕病。3龄前的小蚕期不能喂带水桑叶，这个时期喂带水叶易诱发蚕病，所以若采回雨水叶可用棉织品沾干。

第三节
桑蚕与饲料

一、 桑叶的主要营养成分

桑叶是蚕的饲料。蚕通过对桑叶的消化、吸收，摄取其中营养，促进蚕体生长发育。桑叶的主要营养成分是水分、蛋白质、碳水化合物、脂肪、无机盐类和维生素等，这些都是蚕生理所不可缺少的营养元素，但这些营养元素的含量，因桑树的品种、树型养成形式、土壤、培肥管理、叶位、桑叶发育的时期以及采摘技术、气象等因素大有差异。蚕对叶质的要求，因各龄期不同而有差异，选叶时应以适合蚕生长发育需要为标准。小蚕用桑，特别是 1 龄蚕用桑，水分和蛋白质需要量较多，碳水化合物较少，但随着龄期的增加，需要碳水化合物增多，而水分和蛋白质逐渐减少。因此，小蚕期用含水分、蛋白质较多，碳水化合物适量的偏嫩叶较好；大蚕期用碳水化合物、蛋白质多而水分适量的桑叶为宜。

二、 叶质与蚕生长发育及产茧量的关系

在蚕室气象环境控制相似的条件下，采用不同季节的桑叶饲养的蚕，生长发育有显著差异。春叶营养丰富，蚕生长发育快，龄期经过时间短。晚秋叶一般营养较差，蚕生长发育慢，龄期经过时间延长。不同桑品种，相似成熟度的桑叶喂蚕时，以含水量较少、营养物质丰富的桑叶对蚕的生长发育较为有利。同一桑树品种，叶子老嫩不同，对蚕的健康和茧质影响也不一样。减蚕率以适熟叶最小，过老过嫩叶减蚕率均增高，特别是过嫩叶减蚕率显著增大；全茧量和茧层量以喂嫩叶最重，适熟叶次之，老叶最轻。在生产中给以含氮量高和日照不足的桑叶时，由于叶质较差，蚕在生长发育过程中容易感染疾病，减蚕率高。含氮量高的桑叶蛋白质含量虽多，但可溶性碳水化合物，特别是糖类显著减少，含水偏多。蚕食下后因碳水化合物不足，水分偏多，体质虚弱，容易发生病蚕。日照不足时桑叶光合作用减弱，碳水化合物的合成显著减少，蛋白质合成受阻，蛋白质含量减少，蒸腾作用降低，含水量较高，对蚕健康不利，软化病比普通桑叶发病率显著增加。同时，温度、湿度、降水量、日照、土壤、地势、地下水位以及桑树的树型养成形式、培肥管理、收获方法、叶位、采桑、储桑甚至灰尘和气体成分等都对叶质有较大的影响。因此，叶质成分的变化与蚕体的健康和茧质好坏有不可分割的关系。一般来说，小蚕用桑以质地柔软，水分较多而蛋白质丰富和碳水化合物适量为宜。大蚕用桑不能过于柔嫩，以水分较少而蛋白质适量、碳水化合物比较多为宜。对各龄蚕而言，小蚕，特别是1~2龄蚕应严格选择优良桑品种的适熟叶。如果给予叶质较差的桑叶，则体质虚弱，以后即使给予良桑也难以恢复健康。相反，1~2龄蚕给予适熟良桑，即使以后各龄叶质稍差，对蚕的影响也不会很大。

三、 食桑和消化

1. 蚕的食桑状态

刚孵化的蚁蚕和刚蜕皮的起蚕需要经过一定时间的运动或休息之后，才有食欲，开始食桑。一般蚁蚕孵化后经40分左右才有食欲，2龄起蚕经100分左右才开始食桑，随着龄期的进展，食欲兴起的时间加长。5龄起蚕，经过3小时左右才开始食桑。蚕和其他大部分昆虫一样，取食有间歇性，在连续取食一定时间

后，就要短暂休息。蚕每次连续食桑时间，各龄期间无大的差异，在 12 ~ 16 分。各龄食桑次数，1 ~ 4 龄相差不大，60 ~ 80 次，5 龄期较多，为 180 次，占全期食桑次数的 40% 左右。平均每 40 分食桑 1 次。蚕食桑时咬食位置，小蚕和大蚕差别很大。1 龄一般是从叶背啃食叶肉部分而留下表皮和叶脉，使叶片呈网膜状；2 龄能将叶片咬穿成许多小孔，有的已开始从叶边缘咬食；3 龄以后从叶缘开始咬食。

2. 蚕的食下量和消化量

喂给蚕的桑叶不能全部食下，有一部分残留在蚕座上。以给桑量减去吃剩下的桑叶量为食下量。食下量除以给桑量为食下率。在一个龄期中，龄中食下量较大，龄初、龄末食下量较少。食下率 1 龄最小，以后随蚕龄增大而增大，全龄平均食下率为 60% 左右。养蚕方法对食下量和食下率也有很大影响，1 ~ 2 龄采用全防干育下铺上盖，3 龄采用半防干育，只盖不垫，有利保持桑叶的新鲜程度，可提高蚕食下量和食下率。

桑叶的食下量减去排粪量大致相当于消化量。消化率为消化量对食下量的百分率。蚕的消化量随着蚕龄的增大而增大，消化率则相反，随蚕龄增大而减少。食下的桑叶中能被消化吸收的干物质，在消化率最大的 1 龄也不超过 50%，而 5 龄只有 36% 左右，全龄平均消化率为 42%。一个龄期内的食下量和消化量在盛食前逐日增加，盛食期后显著减少，在 5 龄末期排粪量反比食下量多。消化率则每个龄初最大，以后逐渐减少。

四、 环境及叶质条件对蚕的综合影响

影响蚕生长发育的有气象环境及饲料等因素，其中影响最大的为温度和叶质。人们主观上总是要求有良好的饲料、适宜的温湿度、新鲜空气、适当的气流和适宜的光线。可是，在实际生产上叶质与各种气象因素对蚕生长发育的影响不是单独的而是综合性的，即各种气象因素之间既有互相联系，又有互相制约的关系。而且随不同年、不同季节、不同地区、不同设备条件，以及蚕的不同发育阶段等而变化。例如，春季往往低温多湿是主要矛盾；早秋期高温是主要矛盾；有时消毒防病工作做得不彻底，蚕病就成了主要矛盾。一般单一因素不适宜，尚不至于使养蚕遭受惨重失败。例如，在叶质差的情况下，可通过改善气象环境来减轻叶质不良的危害；在夏秋季气象条件差的情况下，可用加强桑园肥水管理，改

善叶质，增强蚕的体质来减轻危害。但是，也绝非毫无办法，只要能正确认识环境与蚕生长发育关系，掌握了各种环境条件的特点，是可以运用这些知识和现有的设备条件，采取相应的技术措施，来减轻其危害程度的。例如，在春期碰到连续阴雨不晴，桑叶日照不足含水量多，碳水化合物少，蚕室内又低温多湿，造成蚕体水分代谢不平衡、营养差、蚕体虚弱时，可采取傍晚采叶，适当延长储桑时间，使其散发一部分水分，降低桑叶含水量，同时使部分淀粉转化为糖，从而改善叶质；又可在蚕室内采用升温排湿，蚕座上撒焦糠、生石灰等干燥材料以促使蚕座干燥，减轻多湿对蚕的不良影响。再如在高温多湿的情况下，尤其大蚕期因闷热，蚕体水分难以发散，影响蚕体水分代谢，体温升高，营养消耗增加；这时应选良桑，供给营养，并注意通风换气，借气流来增加蚕体水分蒸发，降低体温，减轻高温多湿对蚕的危害。切勿在高温多湿情况下喂未成熟的嫩叶及日照不足等的不良叶，否则营养跟不上，蚕体水分过多，必然使蚕的体质虚弱容易发病。在高温干燥的情况下，由于高温蚕体营养消耗大，空气干燥，桑叶容易萎凋。蚕体水分少，水分代谢失去平衡，造成发育不齐，蚕体瘦小。要减轻对蚕的危害，必须给予良桑，尽量缩短储桑时间，并增加给桑次数，使之饱食良桑，在大蚕期可吃湿叶，来补足水分的不足。

总之，在养蚕生产实践中，遇到多种不适宜的因素时，应灵活运用自己所掌握的科学知识和技术，认真分析当地的有利因素和不利因素，发挥人的主观能动作用，尽量运用现有设备条件，采用科学的方法，改变局部的不利因素，最大限度地减轻或消除不良因素的危害。

第四节
部分桑蚕品种性状

选择优良的桑蚕品种是保证蚕茧优质高产的重要前提。不同桑蚕品种对桑树品种、栽培形式、养蚕环境及技术条件等的要求也有所不同。春季和中、晚秋季气候条件和叶质较好的地区，可选择多丝量春用蚕品种，有利于稳产、高产、优质增收；夏秋季气温较高的地区，选择体质强健的桑蚕品种，容易达到稳产目的。但是，如果是大气中氟化物污染严重的地区，以全年选择饲养体质强健的抗氟性桑蚕品种为好。有的蚕区还可以根据厂家需求饲养特殊用途的桑蚕品种。至于具体选择哪种杂交组合的桑蚕品种，一般情况下都应选择经引种试验，符合当地蚕业生产条件的桑蚕品种。选择好桑蚕品种后，要了解和掌握蚕品种的性状和饲养技术要点，以便在饲养过程中有针对性地采取合理的技术措施，充分发挥桑蚕品种的优良性状，达到优质高产、低耗增收的目的。

一、多丝量蚕品种性状介绍

随着我国育种技术的进步和蚕种工作者的努力，近年来，桑蚕新品种不断涌现。经全国或省（区）桑蚕品种比较试验合格后，已经在生产上大面积应用及正在推广普及的主要多丝量蚕品种有：菁松×皓月、春蕾×镇珠、871×872、873×874、苏镇×春光等，多丝量桑蚕品种在河南省春季和晚秋均可以使用。它们的性状及饲育技术要点介绍如下。

1. 菁松×皓月

（1）品种性状　该品种孵化齐一，蚁蚕体色黑褐色、有逸散性。小蚕趋光性强，壮蚕期亦有趋光和趋密性。各龄眠起齐一、眠性快，催眠期短。各龄食桑活泼，5龄1～3天食桑缓慢，盛食期食桑快而旺盛，不踏叶。大蚕体色青白，普通斑纹，蚕体大而结实。全龄经过24～26天。5龄期及上蔟抗湿性差，熟蚕体色淡米红色，老熟齐涌，结上层茧，茧形大而匀整，茧色洁白，缩皱中等。每千克茧颗数正交约446粒，反交约432粒，茧层率在25%左右。

（2）饲育技术要点　收蚁前，蚕室保持黑暗，注意补湿，干湿温差以0.5～1℃为宜，收蚁感光不宜过早，避免蚁蚕逸散消耗体力。小蚕期饲育温度适当偏高，但不能超过29℃，以防三眠蚕发生。各龄要及时扩座，防止饿眠。各龄盛食期，尤其是5龄蚕第四天后要注意饱食，大蚕用桑宜适熟偏老，尽量避免喂湿叶或发黏变质叶，以防感染细菌病。及时准备好蔟室蔟具，熟蚕要适熟偏生，上蔟不能过密，以减少同宫茧，大蚕期及蔟中要注意通风排湿，减少蔟中死蚕和不结茧蚕发生。

2. 春蕾×镇珠

（1）品种性状　该品种蚁蚕体黑褐色，孵化齐一，孵化率高。小蚕行动活泼，有趋光性，逸散性，眠起齐一，眠性快。小蚕期对桑叶要求质量高，大蚕期食桑旺盛。大蚕体色青白，带米色，体型粗壮，结实、强健，具有一定的抗氟能力，老熟齐涌，营茧快，结上层茧，茧长椭圆形，茧形匀整，茧色洁白，茧层率24%～25%，解舒好，净度高。

（2）饲育技术要点　收蚁前，必须保持8小时以上绝对黑暗保护，相对湿度保持在85%左右，收蚁感光不宜过早。小蚕具趋光性、逸散性、眠性快，要及时匀座、扩座、调匾，加眠网要适当偏早，1～2龄尤应注意。小蚕期用叶宜适熟偏嫩；5龄盛食期，食桑旺盛，要吃足吃饱。如遇阴雨天气，喂了湿叶容易诱发细菌病，要注意通风换气，防止蚕病发生。上蔟准备要早。捉熟蚕宜适熟偏生，上蔟不能过密。

3. 871×872

（1）品种性状　该品种是春秋兼用、综合性状优良的多丝量桑蚕品种。孵化、起眠、老熟齐一，食桑旺盛，蚕体粗大，普斑，茧形大而匀整，茧色洁白。抗氟性能强。茧层率24%～25%，茧丝长1 200～1 400米，丝质优良稳定，解舒率75%左右，净度94～96分，鲜毛茧出丝率18%～20%。

（2）饲育技术要点　由于871易发生生种，应提高催青温度。大蚕期在持续高温情况下，特别要注意通风换气和积极采取降温措施。蚕座多撒新鲜石灰，防止发生血液型脓病。小蚕要及时注意提青分批、淘汰不良蚕和弱小蚕。老熟较齐，要及早做好上蔟准备工作，上蔟不宜过密，防止蔟中闷湿，要加强通风排湿。

4. 873×874

（1）品种性状　该品种具有稳产、高产、优质、易繁、抗氟的特点。孵化、起眠、老熟齐一，食桑旺盛，蚕体粗大，普斑、茧形大而均整，茧色洁白。茧丝质优良，茧层量高，解舒好，净度优。

（2）饲育技术要点　稚蚕有趋光性和趋密性，要注意及时匀座和调匾。做好各阶段的消毒防病工作，加强技术管理，杜绝病源，防止低温多湿和高温多湿，在持续高温环境条件下，要注意通风换气，采取降温措施。蚕食桑快，食叶量多，要及时做好匀座工作，特别是5龄期要做到良桑饱食，以充分发挥该品种的增产潜力。做好上蔟工作，上蔟不宜过密，防止蔟中闷湿，要加强通风、排湿工作。

5. 苏镇×春光

（1）品种性状　该品种孵化齐蚁蚕黑褐色，有趋光性、逸散性，小蚕趋光性强。各龄眠起齐，处理容易，起蚕活泼，大蚕有趋密性，易密集成堆。各龄食桑活泼，体质强健，蚕体匀整，大蚕体色青白，普通斑纹。熟蚕体色为糙米色，老熟齐涌，喜结上茧层，茧形大，茧层厚，茧色白，缩皱中等，抗氟性较强。

（2）饲育技术要点　眠起齐一，眠性快，各龄要及时扩座加网，以防止饿眠，影响蚕体质。小蚕期有趋光性，大蚕期有趋密性，易密集成堆要注意匀座、调匾，防止食桑不匀，小蚕期严防 28℃ 以上高温以减少或避免三眠蚕发生。要充分饱食，上蔟不宜过密，以减少同宫茧的发生。

二、中丝量桑蚕品种性状介绍

经全国或省（区）蚕品种比较试验合格后，目前已经在生产上大面积应用及正在推广普及的主要中丝量蚕品种有豫花×湘明、秋丰×白玉、芙蓉×湘晖、洞庭×碧波、苏菊×明虎、两广二号、苏$_3$·秋$_3$×苏$_4$ 等。它们的性状及饲育技术要点介绍如下。

1. 豫花×湘明

（1）品种性状　该品种是含多化性血统的四元杂交种，具有体质强健、好养、抗逆性强、适应性广、高产稳产、增产潜力大、茧丝质优良等特点。孵化齐一，生长发育快。各龄眠起齐一，5 龄经过 7 天，全龄经过 21~23 天，大蚕体型粗壮，体色青白，行动活泼，食桑旺盛，老熟齐涌，结茧快，茧形大而匀整，茧色白，茧层率23%~24%，茧丝长 1 200 米，解舒好，丝质、净度优良。

（2）饲育技术要点　蚁蚕趋光性，逸散性强，收蚁感光前一天必须绝对黑暗保护，收蚁感光不宜过早，宜提前收蚁。小蚕对叶质要求较高，注意用适熟偏嫩叶。小蚕趋光性，趋密性强，要及时做好扩座、匀座工作。各龄眠起齐快，要注意及时加眠网，做好眠起处理工作。大蚕应良叶饱食以发挥其增产性能。

2. 秋丰×白玉

（1）品种性状　该品种正交为斑纹限性，花白蚕各半，反交为白蚕。孵化齐一，蚕眠起齐一，饲养容易，夏期饲养有少数三眠蚕发生，食桑旺，蚕体较大，壮蚕体色青白。营茧快，熟蚕排尿量较多，结中下层茧，上蔟过密多黄斑茧。产茧量较高，茧形中等，茧层紧，茧形匀整呈长椭圆或略微束，缩皱中等。

茧丝长，夏秋期茧丝长1 100米左右，解舒好而稳定，净度93分以上，出丝率较现行的其他夏秋品种高。抗氟性能好，据调查，桑叶含氟量在50～60毫克/千克仍不会影响其产茧量和茧丝质量，是目前体质比较强健、产量较高、茧丝质量优良的品种，适于夏秋期，特别适宜于中秋期饲养的单限性桑蚕品种，同时该品种也适宜于氟污染严重春季饲养多丝量桑蚕品种不好的蚕区饲养。

（2）饲育技术要点　做好养蚕前及养蚕期间的消毒防病工作；叶质要新鲜，不宜多喂湿叶，防止桑叶湿储、湿喂和喂露水叶；高温季节饲养要做好防暑降温和通风排湿工作；蔟中要注意通风；防止微量农药的空气污染，以免产生不结茧蚕。

3. 芙蓉×湘晖

（1）品种性状　该品种孵化齐一，正交蚁蚕安静，反交蚕逸散性强。小蚕有密集性，生长发育快，各龄眠起齐一，5龄经过稍长、壮蚕体型粗壮，体色青白、白色，行动活泼，食桑旺不踏叶，老熟齐一，营茧快，结中上茧，茧形长椭圆，大小较匀整，茧色洁白，缩皱中等，茧层率在23%左右。

（2）饲育技术要点　收蚁当日感光不宜过早，宜适当提前收蚁。5龄盛食期食桑快，要充分良桑饱食。及时上蔟，上蔟密度适当偏稀，以减少同宫茧。

4. 洞庭×碧波

（1）品种性状　该品种是双限性斑纹的四元杂交种，具有体质强健、抗高温、好养、高产、稳产、丝质优良等特点。孵化齐一，正交蚁蚕较安静，反交蚁蚕逸散性较强。小蚕期有密集性。生长发育齐快，各龄眠起齐一。大蚕体型粗壮，花蚕为雌，白蚕为雄。行动活泼，盛食期食桑旺盛，食桑量较多，老熟齐一，雄蚕营茧速度快，雌蚕较慢，多数在中上层营茧，熟蚕有一定的背光密集性，如上蔟室内光线明暗不匀或上蔟过密，易结同宫茧；茧长椭圆形，较匀整，茧色洁白，缩皱中等。茧层率为23%左右，茧丝长1 100米左右，解舒丝长800米以上，净度94～95分，鲜毛茧出丝率16%～17%。

（2）饲育技术要点　由于蚁蚕的趋光性和逸散性较强，收蚁当天不宜过早进行蚕种感光，宜适当提前收蚁。小蚕的趋光性和密集性较强，每次给桑前要做好匀座和扩座工作。大蚕期食桑快猛，食桑量多，特别是5龄盛食期食桑旺盛，要充分良桑饱食。大蚕时可进行雌雄蚕分别饲养，分别上蔟，分别售茧。雄蚕老熟较快，营茧快，要及时拾熟蚕上蔟；雌蚕熟性较慢，拾老熟蚕应当迟。上蔟密度适当偏稀，以减少同宫茧发生，上蔟初期应注意蔟室内光线均匀，及时拾出"游山蚕"另行上蔟，有利于提高茧质。

5. 苏菊×明虎

（1）品种性状　该品种为中秋兼春季用种。蚁蚕黑褐色，正交蚁蚕安静、趋密，孵化率高，反交蚁蚕活泼、略逸散，孵化比正交略齐。各龄生长发育快，食桑旺盛，体健匀整，壮蚕青白结实，普斑。对叶质适应性强，抗逆性强，但食桑不足时，表现为茧层率明显下降，5 龄适温时经过 8.5 天左右，全龄经过 25 天左右。营茧快，多营上层茧，茧形长椭圆，茧色白，缩皱中等，茧层率 23% 左右，茧丝长 1 198 米，解舒率 74%，净度 95 分，鲜茧出丝率 17%。

（2）饲育技术要点　做好催青工作，促进孵化齐一。饷食桑叶应新鲜偏嫩，各龄盛食期、壮蚕期用叶应新鲜成熟。各龄眠性较快，应提前加眠网，全龄应做好防病工作，5 龄及蔟中要注意通风排湿，防止蔟中闷热蚕不结茧。

6. 两广二号

（1）品种性状　该品种为夏秋用四元杂交种，具有强健、高产、优质、易繁、适应性广等优点，正交卵褐绿色，反交卵紫褐色，孵化齐一，蚕体强健，对叶质有较好的适应性，各龄眠起齐一，大蚕体色青白，蚕体粗壮，食桑旺盛，老熟齐涌，营茧快。茧形长椭圆较大，茧色白，茧层率 21% ~22%，单茧丝长1 050 米，解舒好，净度高，丝质优良。

（2）饲育技术要点　收蚁当天感光不宜过早，宜适当提早收蚁，每次给桑前要做好扩座匀蚕工作。小蚕期用叶适熟，大蚕期食桑旺盛，要充分饱食。5 龄遇高温多湿，要注意加强通风排湿。熟蚕齐，营茧快，要及时拾熟蚕上蔟，上蔟宜稀。

7. 苏$_3$·秋$_3$×苏$_4$

（1）品种性状　该品种是持续时间最长的夏秋用品种。它具有强健、好养、稳产、高产、丝质优良、制种容易等特点。蚁蚕体黑褐色，孵化欠齐，催青死卵及其他不孵化卵较多。催青不当时，则收蚁分批较多。蚁蚕和 1~2 龄蚕有趋光性。各龄眠起尚齐一，起蚕安静。1~3 龄蚕眠性较快，大蚕眠性较慢。经过稍长，蚕行动不甚活泼，食桑稍微缓慢，对叶质要求较高。如用叶过老，易发生小蚕。壮蚕体色青白，粗壮结实，斑纹花白相混，花多白少。白蚕体形略小。老熟不够集中，熟蚕体色略带微红。茧形匀整，长椭圆形，茧色洁白。茧层率 20% ~21%。

（2）饲育技术要点　催青积温较一般品种略高，对湿度反应比较敏感，催青阶段要特别注意湿度。收蚁及各龄饲食用叶，宜适熟，对叶质要求高，各龄用桑力求新鲜一致，不喂过老过嫩叶和发热干瘪叶，蚕室要注意通风换气，切忌蚕室闷热、湿度大，特别是在壮蚕期和蔟中。

三、　抗脓病桑蚕新品种性状介绍

中国农业科学院蚕业研究所培育的对家蚕血液型脓病具有高度抵抗性的两个桑蚕新品种：华康 2 号和华康 3 号，由于抗脓病性能良好，非常适合在脓病发生严重的蚕区推广。

1. 华康 2 号

（1）品种性状　该品种稳产、高产，正交卵灰绿色，反交卵灰紫。蚁蚕黑褐色，逸散性强，眠起齐一、体质强健，抗病性强，好养。小蚕眠起快且齐一，就眠时间短，要及时匀座和扩座，适时调匾；壮蚕蚕体较为粗大，素斑，5 龄和全龄经过短；盛食期食桑旺盛，不踏叶，耐粗食，抗逆性、抗病力强；老熟齐，营茧快，要及时上蔟，营茧率高，茧形长椭圆，大而匀整，茧色白，缩皱中等。

（2）饲育技术要点　叶质要新鲜，不宜多喂湿叶，防止桑叶湿储、湿喂和喂露水叶；高温季节饲养要做好防暑降温和通风排湿工作；蔟中要注意通风；上蔟密度宜稀，减少同宫茧发生。

2. 华康 3 号

（1）品种性状　该品种中日杂交种，二化，四眠。卵色正交灰绿色，反交紫褐色；卵壳正交淡黄色，反交白色。克卵粒数正交 1 800 粒左右，反交 1 750 粒左右，孵化齐一，蚁蚕黑褐色，逸散性强，蚕眠起齐一，体色青白，普斑。各龄食桑活泼，眠性较快，发育齐一，蚕体匀整。熟蚕老熟齐一，茧形椭圆，茧色白，缩皱中等。

（2）饲育技术要点　要注意掌握二化性多丝量春用品种催青标准，适当早感光；稚蚕期应做好保温、保湿工作。壮蚕期要加强通风换气，保持环境干燥，避免高温多湿或低温多湿环境。收蚁及各龄饲食选用适熟偏嫩叶，壮蚕用叶要充分成熟，确保桑叶新鲜。

第八章
养蚕前的准备工作

　　养蚕前的准备工作是指做好养蚕计划和蚕用物资及消毒防病等方面的准备工作，它不仅是一个经营管理的问题，也是一个复杂的技术问题，除直接影响到蚕茧的产量外，还影响到桑树的生长及蚕室蚕具的利用率，最终影响到蚕业经营的综合效益。

第一节
养蚕的计划制订

根据不同季节拟定养蚕布局，根据桑叶、蚕室、蚕具、劳力制订养蚕计划，以种、叶平衡为原则，确定养蚕张数。

一、养蚕布局

根据当地气候，桑树的培护管理情况以及农业生产特点，确定全年养蚕的次数和每次养蚕的时期与数量。河南省地处中原，地域辽阔，虽属长江以北，但气候差异很大，一般每年以养 4 次蚕为宜；以春蚕、中秋蚕为主，适当饲养夏蚕、晚秋蚕。夏蚕要用疏芽叶和枝条下部的桑叶，晚秋蚕主要用中秋蚕养后的余叶及又长出新叶和苗圃的部分桑叶。养蚕数量以春蚕为 100%，则中秋蚕是春蚕饲养量的 80%～85%，夏蚕和晚秋蚕是春蚕饲养量的 20%～30%。制定各期饲养量时主要根据气候变化和当时桑树长势情况而定，不能硬套比例。分季饲养的具体方法是：

1. 春蚕分批养

春蚕饲养数量较多的农户，须分批饲养。头批宜多，力求吃饱高产；二批宜少，作为补充调节。春蚕前后批收蚁间隔 7 天左右，这样有利于调剂桑叶，避免发生桑叶剩余或缺叶倒蚕。

2. 夏蚕适当养

夏蚕可利用春蚕余叶和春伐桑下部叶，但主要是利用夏伐疏芽叶和新条下部叶。由于夏蚕气温尚适宜，桑叶新鲜柔嫩，蚕比较好养。但应考虑合理疏芽，如疏芽过多，会影响桑树留条数，势必减少秋叶以及明春桑叶产量。夏伐新条下部桑叶，采摘不能超过 4～5 片，一般夏蚕饲养量为春蚕饲养量的 20%～25% 为宜。如果春蚕有余叶，或者有春伐桑，可适当增加夏蚕饲养量。

3. 秋蚕分期养

秋蚕是全年生产重要组成部分，它不仅关系到当年产量，而且与来年春蚕丰收也有关系。所以，应根据秋季桑条不断伸长，叶片生长、成熟和硬化的特点，合理安排，分期饲养，一般分中、晚两期饲养。

(1) 养足中秋蚕　桑树在中秋蚕期正茂盛生长，翌年有效条数已基本形成，要充分利用桑叶；同时该时期气温逐渐降低有利于蚕的生长发育，一定要养足这一期蚕。但采叶后，梢端必须留 7 ~ 8 片叶，以利桑树进行光合作用积蓄养分，保养树势。中秋蚕饲养量相当于春蚕饲养量的 80% ~ 85%。

(2) 看叶饲养晚秋蚕　晚秋期间叶质好，气温适宜，有利于蚕生长发育，蚕茧稳产、高产，因此要尽量利用剩余桑叶饲养晚秋蚕。但采叶后，每根枝条留 3 ~ 4 片叶，以积累越冬枝条的养分，切勿采光，晚秋蚕饲养量占春蚕饲养量的 10% ~ 20%。

二、 正确估计桑叶产量， 掌握种叶平衡

按上年同期桑叶的产量，看当年当季桑园管理、桑树长势情况，参考当地气象部门预报的气象资料，估计桑园的产叶量。如河南省目前推广的品种及蚕农的饲养技术水平，一般春季一张种产茧量按 30 ~ 50 千克计算，需要芽叶 650 ~ 700 千克；夏季一张种用叶量一般为 500 千克，中秋蚕一张种用叶量为 550 ~ 600 千克，晚秋蚕的一张种用叶量与中秋蚕相同。按照下列计算方法可确定各季的饲养张数。

计算公式：

$$每株 \frac{产叶量（千克） \times 桑树株数}{当季一张种用桑量（千克）} = 养蚕张数$$

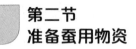

第二节
准备蚕用物资

蚕室、蚕具是养蚕生产上必要的基本设备，蚕室构造是否合理，蚕具准备是否充分，不仅影响到蚕的正常生长发育和蚕茧的产量质量，而且关系到工作效率

的提高和技术措施的贯彻。为了能使蚕在适宜的环境中生长发育，获得较好的收成，应根据当地的具体情况，建造蚕室，置备蚕具。

一、蚕室及附属设备

蚕室应选择建造在光线充足，通风、排湿良好，并且要靠近桑园和水源的地方。可因陋就简新建或利用闲房改建。新建蚕室要求选择地势高燥、通风的地方，蚕房以坐北面南稍偏西为好。要注意在蚕房周围栽植树木，遮阴，或者在西南面搭凉棚降温，如果没有房屋，可搭建简易或永久性塑料大棚饲养大蚕。

蚕室与蚕室或其他建筑物之间要有一定的距离（20 米以上），一般在蚕室的东南面留有空地作为洗晒蚕具的场所。根据养蚕生产的不同要求，可分为小蚕室、大蚕室和上蔟室等，大、小蚕室不能混用。

1. 小蚕室

小蚕室是饲养 1~3 龄蚕的蚕屋，由于小蚕需要高温多湿的生长环境，因此要求小蚕室能保温保湿和适当换气。小蚕室宜设在大蚕室的上风口位置，要尽量远离大蚕室（或大棚），这样可避免大蚕发病而直接把病原传染给小蚕，小蚕室应易彻底消毒。养蚕生产上，条件好的农户建有小蚕专用蚕室，一般条件的农户则用塑料薄膜等从原有住房中隔出一小间作为小蚕室。小蚕室的加温设施要根据房屋的特点选择合适的形式，当前较适宜于农村各家各户饲养的简易加温设施有：地火龙、电加温补湿设备。

2. 大蚕室

大蚕室（棚）指用于饲养 4~5 龄蚕的蚕室。大蚕室要求通风透气性能好，地面平整、洁净，前后设计有对流窗户并装防蝇纱窗，最好开地脚窗并装防老鼠的钢丝网，堵洞穴防老鼠。瓦房和平房均可，平房天热时在楼面搭建 1 米高隔热层（禾草、玉米秆等均可）。每张种所占面积：地面育需 35~40 米^2，蚕台育需 20 米^2。

3. 上蔟室

上蔟室是指用于桑蚕上蔟结茧的蚕室，要求通风、排湿性能好，光线均匀。不能专用的，可以与大蚕室（棚）套用。若采取方格蔟室外预挂法上蔟，要注意应及时清理病死蚕和蚕粪尿，做好消毒工作，以免把病菌带入蚕室。上蔟室面积应与大蚕室基本一致。

4. 储桑室

储桑室是储备桑叶的场所，尽量设专用储桑室，禁止在蚕室（棚）内堆放桑叶，储桑室不宜用来养蚕和上蔟。专用储桑室一般采用地下室或半地下室，兼用储桑室则选择水泥地面、无阳光直射的小房间。储桑室要求低温、多湿，光线较暗、邻近蚕室，便于清洗、消毒和保持桑叶新鲜，地面要保持洁净卫生，经常消毒、清洗，严防病菌污染桑叶。每张种所需储桑室面积约 10 米^2。

5. 蚕沙池

蚕沙必须妥善处理，经密闭充分发酵后方可作其他用途。但河南省蚕区普遍存在蚕沙乱堆、乱放的现象，因此蚕沙池要设在离蚕室（棚）较远的地方，不要设在路边和蚕房上风口位置。蚕沙池可以挖坑或用水泥和砖砌成，每张种需蚕沙池约 2 米^3。

6. 消毒池

为便于蚕期彻底消毒，应建立专用消毒池，长×宽×深规格为 2 米×1.2 米×1 米，用于浸渍消毒蚕匾、架子、竹竿等蚕具，能浸渍均匀，消毒效果也很好。

二、蚕具及药物的准备

1. 蚕具的准备

养蚕所需的用具统称为蚕具。蚕具种类很多，按用途可分为：①收蚁用具，蚕筷、鹅毛、收蚁纸（或网）等。②消毒用具，喷雾器、水桶（或缸）、消毒锅、扫帚等。③饲育用具，蚕匾、蚕架、给桑架、蚕网、塑料薄膜、防干纸、干湿温度计、切桑刀、切桑板、秤、除沙筐等。④采桑、储桑用具，采桑筐、桑剪、储桑缸、气笼、盖桑布等。⑤上蔟用具，蔟具（方格蔟或折蔟或蜈蚣蔟等）、芦帘、蔟架等。蚕具制作可因地制宜，但在用材结构上要求适合蚕的生理卫生，便于清洗消毒；且取材容易，制作简单，价廉物美，有些还能与日常生活和生产用具兼用；坚实耐用，使用轻便；便于搬运、收藏及保管。饲养一张蚕种需要如下蚕具：长 2 米×宽 1 米的蚕床 20 个（只使用蚕床育）或长 1.1 米×宽 0.8 米的蚕匾 40~50 个（只用蚕匾育），梯形架 2~3 个，长 4~5 米的竹竿 20~30 根，小蚕网 10~20 只，大蚕网 80~100 只，长 1 米、宽 0.8 米的聚乙烯薄膜 8~10 张，给桑架 2 只，每片蔟 156 孔的方格蔟 200~220 片或 18 个峰的塑料折蔟 40~45 片，温湿计 2 支，给叶箩 2 个，切桑刀 1 把，切桑板 1 块，根据蚕室面积配制加温用煤炉或加温补湿器1个，水桶（或缸）2个，消毒用和打药用喷雾器各1台，另外备好蚕筷、鹅毛、刷子、扫把、补湿盆、补湿布、收蚁纸（或网）等物资。

2. 消毒防病药物的准备

漂白粉（含有效氯25%以上）2.5千克，新鲜石灰（生石灰）20千克，硫黄1~1.5千克，烧制焦糠15~20千克，大、小蚕防病1号各1包，灭蚕蝇2盒，蜕皮激素1盒。

三、 桑叶的准备

养蚕前要做好桑叶产量的估产工作，做到以叶定种，叶种平衡，在充分利用桑叶而又不影响桑树生理的前提下，提高每亩桑产茧量。桑叶的估产应根据桑树品种、树龄、栽植、树型养植形式、培肥管理、气候条件、用叶时间及历年产叶量等因素综合分析。用叶量的多少，因饲养季节、桑蚕品种、饲养条件和饲育技术不同而有差异。春季每张蚕种一般需用叶650~700千克（芽叶）；夏秋季每张蚕种一般需用叶450~550千克（片叶）。

四、 劳动力安排

养蚕所需安排的劳动力，因饲养员技术熟练程度、饲养方式、饲养季节等不同而不同。稚蚕防干育，壮蚕普通育，熟练饲养员每人可负担的养蚕量一般为：1~2龄蚕期5~10张，3龄蚕期3~5张，4龄蚕期2~3张，5龄蚕期1~2张，4~5龄蚕期不包括采叶。目前推广的大蚕省力化养殖，大蚕期不除沙、只给桑叶，找人采桑叶，一个壮劳动力可以负担8~10张蚕种。

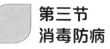

第三节
消毒防病

蚕病是蚕茧产量不稳定、茧质差的重要因素之一。能引起蚕发病的病原微生物广泛存在于蚕室、蚕具和周围环境中，在自然环境中成长的时间很长。如胃肠型脓病的病原物在蚕室内能成活 3~4 年仍有致病力，如果忽视消毒防病工作，就很容易导致蚕病发生，导致蚕茧减产，甚至绝收。因此，必须认真贯彻以防为主，防重于治的方针。切实做好蚕室蚕具及蚕体蚕座的消毒防病工作，以控制减少蚕病的发生，确保蚕作安全，使蚕茧稳产丰收。

一、养蚕前消毒防病

养蚕前消毒防病是指采用各种物理方法或化学药剂，有效地杀灭和减少环境中存在的病原，达到预防蚕病发生的工作过程。在每次养蚕前 7~10 天对蚕室、蚕具、储桑室等一切接触之物，必须在扫洗干净后方可消毒，以防病原扩散与传染。其步骤如下：

（1）扫　对养蚕的蚕室、储桑室以及周围环境等进行彻底清扫洗刷。

（2）刮　对于土地面及泥墙皮的蚕室、储桑室要刮去旧地皮 5~6 厘米厚再换上一层新地面，泥墙壁用新泥浆重抹一层新墙皮，换掉的旧土要运到远离蚕室的地方达到眼望无扬尘，手摸无灰尘，六面光八面净。

（3）洗、晒　将各种蚕具搬到流动的清水池或流动的河水里洗刷干净，特别是上次养蚕用具遗留的残桑、烂茧、病死蚕尸体一定要洗刷掉，然后放到干净的场所进行日光充分暴晒。

（4）消　蚕室四周墙壁及院内和周围地面等清扫后要用 1% 有效氯漂白粉消毒液及 2% 的石灰浆喷洒一遍。

（5）熏　用熏烟消毒剂将养蚕用具、用品放进蚕室，进行熏烟剂消毒。

（6）蒸　凡不能使用化学药剂消毒的蚕具都必须用煮沸和蒸气消毒，如大蚕网、小蚕网、蚕筷、鹅毛、收蚁纸、切桑刀等小件用具。

注意：已消过毒的蚕室、蚕具在使用前要严格管理，不得乱翻、乱动、乱进，以免被二次污染。

二、蚕室消毒面积、容积及消毒液的稀释计算方法

1. 蚕室面积的计算公式

液体消毒，有天花板的蚕室（或叫天棚）：

蚕室消毒面积 =（进深×开间 + 进深×高 + 开间×高）×2

无天花板的蚕室（屋架房）：

蚕室面积＝开间×进深＋（开间×高＋进深×高）×2＋开间×斜面长×

2＋进深×斜角高

2. 蚕室体积的计算公式（适宜熏烟消毒）

有天花板的蚕室：

$$体积（容积）＝进深×开间×高$$

无天花板的蚕室：

$$蚕室体积＝进深×高×开间＋进深×斜角高×开间÷2$$

3. 消毒药液的稀释兑水倍数计算公式

原液稀释兑水倍数公式：

$$兑水倍数＝（药剂原液浓度－目的浓度）÷目的浓度$$

原粉稀释兑水倍数公式：

$$兑水倍数＝原粉浓度÷目的浓度$$

原粉配制稀释粉剂对填充料倍数公式：

$$填充料倍数＝（原粉浓度－目的浓度）÷目的浓度$$

三、 养蚕期间的消毒防病

养蚕前蚕室、蚕具虽然已经进行过严格的消毒，但在养蚕过程中工作人员经常进出蚕室、储桑室以及使用的工具和桑叶等，都会把病原体带进蚕室，因此在蚕期还应进行蚕体蚕座消毒（表8－1）及添食药物防止蚕病的发生，建立严格的防病卫生制度。

表8－1　蚕体蚕座消毒药品使用表

药品名称	消毒对象	标准	配制与使用方法	注意事项
防病1号	病毒病、细菌病、微粒子病	1～3龄使用小蚕防病1号，撒布像薄霜一样，4～5龄用大蚕防病1号，撒布重霜一层	蚁蚕、各龄起蚕均可使用，用纱布或细箩撒布均匀，撒后停3～5分给桑，延迟除沙1天。若有蚕病发生，可每天消毒1次，直至蚕病停止，眠蚕不使用该药	1. 大、小蚕用药分开使用 2. 不能同漂白粉、新鲜石灰粉同时使用 3. 用药时不能喂水和湿桑叶 4. 剩余药品要密封保存

药品名称	消毒对象	标准	配制与使用方法	注意事项
新鲜石灰粉	病毒病、真菌病	用石灰块现粉成新鲜石灰粉	石灰兑少量水化开，待冷却后筛去粗粒，用密闭容器保存，在各龄蚕食桑时，将石灰乳均匀撒在蚕座上。发生蚕病时，在给桑前使用一次	1. 现配现用，不可久放，剩下的石灰粉要用密闭容器保存 2. 不能同防病1号混用
漂白粉防僵粉	病毒病、细菌病、真菌病	小蚕用含有效氯2%的漂白粉，大蚕用含有效氯3%的漂白粉（原粉浓度－目的浓度）÷目的浓度＝加石灰倍数	漂白粉含量为24%，配制成小蚕用药，则1份漂白粉需11份石灰粉，充分搅拌均匀；若配蚕大蚕用药，则1份石灰需7份石灰，充分搅拌均匀，使用方法同防病1号	1. 使用前一定要测定漂白粉有效氯含量 2. 一定要按大、小蚕用标准配制 3. 现配现用，撒药后不能喂湿叶 4. 一定要充分搅拌均匀，否则会出现蚕座个别地方蚕中毒现象 5. 不能同大、小蚕防病1号混用
低浓度漂白粉稀释液	病毒病、细菌病、真菌病	2~3龄及喷桑叶使用含有效氯0.3%的稀释液，4~5龄用含有效氯0.5%的稀释液	如漂白粉含量为25%，2~3龄1份漂白粉兑水82份，4~5龄兑水49份。取澄清液用喷雾器均匀喷洒在蚕体上，盛食期用0.3%稀释液喷洒桑叶	1. 在晴天中午温度高时用 2. 施药后要及时进行除沙 3. 漂白粉有效氯含量要测准确，按标准配制
硫黄熏烟	真菌病	20~25米^{2}的空间用硫黄0.5千克，兑少许大蒜皮	真菌病发生时，在喂叶前用硫黄进行密闭熏烟30分，即开窗换气	1. 蚕室要密闭 2. 时间不能超过30分 3. 每次间隔2~3天
亚迪净	病毒病、细菌病、真菌病	蚕室、蚕具使用浓度1∶25喷雾消毒	用于蚕室、蚕具消毒，加水溶解，喷雾消毒或浸渍消毒均可，也可用于叶面消毒	1. 兑水使用时，现配现用，禁止同石灰或其他碱性消毒药物混合使用 2. 消毒后保持湿润30分

养蚕期间要坚持做好四防工作，杜绝病原体接触蚕体、蚕座，避免蚕感染

发病：

1. 防止手脚带菌感染

采叶、喂蚕前和除沙、提青、拣病蚕后要用1%有效氯漂白粉液洗手。出入小蚕室、储桑室换鞋。蚕室门口铺1厘米厚新鲜石灰粉，进出蚕室脚踏石灰，石灰每天换1次。

2. 防止用具带菌感染

未消毒的蚕室不养蚕，未消毒的蚕具不能进蚕室，不能使用。采叶篓与装蚕沙篓子不混用。大蚕网、采叶篮子和防干塑料膜、蚕匾等每个眠期用1%有效氯漂白粉液消毒1次，经常用日光暴晒进行消毒。

3. 防止蚕座混育感染

蚁蚕和各龄起蚕用防病1号或漂白粉防僵粉消毒蚕体、蚕座。分批提青，及时淘汰迟眠蚕、病弱蚕；发现病蚕立即拣出，投放至1%漂白粉液内，集中到远离蚕室的地方挖穴深埋。大蚕小蚕不能同室混养，小蚕共育室不能用作上蔟室。蚕沙要远离蚕室堆积沤制。

4. 防止桑叶带菌感染

不采虫口叶、虫粪污染叶。每隔一天用1%漂白粉液对储桑室进行消毒。防止湿叶发热、发黏、干瘪，不用农药、废气污染叶，灰尘叶，泥沙沾污叶。夏秋季用带泥沙桑叶，淘洗沥干后喂蚕，高温条件下不能存放水叶以免病菌漫延桑叶使蚕发病。3龄、4龄盛食期及5龄两天后和隔天各用一次含有效氯0.3%的漂白粉液进行叶面消毒。

四、 蚕期结束后 （回山） 消毒

蚕期结束后往往有很多烂茧、病蚕尸体、脓汁、蚕粪等残留物，趁病原体还没有扩散，进行彻底的洗刷消毒，会收到事半功倍的效果。消毒方法同养蚕前一样，消毒后蚕室、蚕具封存。用过的蜈蚣蔟通过日光暴晒消毒后，放到远离蚕室的地方保存。不能再用的蔟要烧掉。塑料蔟用1%有效氯漂白粉液浸渍半小时消毒（除掉浮丝）后存放。草折蔟、方格蔟用硬刷子刷掉浮丝后，用日光暴晒后放在远离蚕室、桑园的地方，专室封存。

五、 消毒药剂及方法

1. 消毒方法

（1）蒸汽消毒　将蚕具放入蒸汽灶内用高温蒸汽杀灭病原菌的消毒方法。灶内温度100℃，保持1小时以上。

（2）煮沸消毒　把洗干净的小蚕用具（蚕网、蚕筷、盖叶布等）放入沸水中煮沸消毒，煮沸30分以上。

（3）日光消毒　将洗净的蚕具在日光下暴晒，是一种辅助消毒方法。

（4）药剂消毒　用消毒药剂喷洒、浸渍或熏烟来杀灭病原菌，是养蚕中主要的消毒方法。

2. 消毒药物的配制和使用方法

（1）漂白粉　白色粉末，价格低廉。化学名称次氯酸钙，含有效氯25%左右。对各种病原体均有杀灭作用。蚕室、蚕具消毒用含有效氯1%的漂白粉液。缺点是药效不稳，易失效，腐蚀性强。

配制方法。1%有效氯浓度用1千克漂白粉兑水24千克，配制时，将漂白粉放在盆中，先加入少量水调成糊状，再倒入消毒缸或桶中加足水量，充分搅拌，然后把缸盖上，静放12小时，取上部澄清液使用。蚕室、蚕具消毒使用1%有效氯漂白粉药液，每平方米用量为225毫升。一般进深×宽×高为7米×4米×3.3米的蚕室需用兑好的漂白粉药液25~30千克，100只蚕箔喷雾消毒需用药25~30千克。蚕匾、架子竹竿及塑料蚕蔟可以在消毒池里浸渍消毒。漂白粉药液在消毒前1~2小时配好，现配现用、当天用完；蚕房蚕具消毒宜选在阴天或早、晚时间进行，消毒后应保持半小时的湿润状态。

（2）石灰　以新鲜块状石灰化成粉后使用效果最佳，对病毒病效果较好。用于蚕室、蚕具消毒，常用浓度有1%~2%或20%两种，农村一间蚕室需用1%~2%石灰浆25~30千克，50只蚕箔喷雾消毒需用药液25~30千克。20%石灰浆用来粉刷墙壁，石灰浆消毒时应注意所用石灰粉要新鲜，最好是在使用时用生石灰现化现用；消毒时，必须一边消毒一边搅拌，防止石灰下沉；消毒后要保持半小时湿润状态。

（3）消特灵　是一种高效型蚕用消毒剂，对各种病原体有效，用于蚕室、蚕具消毒，消毒效果与漂白粉相当，但比漂白粉稳定，不易失效。消特灵配制办法是：先将主剂捏碎，用少量水搅成糊状再倒入 25 千克水，后加入辅剂精搅拌澄清 15 分即可使用。

（4）硫黄　硫黄熏烟可以彻底消灭真菌病原体。蚕室、蚕具熏烟消毒时，每间蚕室需要硫黄 0.5 千克。消毒时，将硫黄放在铁锅中，用火炉加热，使硫黄化为液体，然后将几块燃红的木炭丢在锅中，使硫黄燃烧冒烟，人立即离开，关闭门窗，一天一夜后再打开门窗，等硫黄味消失后就可养蚕。消毒时应注意：必须先对蚕室、蚕具进行充分补湿；蚕具不要堆得太高；注意防火。

3. 消毒要求

（1）蚕室消毒　先把蚕室里的蚕具搬出，将蚕室地面、四壁、天花板、门窗的灰尘扫干净，是水泥地面的要用水将地面冲洗干净，如果是泥土地面，要刮去土表面半寸以上污泥，换上干净新土，然后整平夯紧，堵塞老鼠洞；蚕室四周的阶梯也要打扫干净，清除四周杂草，疏通水沟，排除污水，蚕室外堆放过蚕沙的地方也刮去半寸表土。清理出的垃圾和刮出的污泥要运到远离蚕室的地方做堆肥，不能乱倒。蚕室打扫后，要做到无死蚕、无蚕沙、无尘，里里外外都干干净净。然后再进行药物消毒，用 1% 有效氯漂白粉药液（标准浓度消特灵液）或 1%～2% 的石灰乳在屋顶天花板、四壁、地面进行喷雾消毒 3 次，每次相隔一天左右，都要喷到开始滴水为止。喷雾消毒后，再用 20% 的石灰浆刷白四壁和天花板，泥土地面则要撒上石灰粉，一般深 × 宽 × 高为 7 米 × 4 米 × 3.3 米的蚕室要撒 5～7.5 千克石灰粉。蚕室外壁、道路、阶梯、水沟也要用药液消毒。

（2）蚕具消毒　蚕匾、蚕架、竹竿等蚕具从蚕室搬出来后，浸泡在水中，用刷子刷掉蚕具上的死蚕、污迹，洗刷干净后，在太阳下暴晒，然后放入消毒池中用 1% 有效氯漂白粉药液（标准浓度消特灵液）或 1%～2% 石灰乳各浸泡 30 分以上，再取出，滴去水滴，搬入已消毒的蚕室中阴干。如果没有消毒池，蚕箔、蚕架、蚕杆也可以用喷雾器喷洒药液消毒，喷至蚕具滴水为宜，消毒后也要放入蚕室阴干。蚕网不能用漂白粉和石灰水消毒，可先在清水中洗干净后，放入锅中煮 30 分，然后取出晒干即可使用。蚕具搬入蚕室后，用硫黄进行一次熏烟消毒。蚕前消毒应在领种前三天完成。

（3）塑料薄膜消毒

1）浸渍消毒　将塑料薄膜浸在药液中，使每张纸正反两面都直接与药液接触，不能叠在一起浸入。浸渍 30 分后取出，用消毒过的布擦去水渍或石灰。漂白粉液浸过一批后要倒掉换新液。石灰浸渍时，要经常翻动，防止石灰下沉。

2）喷洒消毒　将塑料薄膜平铺在蚕匾内或平板上，用1%漂白粉液或1%石灰乳喷洒，喷一张叠一张，使每张纸正反面均有药液接触，经30分以上，擦去水滴及石灰后使用。

六、室外育蚕地面消毒方法

室外育蚕应从上季养蚕结束后就做好清洁工作，养蚕土坑与周围场地及时打扫，残叶、废物等就地烧毁，利用日光充分暴晒，防止病菌潜伏传播。养蚕之前，场地四周需进行清洁工作，土坑、地面用石灰浆和漂白粉液进行地面喷洒消毒。经消毒后，在过道及土坑里外四周，撒一层新鲜石灰粉，即可养蚕。

七、卫生防病制度

养蚕必须建立防病卫生制度，做到"四要""四不要"。

1. "四要"

出入蚕室、储桑室，要换鞋；调桑、给桑、选蚕前后，养蚕人员要洗手，经常保持个人卫生；蚕网、蚕匾等小型蚕具，用后要经常放到阳光下暴晒；每次给桑和除沙后，要打扫清洗，经常保持室内卫生。

2. "四不要"

蚕室、储桑室内的用具不要和外面的用具混用；病蚕、选出淘汰的蚕随时投入石灰缸内，不要随地乱丢；蚕沙和垃圾不要堆放在蚕室附近，及时运走；养蚕期间，工作人员不要把带有异味物品，如樟脑丸、农药等，带进蚕室，不要在蚕室内吸烟。

八、消毒注意事项

消毒时要对症用药，配准药液浓度，药量充足。液体药剂要喷洒均匀，喷药后要保持湿润状态半小时以上。气体消毒门窗要密闭，蚕室、蚕具要喷湿。蒸汽消毒应保持100℃1小时以上，煮沸消毒要沸水煮30分以上。蚕室、蚕具要同时进行全面消毒，消毒好后封存备用。推行以自然村为单位，统一时间、统一技术指导进行彻底消毒。

第九章
桑蚕的饲养技术

　　桑蚕优质高产饲养技术的应用对提升蚕茧产量与质量有重要作用。实际养蚕时，要根据地方物候条件对蚕品种进行合理选择，原则上选择地方育种部门推介的品种，同时做好桑树种植全过程中的每一环节，强调对蚕病害的综合防治，并注意及时上蔟与采茧。另外，还要注意饲养管理、养蚕全过程消毒以及蚕病诊断问题，减少蚕病对蚕茧质量与产量的影响，从而提升养蚕经济效益。

第一节
催青

把越冬后的蚕种或经过人工孵化处理后的蚕种保护在适合蚕卵胚子发育的温、湿度环境中，使胚子健康发育直到转青、孵化的技术处理过程叫作催青（或称暖种）。

一、催青目的

活化后的蚕卵虽然在自然条件下也能发育孵化，但在自然条件下，由于温、湿度不恒定，所以不能控制在预定的适当时间收蚁，且会导致蚕卵孵化不齐，孵化出的蚁蚕体质虚弱，蚕茧产量低、质量差。通过催青工作，可以保证蚕卵在预定日期整齐孵化，并促使蚁体强健，为获得蚕茧的优质高产打下重要基础。

二、催青准备

蚕种催青是一项时间短、技术性强、细致而又繁忙的工作。

1. 催青的组织、人员及物资准备

通常催青 1 万张蚕种需要配备催青人员 8~10 人，催青人员要有一定的催青工作经验，人员应相对稳定，并明确一位催青经验丰富、责任感强的技术人员担任催青技术总指导。催青技术人员须能正确判定蚕种各个发育时期的胚胎形态，能保证各阶段蚕种胚胎顺利发育的温度、湿度、光照等环境保护要求，掌握蚕种胚胎解剖方法及决定温度、湿度和感光调节等技术。催青期间所需的各种物资（蚕架、竹竿、蚕匾、操作台、酒精灯、烧杯、显微镜、二重皿、氢氧化钾、乙醇等）必须提前备齐，并做好加温补湿、感光及解剖观察等相关设备的检修工作，确保各项工作都能正常开展。

2. 催青室的要求

（1）催青室的周围环境要求　蚕种（卵）、蚁蚕对不良气体和有害物质很敏感。蚕种接触后易引起孵化不齐或不孵化；蚁蚕接触后易影响体质，甚至使其死亡。因此，催青室应选择在交通方便、水电充足、四周空旷、周围无废气及有害物污染、环境洁净、空气清新的地方。在布置催青室时，要注意室内是否有或曾经堆放过农药、化工产品等有害物质。

（2）催青室的内部构造要求　催青室的房屋在构造上要求能保温、保湿，少受外界环境气候变化的影响，并且要便于通风换气和采光。催青室屋要南北开窗，最好有内外走廊，出入口要避免与外界直接相通。催青室的大小根据催青蚕种数量而定。1 间进深 8 米、开间 4 米、高 3.5 米左右的催青室，可容纳 8 000 ~ 10 000 张蚕种。催青室应设置温湿度控制室、蚕种解剖室、配备催青用具与物品储藏室等。

（3）催青室的消毒　消毒前先对催青室和周围环境进行打扫后，对室内外及能消毒的催青用具都应进行全面消毒。常用的消毒药剂主要有漂白粉、消特灵、新鲜石灰乳等。常用的方法有喷雾消毒、浸渍消毒和熏烟消毒等。应注意严格按照各种化学药剂的使用标准进行消毒，同时室内化学药剂消毒必须在催青前 10 天完成，并在催青前通过升温开窗，充分排除消毒药剂残留的气味和其他有毒异味。

3. 催青日期的确定

适时催青可使桑叶的成熟度与蚕的生长发育相适应，从而使各龄蚕都能吃到成熟度适当的桑叶，确保蚕的生长发育良好，能充分发挥蚕的经济性状。适时催青有利于桑叶的充分利用，确保桑树的正常生长，提高桑叶产量和质量。并能有效避免不良自然气候和病虫害对养蚕生产的影响，也便于劳动力的调配。

蚕种催青的适期是根据桑树发芽状况，同时结合当地历年出库日期和当年春蚕期气象趋势预报等综合因素确定。如河南省的豫北地区春蚕一般在 4 月中下旬出库催青；豫西南地区一般在 4 月中旬，以乔木桑呈雀口状、湖桑开展 2 ~ 3 叶为适期。豫西南地区夏蚕一般在 6 月 20 日左右，中秋蚕在 8 月上旬，晚秋蚕在 9 月上旬出库为宜；豫北地区中秋蚕、晚秋蚕稍提前为宜。总之，催青适期必须因地制宜，灵活掌握。

4. 蚕种出库及运输

用种单位按照量桑养蚕、叶种平衡的原则，根据当地的气候及桑叶生长状况，确定蚕种出库日期和数量，提前 3 天通知供种单位。领种前必须准备好催青室和蚕具。蚕种运输需用的包装箱、器具由供种单位按不同包装数量统一制作，严格消毒。领种单位必须提前做好运输途中防晒、防雨用的黑布和塑料薄膜，并严格消毒。领种时要求在蚕种冷库点清出库蚕品种、批次及数量。蚕种必须派专人专车领运，并提前严格消毒。春种在出外库保护一天后可以白天运输，防止20℃以上的温度，秋种在蚕种浸酸后第四天早、晚或夜间运输，避免反转期前后运送。蚕种在运输途中，应通风换气，防热、防闷，不得用塑料薄膜紧密包扎，以防蒸热发生死卵。蚕种包装用通气的竹木筐或纸箱，散卵盒平放。蚕种在运输、催青保护和发种过程中，应防止日晒、雨淋、受闷、受压、摩擦振动，不得接触有强烈气味的物品和化肥、农药、油类等。

三、 催青中的环境条件

目前生产上应用的二化性品种较多，这类品种与一化性品种比较，虽体质强健，但茧形较小，全茧量、茧层量较一化性为低。而二化性蚕品种在卵期给以一定的外界环境条件，其化性也能改变。生产上利用蚕的这一生理特性，在催青后期用高温感光处理，促使二化性品种形成具备一化性品种的优点，以达到好养、茧大、高产、丝多的目的。

蚕种催青主要环境条件因素是温度、湿度、空气和光线。

1. 温度

催青温度对蚕胚子的发育速度和化性变化影响最大。在适温范围内温度升高，发育加快，超过或低于温度范围，发育不齐，胚子虚弱，甚至发生催青死卵。若用15℃低温催青，经过天数延长，蚕发育不良，茧形小，茧层薄。相反若用30℃以上高温催青，胚子呼吸旺盛，代谢作用强，卵内营养物质消耗过大，虽然胚子发育快，但蚕体虚弱，对不良环境抵抗力差，对茧形、茧质也有不良影响。

催青温度对化性的影响很大。现行二化性品种在胚子发育到后期用较高温度保护，使其发生化性变化而达到茧大、产丝量多。如果在蚕卵胚子发育后期用15～24℃温度和黑暗干燥条件保护，则多数维持二化性，结茧小、丝量少。为了提高茧质，当胚子发育到后期（戊$_3$）就要升温到25～26℃的较高温度。因此，催青中温度应按照胚子不同的发育阶段进行调节，保持一定的标准。催青期家蚕胚子发育各期主要特征见图9-1。

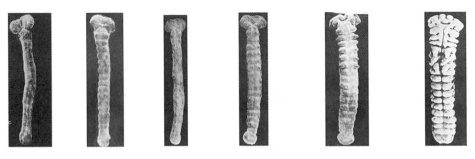

丙₁ 最长期前　丙₂ 最长期　丁₁ 肥厚期　丁₂ 突起发生期　戊₁ 突起发达期前　戊₂ 突起发达后期

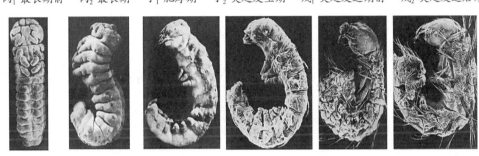

戊₃ 缩短期　己₁ 反转期　己₂ 反转终了期　己₃ 气管形成期　己₄ 点青期　己₅ 转青期

图 9-1　催青期家蚕胚子发育各期主要特征

2. 湿度

催青中湿度的高低对胚子发育的速度和蚁蚕的健康及化性的变化，虽有一定的影响，但没有温度那样显著。催青期环境多湿或过干都有害于蚕卵生理，因为蚕卵没有外界营养和水分的补充，卵内的水分随着呼吸和蒸发而逐渐减少。如果在 50%以下的过干状态下催青，卵面发散的水分激增，造成催青死卵多，蚁体瘦小，孵化显著不齐。但如果在 90%以上的多湿状态下催青，虽然孵化较齐，蚁体肥大，但较虚弱。所以，在催青中要防止过干和过湿。要使催青过程始终保持在适湿范围内。

3. 空气

催青中随着蚕卵胚子的迅速发育，呼吸量逐渐增大，尤其到催青后期，室内温度较高，蚕卵呼吸旺盛，点青期（己₄）的二氧化碳排出量增加到催青初期的 2~3 倍。空气中二氧化碳含量超过 0.5%时会产生较多的催青死卵，且蚁蚕孵化不齐，蚁体虚弱。因此，必须注意通风换气，特别在催青后期更为重要。

4. 光线

催青中的光线对蚁蚕孵化齐一和孵化时刻影响很大。如果把蚕种放在昼夜常明或常暗的环境中催青，孵化极为不齐。所以，要掌握好光线的明暗规律。同时由于光线的明暗对胚子发育速度有一定的影响，在催青开始到点青期（己$_4$）明比暗胚子发育快；在点青期（己$_4$）到催青末期，暗比明发育快；黑暗对蚁蚕的孵化有抑制作用。因此，生产上利用这一规律，当30%～40%的蚕卵胚子发育到转青（己$_5$）时，进行遮光黑暗保护，使胚子个体间有一个调整快慢的过程，到收蚁当天早晨进行感光，就能使蚁蚕孵化齐。

四、 春季蚕种催青

1. 催青天数

根据蚕品种催青所需积温以及用种季节的不同，确定催青天数在9～12天为宜。

2. 催青中的技术处理

（1）点收蚕种 蚕种领到催青室后，应立即点收，按品种、制种场别、批次和制种日期等分别整理和清点张数，把平附种插入蚕种架，散卵轻轻摇平，放在催青筐内，插入催青架，并粘贴标签，标明品种、场别、批次、出库时间等以便查对。

（2）解剖蚕卵 蚕种到达催青室，立即按蚕种品种、场别批次、用种日期不同分别进行解剖，了解各品种胚子发育程度，根据胚子发育快慢程度，放入上下不同的蚕架里。发育快的蚕种放在下层；反之，放入上层，或分室催青，达到发育快慢一致。以后每天8：00～9：00解剖一次，以便掌握胚子发育整齐度，及时调节和预测孵化日期。

1）药液配制 一般用氢氧化钾配制15%～20%的溶液。即称取氢氧化钾15克或20克溶于85毫升或80毫升水中［反转期（己$_1$）前用20%浓度，反转期（己$_1$）后用15%浓度］。

2）煮液 将溶液加温煮沸，随即移开热源。

3）浸卵 散卵取蚕卵20～30粒，可用纱布包好（平附种连同纸撕下），将煮沸溶液离开火源，停止翻滚时立即将蚕卵侵入药液中轻轻晃动，约10秒时，蚕卵呈赤豆色时，即刻取出投入温水中洗清溶液脱去碱液，然后将蚕卵放入盛有清水的二重皿中，用吸管吸水冲击蚕卵，胚子即可脱卵而出。分离出来的胚子用吸管吸出放在载玻片上，并少带一点水，即可用60～100倍显微镜观察胚子发育程度。家蚕胚子发育各期主要特征见图9-1。

3. 调节温湿度

每天上午解剖蚕卵以后，根据胚子发育情况决定升温标准，掌握在10：00升温，平均每隔10~15分观察温湿度1次，每小时记载1次（室内外温湿度同时记载）。春季蚕种催青大多数已采用电加温补湿，但也有用火炉或火缸加温的。用火炉或火缸加温往往湿度不够，需用悬挂湿布、水盆加热、墙壁四周喷水等方法补湿，使室内达到所需湿度。催青温湿度标准见表9-1。

表9-1　现行二化性一代杂交种催青技术标准

催青日期	胚子发育阶段	胚子记号	目的温度（℃）	干湿温差（℃）	光线	换气
出库	最长期前	丙$_1$	15.5~17	1.5	自然光线	每天换气2次，每次15分
第一天	最长期	丙$_2$	20	2		
第二天	肥厚期	丁$_1$	22	2.5		
第三天	突起发生至发达前期	丁$_2$~戊$_1$	22	2.5		
第四天	突起发达后期	戊$_2$	24	2.5		
第五天	缩短期	戊$_3$	25.5	2	每天感光18小时	每天换气4次，每次20分
第六天	反转期	己$_1$	25.5	2		
第七天	反转终了期	己$_2$	25.5	2		
第八天	器官形成期	己$_3$	25.5	1.5		
第九天	点青期	己$_4$	25.5~26	1.5	20%~30%点青时全天黑暗	
第十天	转青期	己$_5$	25.5~26	1.5		
第十一天	控制在转青期	己$_5$	25	1.5		
第十二天	孵化		26	1.5~2	收蚁当天5：00感光	

4. 调种和摇卵

因为催青室各部位的温度不完全一致，必须调换蚕种位置，每天上、下午各一次，进行内外、上下、左右调换。为避免混乱，事先做好调种计划，有次序地进行。必要时还须按照品种、批次、胚子发育情况等灵活调整。在调种的同时进行摇卵，按"侧、平、推"的方法轻轻摇动，使卵粒碰撞轻、震动小而达到蚕卵在盒内分布均匀。胚子到达己$_4$不再摇卵，以防震动过剧，影响蚕体质。

5. 换气

为保持催青室内空气新鲜，要进行换气，在戊$_2$胚子前，每天上、下午各换一次，戊$_3$胚子（缩短期）以后，每天 4 次。换气时间以内外温差最小的时候进行为好，以免温度激变。换气时开放门窗，促使空气对流。如室外温度过低时，可事先升高室温，以防止因换气而使温度下降。

6. 防病卫生

催青室要保持室内外清洁卫生，做到入室换鞋，室内禁烟，尤其催青室内外，不能放置农药，防止蚕卵中毒。即使不在催青期，催青室也不能存放农药，以防残留农药难以消毒使蚕卵中毒。

7. 孵化日期的预测

当蚕种催青到转青（己$_5$）或见苗蚁时，便要把蚕种分发到各养蚕单位。为使各养蚕单位做好收蚁和养蚕准备，在发种前 2 ~ 3 天发出领种通知。发种日期的预测方法：在标准温度下催青，从胚子缩短期（戊$_2$）开始到见点（己$_4$）需要经过 5 天，见点（己$_4$）后 2 天大批收蚁；从蚕卵外表观察，在胚子到达己$_4$ 时，透过卵壳显出头部黑色（点青期），然后卵色逐渐转青，待全部转齐后（或见少数苗蚁），过一天将大批孵化。

8. 发种

发种适期一般掌握在蚕卵转青齐或略见苗蚁，对路途远的单位可适当提前。在发种之前必须仔细做好准备工作。按照养蚕生产计划配发蚕种。在发种前 3 天便须通知养蚕单位准备领种。发种前一天，按各单位需要蚕种数量分别放置，贴好标签，准备发种。发种前几小时催青室可逐渐降温到与外界温度接近，以免温度激变，影响蚁蚕体质。春季低温，宜在 10：00 左右，气温上升后发种，不能在清晨、傍晚低温时发种，以免种接触低温孵化不齐。

五、 夏秋期蚕种催青

夏秋蚕种经过复式冷藏，及时浸酸或冷藏浸酸到孵化为止，这一时期内保护过程为催青过程。催青卵对高温干燥等不良环境抵抗力弱，而夏秋季气候变化很大，温、湿度常超出催青标准，使胚子发育不良，造成孵化不齐，蚁体虚弱，甚至发生转青死卵。因此，要切实做好催青工作。浸酸干燥后的蚕种，可在 24 ~ 27℃的温度和 75% ~ 85% 的相对湿度内催青（夏秋期蚕种催青技术标准见表 9 - 2）。前期温度可偏低，后期不妨略高，但以不超过 28℃为好。在温度过高时，应注意做好防暑降温工作，在没有专用催青室的情况下，宜选择阴凉房屋，四周搭凉棚遮阴，室内放置冰块，屋面铺稻草，清晨在室外四周喷水或提前关窗。午间高温干燥，可结合补湿工作降低温度。有条件的催青室可安装空调，用空调降温注意不要冷风直吹蚕种，要有缓冲设备。内外温差大时，注意补湿，防止催青室过于干燥，胚子虚弱，孵化不齐，蚁体瘦小，则转青死卵增加。也可建造半地下室，可有效防止高温，以保护夏秋蚕种。

表9-2　夏秋期蚕种催青技术标准

日数	目的温度 （℃）	干湿温差 （℃）	光线	备注
胚子在缩短前期 （戊$_3$）	24	2.5	自然光	尽量避免接触 29℃以上高温
缩短期至转青期 （己$_5$）	25.5～26	1.5～2	每天人工感光6小时	

夏秋季蚕种催青后期，如遇24℃以下温度时，要注意及时补温，以防胚子发育不齐。在多湿闷热时，可在室内放置石灰（块灰）吸湿，也可用风扇吹动气流，减轻高温多湿危害。为保持空气新鲜，早晚要开窗换气。催青室内要光线均匀，防止日光直射。

夏秋季蚕种发育较快，发种仍以掌握转青卵（己$_5$）为原则，但应较春期适当偏早，并在早晚气温较低时发种为宜，做到快装快运，运输途中严防高温。到饲育地点后要及时摊开蚕种防止闷热。其他技术处理基本上与春蚕期催青相仿。

六、　催青注意事项

催青开始前10天，催青室及用具要洗刷干净并进行彻底消毒。蚕种进入催青室前，室内消毒药味要排除干净。

蚕种出库时，要在外库以15℃保护1～2天后才能运走。运输途中免接触高、低温冲击及有毒有害物质和有害气味，特别是夏秋季节运输要严防遭遇高温，并注意通风透气和保持适当的温度。

蚕种运到催青室后，应立即清点种数，将种盒分开散放，随即解剖蚕卵，检查胚子发育情况，要注意是否达到丙$_2$胚子，没有达到丙$_2$胚子时不能升温，一般应保持在17℃温度中，待达到丙$_2$胚子时，才能温度升到20℃，以后每天

8：00~9：00 解剖胚子，根据胚子发育阶段，按催青升温表调节目的温湿度，每隔半小时看一次温湿度，每小时记录一次。

注意观察胚子，戊$_3$胚子是催青发育上的重要阶段，须用较高温度保护且每天感光要达 18 小时（除自然光线外人工感光 6 小时）。过早进入高温影响后期胚子发育不齐，过迟转入高温和感光则影响化性，影响产茧量及茧质。要密切注意己$_5$胚子即转青卵，应掌握遮光黑暗的适期，达到己$_4$（即见点期）就决定发种日期。

发种日期以转青期为好，但可根据领种单位的路程酌情提前或延后。在发种前 2~3 小时，催青室温度逐渐降到 24℃，使其接近外温（春、晚秋期），以免蚕卵骤然感受低温，而影响孵化齐一。领种包装用具必须清洗消毒，领种时蚕种要放平，不可堆叠过高，途中要防止雨淋、日晒、干燥，防止接触有毒有害气体，防止强烈振动。

春期催青开始后如遇气温突变，温度下降，桑叶生长缓慢或霜害等特殊情况，必须延迟收蚁，可根据胚子发育程度采取适当的应急措施：改变催青温度，当胚子发育尚未达到戊$_3$（缩短期），如发现催青偏早，可不再升温，保持原温度不变，能使孵化日期稍有推迟。若催青胚子还在戊$_1$前，可在 5℃中抑制 10~15天，假如胚子已发育到戊$_3$（缩短期）则应按标准温、湿度继续催青，待胚子发育到转青或见苗蚁时，再行冷藏抑制。转青卵冷藏掌握在蚕种全部转青，且有苗蚁时进行，冷藏温度 3~5℃，冷藏时间控制在 7 天以内。蚁蚕冷藏的时间根据冷藏的温度而不同。15.5℃冷藏时间不超过 2 天，10℃冷藏不超过 3 天。经过冷藏的蚕种或蚁蚕出库，应经过 5~6 小时的中间温度，然后逐步升到目的温度。

加温火源用火缸、火盆（即用木炭做燃料），或用电加热器，最好用地火龙炕房，不能用煤火炉。戊$_3$胚子后的人工感光可用 15~40 瓦灯泡，光源亮度以看清报纸小字即可，光源应离蚕种 1 米以上。

夏秋期催青技术要求掌握好 3 个胚子阶段，即丙$_2$胚子、戊$_3$胚子和己$_5$胚子在戊$_3$（缩短期）前，温度应控制在 24℃左右，戊$_3$胚子后至转青期（己$_5$）温度应控制在 26℃。夏秋季蚕种催青应尽量避免接触 29℃以上高温。夏秋季蚕卵胚子发育快，催青时间短，正常气温下，自浸酸起 8~9 天即可孵化。发放夏秋蚕种应在 19：00 后进行，领种时注意通风换气和补湿工作。

催青室内外应随时随地保持清洁卫生，做到换鞋入室，杜绝病源传染。室内禁止吸烟或带入异香怪味，更不能放置农药和有害物质，严防中毒。

第二节
补催青与收蚁

一、补催青

蚕农把蚕种领到蚕室后要继续保护在一定的温、湿度等条件下进行补充催青，才能确保蚕种正常发育，孵化齐一。具体做法如下。

1. 预处理

补催青室一般利用小蚕饲养室，必须具有良好的调节温湿度的设备和条件，并能确保温、湿度稳定和遮光。补催青室用具应在蚕种到达 3～5 天前做好消毒，补催青室应在蚕种到达前 1 天晚上将温度升到 21℃，干湿温差保持 2℃。用黑红布将补催青室的门、窗遮挡起来进行黑暗保护。待蚕种到达后，立即将蚕种摆放在催青架或蚕匾内，并按每小时升高 0.5～1℃ 的速度将室内温度升到 25.5℃，干湿温差保持 1～1.5℃。若发现胚子发育不齐，可在点青期（己₄）将蚕种放进补催青室内，同时将温度保持在 24℃，加大湿度，干湿温差保持在 0.5～1℃ 的环境中保护一天，到第二天晚上再将温度升到 25.5℃，干湿温差保持 1～1.5℃，收蚁当天 5：00 感光，便会孵化齐一。

2. 黑暗保护

为了促使蚕种孵化齐一，提高实用孵化率，要对蚕种进行黑暗保护。黑暗保护的时间长短要视胚子发育程度而定。若发种当日胚子全部转青，蚕种入室后立即装入收蚁袋，于 18：00 左右进行黑暗保护。共育室一般用黑红布将蚕室的门、窗全部遮挡起来进行黑暗保护；若蚕种分发给养蚕户，可在蚕匾内铺 2～3 层黑布，上放收蚁袋（若需叠摆摆放，只限 3～5 层。并且层与层间摆放消过毒的筷子，以利通气），再用匾反扣盖严，反扣匾的上面用黑布盖严。没有收蚁袋的可以用干净的白纸进行包种，用鹅毛将蚕卵均匀摊平，然后在卵面上覆盖 1 只与卵面积相仿的压卵网（小蚕网），白纸对折，将其他三边向上叠起，用曲别针别好。每张蚕种包种面积约 20 厘米 ×30 厘米，将包好的蚕种放在铺有塑料薄膜的蚕匾内，再在蚕匾上覆盖 1 只蚕匾，上面覆盖湿黑布进行黑暗保种（注意防止有水滴），如果室内温度难以保证，可把蚕匾放在盛大半盆水（水温 25.5℃）的水盆上。以上所用物品均要消毒。到第三天 5：00 感光，黑暗保护时间 36 小时。室内的温湿度应控制为蚕种入室当天 18：00 降温，保持 23～24℃、干湿温差 1.5℃。第二天 18：00 再升温，保持 25.5℃、干湿温差 1～1.5℃。

如果蚕种发育不齐，转青、点青胚子都有，也要当天 18：00 进行黑暗保护，要到第四天 5：00 感光，延长一天收蚁，黑暗时间为 60 小时，一次收蚁成功。第三天下午将温度保持 25.5℃、干湿温差 1～1.5℃。蚕种在黑暗中，要绝对避光，否则，会使发育快的蚕种见光孵化，造成饿蚕，诱发蚕病。

二、收蚁

收蚁是整个饲养工作的开始，处理好坏将直接影响到蚕茧的产量、质量及以后的饲养技术处理。收蚁工作技术性强，时间比较紧，工作集中，事先必须做好充分准备，否则容易造成蚁蚕长时间饥饿、体质虚弱，给以后的技术处理造成不必要的麻烦。

1. 收蚁前的物品准备

收蚁时间短、工序多、任务重，所有用具物品事先均须准备齐全且严格消毒，收蚁物品主要有蚕匾、蚕座纸、蚕筷、鹅毛、收蚁网、塑料膜、采桑筐、切桑刀、切桑板、焦糠、小蚕防病 1 号或石灰粉等。

2. 收蚁用叶的准备

在收蚁的前一天 16：00 以后，要及时做好收蚁用叶准备工作。刚孵化的蚁蚕口器比较嫩，容易损伤，因此要慎重选择好收蚁当日用桑叶。收蚁当日用桑叶的标准是含水量在 78%～80%，适熟偏嫩，叶色黄中带绿，叶面略皱，桑叶展平，稍有光泽。一般春蚕采新梢自上而下第二片叶（最大叶上 1 叶）为宜；夏蚕采春伐桑第二片或第三片叶，或夏伐桑新梢下部叶；秋蚕采枝条顶端第二或第三位的桑叶作为收蚁用叶。采叶量为蚁量的 20 倍。不要采带有虫口叶、老叶和被其他昆虫粪便及农药污染的桑叶，若在阴雨天采叶或采带露水的桑叶，要用消过毒的粗白布擦干净桑叶表面的水分及灰尘。收蚁时，按蚁量 5 倍将桑叶切成蚕体长 1.5～2 倍小方块备用。

3. 收蚁时蚕室温、湿度的调节

收蚁前应调节好蚕室内温、湿度，为了防止蚁蚕四处逸散，消耗体力，避免收蚁处理的麻烦。收蚁时宜将温度调到 24℃、干湿温差调为 2 ~ 2.5℃。待收蚁结束后，再将温、湿度升至饲养 1 龄蚕时的温、湿度，即温度 27 ~ 28℃，干湿温差 1 ~ 1.5℃。

4. 蚕种感光

蚕种感光，即在预定收蚁当天 5：00 ~ 6：00，揭开覆盖在蚕种上的黑布，感光前应扫去苗蚁，把收蚁袋的白棉纸面朝上，一张一张平铺在蚕匾内；然后开灯让蚕种感受到光线，蚕种与灯光的距离即蚕种斜视距离 1 ~ 1.5 米，光线以能看清报纸内容为宜。不用收蚁袋装的散卵也要揭开覆盖物，先要动作轻快把散卵盒装的卵粒倒入铺有白纸的蚕匾中，待全部倒出，再将卵粒单个均匀铺平，每张蚕种摊成 25 ~ 35 厘米见方的面积，然后盖上收蚁网，以防卵粒滚动。在光照下，蚁蚕会争相破壳而孵化。通过以上技术处理，蚁蚕孵化齐一，小蚕发育整齐，蚕体健康好养。

5. 收蚁时间

待蚁蚕孵化后，经 1 小时左右，开始有食欲，爬行寻食。夏秋期孵化宜偏早，春期和晚秋期宜稍迟。通常情况下在盛孵化后 2 ~ 3 小时就可收蚁，收蚁工作最好在当天 10：00 前结束，有利于控制日眠。一般春季 8：00 前后开始收蚁，夏季因气温高，以 7：00 左右开始收蚁为好。收蚁前后时间不能超过 2 小时。

6. 收蚁方法

当前生产上对散卵种主要有收蚁袋收蚁法、纸引法、叶引法、网收法等。

（1）收蚁袋收蚁法（图 9 - 2） 该法具有收蚁不撒卵、不丢卵、不逸散损失蚁蚕，提高保苗率、增加收茧量、简化收蚁工序、缩短收蚁时间等优点。其方法如下：

在蚕种催青发育至点青卵或转青卵时发种。将平附收蚁袋跟随蚕种同时发到农民手中，蚕种数量不多时，可在催青室中将蚕种装袋。在黑暗处理前将蚕卵沿收蚁袋装卵口，慢慢倒入收蚁袋内，再用蚕筷光滑一端滑压紧封口，将收蚁袋边缘胶带压实密封，然后两手端平轻轻摇匀，听无蚕卵滚动响声时，即为蚕卵已全部黏附在收蚁袋的黑底纸上，随即将收蚁袋黑面朝上放入蚕匾内或悬挂于共育室内，进行黑暗（遮光）处理。在收蚁当天 5：00 ~ 6：00，将收蚁袋白面朝上进行感光。收蚁时，将桑叶切成韭菜叶宽，均匀稀撒在收蚁袋白纸上，15～20分后，把引桑倒掉，用毛笔蘸水或用清洁海绵、布头滋润涂在收蚁袋四边的胶带黑线上，待胶带湿润后轻轻揭开棉纸上四周黏合处，即可揭开棉纸，将带蚁蚕的棉纸的一面朝上平放于另一只铺有塑料薄膜的蚕匾中，随即用小蚕防病1号或2%有效氯漂白粉防僵粉或新鲜石灰粉进行蚁体消毒5～10分，薄撒一次桑，然后用鹅毛整理蚕座后盖上塑料薄膜。待整个共育室所有蚕种全部收蚁完毕，再给第二次桑，然后再整理、定座、盖塑料薄膜。

图9-2　收蚁袋收蚁

如果黏附蚕卵的黑面纸上剩有蚕时，可用桑叶将蚕引下。蚕卵发育不齐，一天收不完时，可在原收蚁袋黑纸上再包一张棉纸或稿纸沿四周压封，进行黑暗保护，待第二天采用同样方法收蚁，两天收蚁的蚕不能混养，第二天收蚁的蚕要放在蚕室蚕架的上方。

（2）纸引法　此法适用于散卵及平附种收蚁。蚕种孵化后用稍大于蚕卵摊放面积的棉纸盖在蚁蚕上，棉纸上撒切碎的桑叶，经15～20分，蚁蚕嗅到桑叶的气味，即爬上纸背，随后揭起棉纸，倒去桑叶，蚁蚕朝上放于铺好塑料膜和蚕座纸的蚕匾内，其他处理与平附收蚁袋收蚁法相同。

（3）叶引法　此法适用于平附种收蚁。可以把切好的桑叶撒在蚕座纸上，整理后，其面积略大于平附种的卵面积。将蚕种纸面向下，放在桑叶上，蚁蚕爬到桑叶后，即可揭开蚕种纸。也可以把切好的桑叶直接撒在蚕种纸上，10～20分，蚁蚕爬上桑叶后连叶带蚕翻倒在蚕座上，匀座、整座、定座。

（4）网收法　此法适用于散卵进行收蚁。收蚁时，先用小蚕防病1号或2%

新鲜石灰粉进行蚁蚕蚕体消毒 5~10 分，在原来压卵网上再盖一只 1 龄的小蚕网，将蚕网覆罩在蚁座上，然后在网上稀撒一层比蚕网孔稍大（大小为蚁蚕体长的 1.5~2 倍见方）的小方块桑叶，经 10~20 分后，蚁蚕爬上蚕网，然后把上面的一只蚕网提到另一只铺好塑料膜或蚕座纸的蚕匾内，即可整理、定座，一般定座面积长×宽为 40 厘米×33 厘米，然后给桑，盖上塑料膜，给桑 2~3 次后除网、定座。未孵化的蚕卵吹去空壳，合并包种黑暗保护，进行补催青，待第二天再行收蚁，分批饲养。

三、 收蚁注意事项

收蚁是一项重要工作，务必认真、仔细做好，在操作中动作要快而轻巧，不损伤，不遗失蚁蚕，并能同时就食。给桑要适熟偏嫩，蚕座撒叶要薄而匀，蚕座方正而蚕头稀密匀整，不使蚕受饥，也不受堆积残桑之压。不伤未孵化的蚕卵。一次孵化不齐时则将未孵化的蚕卵继续包种黑暗保护，翌日再行收蚁，单独饲养，切忌和前天收蚁之蚕混养。第二天收蚁的蚕要放在前天收蚁蚕的上部架上，用偏嫩叶每天多给一次桑，到 3 龄就能赶上前一天收蚁的蚕。

第三节
春蚕饲养技术

桑蚕在同 1 龄期中的生长发育过程，由于食欲程度和体态的变化可分为 4 个时期，即少食期、盛食期、催眠期（减食期）、眠期。

少食期：1 龄从孵化到疏毛期，体色转淡，2~5 龄在蜕皮后 1 天左右，食桑量较少。给桑 1~1.5 层为宜。

盛食期：体色转青白有光，体躯伸长，皮肤皱褶消失。食桑量逐渐转入旺盛，给桑 2~2.5 层。

催眠期（减食期）：1~4 龄末期，体色黄白，皮肤紧张有光，食量减少，吐丝就眠叫催眠期。5 龄后期，体躯缩短，1~5 环节细小，6~7 环节腹面透明。

都要少给桑叶，但不能使之饥饿而造成饿眠。

眠期：也称绝食期，此时蚕不食、不动，头胸昂起而静止，隔 3 ~ 4 小时，在前胸背面旧头部的上面出现三角形灰褐色新头部，成为眠蚕。

眠起后第一次给桑称饷食。自饷食至止桑称食桑期，自止桑停食至下一龄饷食前称眠期。自蚕孵化到结茧的经过日数称全龄期日数。

一、春蚕期特点

1. 气候

春蚕饲养大都在 4 月下旬至 5 月上旬，各地区的气候和桑树发育情况有早有迟。这一时期的气候温和，叶质好，适宜蚕生长发育，特别适合饲养多丝量桑蚕品种，以期获得优质高产蚕茧。因此，一般春蚕期饲养量较多。

2. 桑叶

春蚕期桑叶是由上年枝条上的冬芽所萌发。4 月下旬至 5 月初，春蚕收蚁，就能采到适熟桑叶。随着蚕龄期发育，桑叶渐趋成熟。至 2 龄选采枝条上部的软嫩叶片，3 ~ 4 龄用止心芽叶，5 龄期陆续夏伐，供给大量用叶。这样，各龄蚕一般都能获得适熟桑叶，只要催青期掌握适当，可以避免桑叶偏老偏嫩的情况出现。

二、小蚕饲养

小蚕体质强健，对不良环境和病原菌抵抗力强，蚕作安全，保证了头数。因此养好小蚕是取得丰收的关键。

1. 小蚕的生理特性

（1）小蚕生长发育快　小蚕的生长速度比大蚕快得多，特别是 1 龄生长最快。就体重而言，1 龄增长 16 倍，2 龄、3 龄各增加 6 倍，4 龄、5 龄分别增加 4 ~ 5 倍。因此，小蚕对桑叶的质量要求很高，需要含水分较多、蛋白质丰富、碳水化合物适量且老嫩一致的适熟桑叶，充分饱食，才能满足小蚕迅速成长的营养需要。同时，小蚕发育经过快，蚕体增加倍数大，要经常及时匀座和超前扩座，避免食桑不足。

（2）小蚕对高温多湿及二氧化碳适应性强　小蚕与大蚕相比，单位体重的体表面积大，散热面积也相对大，易使体温下降；小蚕皮肤的蜡质层薄，气门对体躯的比率大，蚕体水分容易散发。由于小蚕蚕体细小，呼吸量小，对二氧化碳的抵抗力强，只需适当换气，所以采用塑料薄膜覆盖，让蚕在高温高湿环境下饲育，可使蚕食桑活泼，发育齐一，蚕体强健，茧质优良。

（3）小蚕就眠快，眠期短　小蚕蚕体细小，操作不便，蚕移动距离小，食桑时间短，对桑叶的感知范围较小，且还具有趋光、趋密性强等特性。因此，小蚕加眠网要宁早勿迟，给桑要精细，力求均匀，桑叶要保持新鲜，注意及时扩座、匀座，保持室内光线均匀，促使蚕食桑充足，发育齐一。

（4）小蚕对病原微生物及有害物质的抵抗力弱　蚕龄期越小，对病原及有毒气体和农药的抵抗力越弱。有研究证明，如对空头性软化病病毒的抵抗力，若以 1 龄为 1 倍，则 2 龄为 1.5 倍、3 龄为 3 倍、4 龄为 13 倍、5 龄为 10 000 ~ 15 000 倍，可见差距之大，若小蚕期感染蚕病，易导致大蚕期病害暴发。因此，一定要避免小蚕接触有害物质，加强对小蚕的蚕体、蚕座及用具的消毒工作。

2. 小蚕的饲养形式

（1）塑料薄膜覆盖（防干）育　养蚕用的塑料薄膜应是聚乙烯塑料制成，使用的方法是：收蚁前将塑料薄膜垫在蚕匾里，在薄膜上收蚁、定座、给桑后，再在蚕座上盖一张塑料薄膜，使其密闭，每次给桑前 20 ~ 30 分揭开上面盖的塑料薄膜，进行扩座、匀座和给桑等技术处理。如遇阴雨天气揭薄膜的时间，可适当提前一点，干燥时要适当推迟。不同龄期塑料薄膜的使用方法不同，一般 1 ~ 2 龄上盖下垫，称为"全防干育"，3 龄只盖不垫，称为"半防干育"。蚕进入眠期后要将上面盖的塑料薄膜揭去，促使蚕座干燥，有利于提高蚕的体质，促进整齐发育。采用塑料薄膜覆盖育，桑叶保鲜效果好，一般每天给桑 2 ~ 3 次即可。眠中要将用过的塑料薄膜及时洗干净，再用含 1% 有效氯消毒药品进行液体消毒，晾干备用。

（2）防干纸覆盖育　防干纸覆盖育方法和塑料薄膜覆盖育相同。防干纸的制造方法：防干纸是用轻磅牛皮纸涂上石蜡制作而成。先将石蜡放到铁锅等容器内，加热融化，然后把白铁皮放在火缸或煤炉上烧热，把牛皮纸平铺在白铁皮上面，用纱布包棉花团蘸取石蜡，均匀地涂在牛皮纸上即成。250 克石蜡约可涂制防干纸 30 张。

（3）炕床、炕房育

1）养蚕前的准备　首先彻底打扫炕房内外环境卫生，堵塞鼠洞、蚁穴，粉刷墙壁，所铺黄沙要淘洗晒干后再铺好，然后将洗净晒干的蚕具插入蚕架内一起消毒。为掌握炕内温度变化规律，在养蚕前几天要进行试烧，进一步检查地火龙、火管有无漏烟现象，以免养蚕期间发生问题，造成损失。

2）技术处理要点

第一，炕床（房）湿度较大，为防止僵病发生，收蚁及各龄饲食必须要用防僵粉进行蚕体、蚕座消毒。

第二，可用煤或柴草做燃料加温，但要注意温度变化，烧到低于目的温度 1~1.5℃时就可停火，避免温度过高。

第三，掌握给桑量：每昼夜给桑 3~4 次，由于给桑次数少，炕内温度高，给桑量要适当，防止蚕吃不饱。也要防止残桑过多，蚕啃食凋萎桑叶，影响体质。切桑大小要以蚕体长的 1.5~2 倍为标准。在气候干燥时为防止桑叶萎凋，收蚁好后采用塑料薄膜覆盖育。由于蚕发育较快，必须选用营养丰富的适热叶。为了保持桑叶新鲜，应注意合理储桑。

第四，超前扩座和除沙：因蚕发育迅速，必须超前扩座，防止蚕座蚕过密。每天上下午各扩座一次，每次给桑前要匀座。因炕内上下层和左右温度稍有差异，要结合给桑经常进行调动蚕匾位置。一般 1 龄不眠除，2~3 龄起除、眠除各一次。

第五，眠起处理：因给桑间隙时间长，蚕发育快。因此，要注意提早加眠网，一般见少数蚕体发亮时就加眠网。分批提青要及时，防止眠期蚕沙过厚。各龄眠中温度要比龄中降低 0.5~1℃，此时停止补湿，适当开放门窗换气，起蚕后蚕室不能过干。饲食要适时。

第六，补湿和换气：补湿一般在给桑、打扫过卫生后再进行，用水壶或喷雾器喷湿黄沙，收蚁当天掌握干湿温差 0.5℃。换气结合给桑进行，1~2 龄在给桑前适当开放窗户，3 龄蚕室内蚕匾容量多，窗户要经常开放。

（4）塑料薄膜围台育 塑料薄膜围台育是用聚乙烯薄膜，在蚕室内将蚕架前后左右及上方围成围帐，围帐内加温补湿，给桑时开启薄膜门帘，抽出蚕匾给桑的饲养形式。这种形式既可保温保湿，也可节省加温的燃料。同时蚕农可以避免在高温多湿中进行饲养技术操作，减轻劳动强度。

目前，河南省蚕桑主产区的小蚕共育室已经开始在炕床、炕房育的基础上改用自控电加温补湿技术，小型共育户在塑料薄膜围台育的基础上开发了自控电加温补湿塑料饲育箱（柜），进一步提高了小蚕饲育质量与效率。

3. 小蚕的饲养技术

（1）气候环境的调节

1）温湿度调节　1龄适宜温度27～28℃，干湿温差0.5～1℃；2龄适宜温度26～27℃，干湿温差1～1.5℃；3龄适宜温度25～26℃，干湿温差1.5～2℃，各龄眠中温度比龄中温度应降低0.5～1℃，干湿温差保持1.5～2℃。眠的前期（就眠到开始蜕皮）相对湿度应稍干，眠的后期（开始蜕皮到饷食）相对湿度应稍大。春季饲养小蚕时，大都在小蚕室内加温饲养，才能达到蚕生理发育的要求，可用火盆、煤火炉、地火龙、电加热等方法进行加温，同时应注意补湿，通过洒水或挂湿布，结合蚕室地面消毒喷漂白粉溶液等，有条件的最好利用自控电加温补湿器进行加温补湿。由于蚕架上下或炕床各部位的温度稍有不同，每天应上下、左右调换蚕匾一次，使蚕感温均匀，发育趋于一致。

蚕室小气候的调节，要根据蚕的不同发育时期及不同季节有重点地进行调节。春蚕期常遇低温干燥环境，不能满足蚕对温湿度的要求，调节的重点是室内升温补湿。夏秋蚕期，主要是防止环境高温多湿。蚕室四周搭凉棚加强通风换气，如遇高温干燥天气，可在室内喷水挂湿布等，以补湿、降温。蚕期应避免30℃以上高温对蚕的影响。

2）空气调节　每天要结合给桑，打开门窗加强换气，保持空气新鲜。1～2龄每天定时换气1～2次，3龄3～4次。每次喂叶前打开薄膜换气20～30分，喂蚕后盖上。

3）光线调节　针对小蚕有趋光性、趋密性较强的特点，蚕室内应保持光线明暗均匀，防止阳光直射蚕座，并注意蚕室的蚕匾内外调节。

（2）桑叶的采摘与储藏

1）各龄选叶标准　小蚕用桑的叶质好坏，对小蚕期以及整个幼虫期各龄的健康程度、发育状况、发病率、蚕茧质量等都有直接的影响。因此，对小蚕用叶的选择应特别重视。用叶过老，易损伤小蚕的口器，小蚕食桑困难，单位时间内食下量少，经常处于饥饿或半饥饿状态，致使蚕体瘦小，容易造成发育不齐；用叶过嫩，桑叶含水分和有机酸多，使蚕体虽肥大但体质虚弱。小蚕选叶应以叶色为主，叶位为辅，根据各龄对桑叶成熟度的要求进行选叶。收蚁当天应选用叶色黄中带绿偏嫩的第二位叶，手触柔软，桑叶展平，稍有光泽。收蚁第二天至第三天，应选用叶色黄中带绿的第二至第三位叶，手触柔软，桑叶有光泽。2 龄蚕应选择叶色浅绿的第三至第四位叶，叶质较柔软，光泽较强。3 龄蚕春季应选用叶色深绿的第五至第六位叶或"三眼叶"，夏蚕选用疏芽叶，秋蚕选用第五位叶以下，叶片光泽强。不采泥沙叶、虫口叶以及被污染的不良桑叶。如雨水较多，桑树生长旺盛，叶位可根据具体情况往下移一位；气候干旱，桑树生长缓慢，桑叶含水量少且易硬化，小蚕选叶叶位可适当向上移一位。

2）采叶时间　每天采叶 2 次，早晨采叶，中午和下午喂；傍晚采叶，夜间和第二天清晨喂。上午宜在露水干后至 11：00 前采摘，下午应在傍晚阳光较弱、温度较低时进行采叶，不采带雨水和露水的桑叶及高温日晒叶，遇连续雨天需采水叶时，应晾干或擦干后再喂蚕。

3）采叶方法　1～2 龄蚕用叶，边采边叠，叶柄叠叶柄，放于采叶篮内，盖上湿布，以防日晒风干。3 龄蚕用叶量较多，不必叠叶。桑叶要松装，采够后要及时运回，避免发热变质，即松装快运。

4）桑叶储存　各龄适熟桑叶，叶质越新鲜营养价值越高，蚕越爱吃。每天要喂 3～4 次蚕，不可能随采随喂，要有一定桑叶储备，便于夜间喂蚕和防止阴雨天缺叶，桑叶储存在一定时间内要保持叶质新鲜不变质，尽可能减少养分的损失。小蚕存储桑叶的方法如下。

缸储法：养蚕户可采用大缸储桑，在大缸底部注入清水，放一圆竹笆或铝笆隔水，缸内放一个竹编的气笼，将采回的 1～2 龄蚕用桑叶，叠整齐后沿缸壁层层放好（图 9-3），叶尖向上，3 龄蚕用桑叶抖松放在气笼周围，缸口盖湿布或湿蚕匾，保持桑叶新鲜，不发热、不萎凋。

图 9-3　缸储法

匾储法：小蚕期间用叶不多，可将采用的桑叶放在打湿的蚕匾里，叠整齐堆成畦形，上面用沾湿的补湿布盖好（图9-4）。

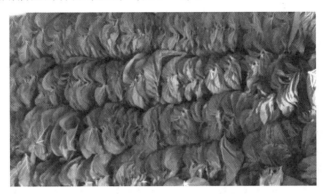

图9-4　匾储法

池储法：用砖砌一长方形，留有出水孔，池内垫塑料薄膜并铺上约5厘米厚清洁细沙，注入清水，使沙湿润并刚好浸过沙面，将采回的桑叶理整齐，把叶柄插入湿沙中（不让叶片接触湿沙），池上方再盖一层塑料薄膜；或在储桑池底部放干净的鹅卵石，池中放水（1天换1次），摘回桑叶叠放在鹅卵石上，盖上湿布。

（3）调桑　桑叶的整理和切叶称为调桑。

1）桑叶整理　桑叶采摘回来后，要选出其中的过嫩叶、硬化叶、萎凋叶、蒸热叶、病叶、虫口叶、泥沙煤灰污染叶，并淘汰掉。

2）切叶　将桑叶切成一定大小后，给桑易于均匀，便于蚕就食，有利于蚕的发育齐一，但切叶大小要根据给桑次数、气候情况、蚕的发育程度而不同。每天给桑次数多切桑宜小，给桑次数少切桑宜稍大；盛食期切桑可稍大，将眠时宜小，以利眠中蚕座干燥。切桑形式有正方形、长方形、长条以及粗切。一般1~2龄多采用正方形叶，切叶大小以蚕的体长1.5~2倍见方为标准。长条形切成宽度约等于蚕体长度，切叶长度为蚕体的5~6倍，3龄可以喂粗切大方块叶或喂全叶。切桑时先将桑叶叠整齐，切去叶柄，从叶的中间切一刀，半分为二，再把两者重叠，沿切口切成一定大小的条叶，选一片较大的桑叶作为包叶，把条包好，再横切成方块，除去较粗的叶片和条叶，即可喂蚕。

（4）给桑　每天给桑次数和每次给桑量适量，过多造成桑叶浪费，且蚕座潮湿容易助长病菌繁殖；过少，蚕容易饥饿。在各龄初期和将眠时，给桑量要偏少些，盛食期增加，看蚕给桑，防止桑叶浪费和给桑不足。蚕农可以根据上顿所剩桑叶的多少来判断喂叶量是否合适，1~2 龄宜剩 15% 左右，3 龄宜剩 10% 左右。一般情况，小蚕期每天给桑 4 次，即早上、中午、傍晚、睡前各 1 次，每次喂叶量 1 龄给叶 1.5~2 层，2 龄给叶 2~2.5 层，3 龄给叶 2.5~3 层。一张蚕种（10 克蚁）一般 1 龄用桑 1.2~1.5 千克，2 龄用桑 3.5~4 千克，3 龄用桑 12.5~15 千克。目前推广的每日两回育或三回育，每次给桑量要适当偏多些；蚕座蚕头稠时给桑量应偏多，蚕座稀时宜偏少；气温高时适当多给桑，气温低时适当少给桑。给桑可采用"一撒、二匀、三补"的方法，要求迅速、均匀、厚薄一致，未撒到桑叶的地方再补桑叶，使每条蚕都能饱食。喂叶时，右手拿切好的桑叶，在蚕座上方，轻轻抖动手腕，使桑叶从手指缝中漏下，先从蚕座四周开始，逐渐撒到蚕座中央，均匀地撒到蚕座上，未撒到的地方，大洞补，小洞匀。注意边角都要撒到桑叶。然后用鹅毛把蚕座外的桑叶扫入蚕座，再用蚕筷捡匀就行了。3 龄蚕用片叶时，则要求叶面向上，叶背朝下，一片片平铺喂蚕。

（5）匀座与扩座　蚕生长发育的场所称为蚕座。蚕座过密，则蚕相互拥挤，造成食桑不足，发育不齐，同时蚕相互抓伤皮肤，增加感染蚕病的机会。反之蚕座过稀，则残桑多，造成桑叶浪费及增加蚕座湿度而诱发蚕病发生，同时还会造成蚕室、蚕具、劳动力用量增多。小蚕生长发育迅速，成长倍数大，因此要提前扩大蚕座。又因小蚕具有趋光性和趋密性，易造成蚕座上蚕分布不均匀，因此要做好匀座调匾工作。

1）扩座　随着蚕生长发育，其活动范围逐渐增大。为使蚕有适当的蚕座面积，便于正常食桑，合理利用桑叶。小蚕生长快，一般 1~2 龄蚕体面积每天能增长 2 倍，3 龄每天增长 1 倍多，因此，要求给一次桑，扩一次座，匀一次蚕，防止蚕座整体和局部过密或过稀，小蚕期蚕座的疏密标准，一般 1~2 龄是 1 条蚕见方的空隙，3 龄是 2 条蚕位置空隙，在各龄盛食期把蚕座扩大到该龄最大面积，要达到"小蚕不摞蚕"的稀稠程度。合理的蚕座面积是以蚕体面积和蚕的生长倍数为基数，再加上适当的活动余地来计算的，一般一张蚕种 10 克蚁量的小蚕期各龄的最大面积为：收蚁时 0.12~0.14 米^2，1 龄为 0.7 米^2，2 龄为 1.6 米^2，3 龄为 4.0 米^2。

2）扩座方法　小蚕期除第一次扩座需先除去收蚁网或收蚁纸外，通常用蚕筷、鹅毛或手，把蚕座内的残桑和蚕轻轻拨松，向四周平展扩大到预定面积为止。将密集处的蚕移到稀处，均匀分散，扩座匀座时动作要轻、要保持蚕座的平整和方正整齐，也可采取提叶扩座，即在扩座前，1 龄喂长条形叶、2 龄喂梳状叶、3 龄喂成片叶，喂叶 20～30 分后连叶带蚕一起扩座。当一只蚕匾或蚕床内的蚕待在一起太挤了，就应分匾或分床，分匾主要采用网分法，通常结合除沙进行。即喂叶前先撒石灰，每匾加 2 片网，左右各 1 片，把蚕座分成两半，喂两餐叶后，结合除沙即可将蚕分成两匾。

（6）除沙　蚕座中蚕吃剩的残桑、叶茎、蚕粪及消毒用材料焦糠、石灰、蚕蜕的皮等混合物统称为蚕沙，蚕沙中含有一定水分，并含有丰富的有机质，在一定温度下易引起蒸热、腐败、发酵等，使空气污浊，并成为病原良好的繁殖基地。将蚕匾内的蚕沙除去称为除沙。除沙的目的是保持蚕座干燥清洁。蚕座中，蚕沙存积过多会发散不良气体和水分，直接影响到蚕体水分的蒸发和蚕的体温，同时病原菌容易繁殖，增加了传染蚕病的机会。所以，应及时除沙。一般采用在蚕座上加网，经二次给桑后，提网除沙的方法，操作简便而又不损伤蚕体。

由于除沙的时期不同，又常分为起除、中除和眠除。起除：在各龄眠起刚饷食时，加网喂叶除沙，称为起除。这时蚕皮肤柔嫩，容易出血，除沙动作要轻，防止蚕体受伤。中除：在起除和眠除之间的各次除沙，称为中除。眠除：在蚕将眠前，加网除沙，称为眠除。

随着龄期的增加，蚕食桑量和排粪量逐渐增多，除沙次数也要相应地增加。1 龄蚕如果蚕沙不太厚，可以不除沙；2 龄起除、眠除各 1 次；3 龄起除、中除和眠除各一次。为了防止遗失蚕，小蚕期除沙次数不宜过多。除沙应尽量在白天进行，以避免遗失小蚕；除沙动作要轻、操作要仔细，避免损伤蚕体和遗失小蚕；除沙换匾后要匀蚕；除沙中发现病死蚕要集中投入消毒缸内，勿乱丢或喂鸡、鸭、鹅吃；除沙完毕后，蚕室地面要及时打扫干净，并用 0.3% 有效氯漂白粉液消毒，喷洒地面空中或者在地面上撒一层石灰粉，换出的薄膜、蚕网也要消毒、晒干后再用；蚕沙不能随地抛撒，要及时运出蚕室，倒入蚕沙坑中制作堆肥，千万不能堆放在蚕室内或蚕宰周围。

（7）眠起处理　眠起处理是养蚕过程中比较重要的技术环节，每个龄期蚕发育到一定程度就要入眠，外观眠蚕不食不动，但此时正是蚕体内新旧体壁更换和组织更新过程，这一时期蚕体力消耗特别多，对不良环境抵抗力较弱，如果处理不当，会使蚕体质虚弱多病，同时还会带来操作上的麻烦。因此，在饲育管理上必须重视眠起处理工作，要求做到饱食就眠、眠中管好、适时饷食。

1）眠前处理　饱食就眠，各龄蚕盛食期后就眠前，食欲减退，食桑量逐渐减少，皮肤张紧发亮，略吐丝缕，称为催眠，此时仍要及时给桑，使蚕饱食就眠。若过早止桑，易造成饿眠，饿眠蚕体质弱，抗性差易生病。因为蚕就眠后虽然不食不动，但主要是靠眠前食桑吸收的养分来维持复杂的生理活动，所以在技术处理上应做到超前扩座，蚕头分布均匀，减小切叶分寸，实行多次薄饲。即当蚕出现将眠蚕特征时，喂叶要偏少；当发现少数蚕已眠时，此时切叶宁小勿大，方叶边长只能是蚕体长的 0.5～1 倍，且喂叶量宁少勿多，给 0.5～1 层叶，过多会造成桑叶盖住眠蚕；当 90% 以上已眠，但仍有少数未眠，又到了喂叶时间时，应零星补叶 0.3～0.5 层，虽然此时蚕只吃少量叶，但可使未眠蚕加速入眠。

适时加眠网，为了使眠中蚕座干燥清洁，在蚕就眠前要加网除沙，加眠网要掌握适时。过早加眠网除沙，眠中蚕沙厚，眠中蚕座湿冷，容易就眠不齐，影响眠蚕健康；加网过迟，则网下眠蚕过多，除沙操作困难，且遗失蚕多。加眠网时期主要根据蚕的发育、体形体色、食桑行动的变化来决定。小蚕加眠网宁早勿迟，通常 1 龄期可以不眠除，如蚕沙太厚，适当进行眠除。一般 1 龄在盛食期后，大部分蚕体呈炒米色，少数胸部膨大、透明呈将眠状态，并发现有部分蚕体粘有蚕粪时，为加网适期。2 龄大部分蚕体皮肤张紧发亮，有少数蚕体呈乳白色，行动呆滞，发现有部分蚕驼蚕的现象时，即可加网。3 龄以后由于蚕的眠性较慢，所以加眠网宁迟勿早，一般蚕体皮肤张紧发亮，体躯缩短，体色由青而转为乳白色，并发现有 1～2 头眠蚕时进行加眠除网。气温高和白天加网宜偏早，气温低时和晚上加网宜偏迟；给桑次数少宜偏早，给桑次数多宜偏迟。

提青分批，蚕的发育总是有一定差异的，在就眠不齐的情况下，把眠蚕和未眠蚕（俗称青头蚕）分开，把食叶的青头蚕提出来另行饲养称为提青分批。分批的目的是使未眠蚕能食到必要的桑叶，改善眠中蚕的环境。一般以眠除后经过 6～8 小时，即网上给桑 2 次后，大多数蚕已经就眠，少数蚕尚不能停食时，就应加网提青（加网方法同加眠网，只不过切叶大小为当龄叶片的 2 倍，而且是稀撒 1 层）。撒叶后 15～20 分，将网抬起放入另一匾中。小蚕期提出的迟眠蚕，给新鲜适熟偏嫩的桑叶，并放在蚕室高处，促使蚕饱食就眠，以缩小发育快慢的差异，提出的蚕，再经 2～3 次给桑，若还有一部分蚕不眠，再行提青，直到全部蚕就眠。个别发育不良、体质虚弱的迟眠弱小蚕应予淘汰。

控制日眠，蚕就眠的时间与眠起的快慢、整齐程度有密切的关系，日眠的蚕眠得快、眠得齐、省桑叶、省劳力、蚕体强健。蚕在上午催眠，20：00前入眠的称日眠。日眠蚕入眠整齐，易于饲养。而蚕在20：00后入眠就不整齐，要拖至翌日中午才能就眠，称为夜眠，夜眠蚕发育不整齐，不容易饲养，因此，饲养中要设法调控蚕白天入眠，控制蚕日眠的方法主要是通过掌握各龄饲育温度与收蚁、饷食时间，使蚕在早晨见眠，18：00～19：00眠齐并提青止桑。

生产实践中可通过下列措施实现日眠：调控收蚁时间，将收蚁控制在8：00～10：00进行，当天收蚁不完的，可用黑布继续黑暗，待第二天早上再收。调控饷食时间，根据各龄蚕的发育经过和食桑时间，在饷食时就要估计到下1龄在什么时候入眠，通过适当提前或推迟饷食时间，达到控制日眠的目的。调控饲育温度，在蚕适宜生长发育温度范围内，视蚕发育快慢，适当降低或提高饲育温度，来控制蚕生长速度，从而达到控制日眠的目的，最终达到"10天眠3眠，每眠都日眠"。

2）眠中保护　蚕在眠中要经过复杂的生理变化，蜕去旧皮长出新皮。此时的体质非常虚弱，对外界的各种环境抵抗力较弱，应注意合理保护，眠中保护是指从停止食桑到饷食这段时间的环境保护，在正常的温度情况下，1～2龄眠中经过19～21小时，3龄眠中约24小时，入眠后体躯缩短，皮肤张紧，体色发亮，不食不动，头胸之间出现深褐色三角形，抬头昂胸静伏在蚕座上，此时宜在蚕座上薄撒一层石灰或焦糠，避免蚕早蜕皮偷食干桑，同时起到吸湿防病作用。为了减少眠蚕体力消耗，眠中温度要比食桑时温度降低0.5～1.0℃，眠的前期（从撒焦糠止桑到发现起蚕）相对湿度宜偏干，干湿温差为2～3℃，保持眠中环境干燥，眠的后期（从发现起蚕到饷食前）相对湿度宜稍大，干湿温差为1.5～2℃，使蚕顺利蜕皮。蚕蜕皮期环境过分干燥易产生不蜕皮蚕和半蜕皮蚕，必要时适当补湿，可用1%漂白粉溶液拖地，增加蚕室空气湿度。另外，蚕在眠中要防止震动、大风直吹和强光照射，蚕室光线稍暗，光线保持均匀，不能一边亮，一边暗。

3）适时饷食　蚕蜕皮后给第一次桑叫饷食，在生产上饷食时间的早晚与养蚕成绩关系很大，掌握适时饷食非常重要。饷食过早，消化器官还比较幼嫩，消化机能还未完全恢复，易造成消化不良，蚕体虚弱，发育不齐。饷食过迟，起蚕到处爬行觅食，蚕体受饿疲劳，体内营养消耗过多，同样使蚕体质虚弱，在高温下危害更大。

适时饷食的标准，适时饷食的标准是以起蚕头部色泽和食欲举动来决定的。

蚕蜕皮后，头部色泽由灰白色变成淡褐色，再转变为黑褐色。头部灰白时，口器尚嫩，无食欲，不宜给叶，头部呈黑褐色时蚕已饥饿。所以，小蚕期以大多数起蚕头部呈淡褐色、头胸部昂起左右摆动时，为饲食适期。一般春蚕期匾中有90%~95%（夏、秋期85%~90%）的起蚕头部呈淡褐色时便可饲食。另外，也可在提青后，一般有半数起蚕，2~3龄再经5~6小时，即可饲食。（各龄饲食适期的时间计算标准如表9-3。）

表9-3　各龄饲食适期时间计算标准

龄别	眠中温度 （℃）		最大时限见起 （1%）至饲食时间 （时）		中心饲食时间盛起（50%）至饲食时间 （时）	
	春蚕期	秋蚕期	春蚕期	秋蚕期	春蚕期	秋蚕期
2龄	25~26	27~28	9~10	7~8	5~6	4~5
3龄	25~26	27~28	9~10	7~8	5~6	4~5
4龄	24~25	27~28	12~13	9~10	7~8	6~7
5龄	23~24	25.5~26	13~15	12~14	9~10	8~9

备注：表中温度是蚕眠中感受温度。如眠中平均温度每升高或降低1℃，饲食时间可提前或推迟1小时。

饲食方法，蚕饲食前，先用2%有效氯漂白粉防僵粉或石灰粉在蚕体上薄撒一层，15~20分后，再撒焦糠，铺上蚕网喂叶。饲食桑叶要新鲜、适熟偏嫩，即上龄盛食期用叶标准，给桑量不能过多，饲食后的第一、二次给桑，要薄而匀，蚕吃尽为适。一般饲食第一次给桑量为前龄盛食期的80%，给桑一层即可，以吃半饱为度；第二次给叶要缩短时间，给桑1.5层让蚕吃八成饱。第二次给桑后即行除沙（起除），起蚕皮肤较嫩，很容易碰伤，要求动作轻巧细致。

（8）小蚕期的消毒防病措施　养蚕过程中，病原物可通过桑叶、蚕具、饲养人员、空气等多种渠道进入蚕室，随着蚕龄的增进不断增殖、传播，造成感染。因此，为防止蚕病的发生和蔓延，必须采取有效的防病措施。

第一，在储桑室和小蚕室门前必须铺设新鲜石灰粉等，做到换鞋入室，并随时保持蚕室内外的清洁。饲养人员要勤洗手，在进入蚕室、采桑、切桑、给桑前和除沙后以及接触病死蚕后必须洗手。除共育人员外，禁止其他人进入蚕室，防止病原带入室内。

第二，禁止使用未消毒的蚕具，蚕具应专室专用。养蚕过程换出的蚕匾蚕网、薄膜应消毒后再使用。每批共育结束，小蚕全部发完后，应对蚕室进行打扫清理，进行彻底消毒，为共育下一批蚕做好准备。

第三，养蚕过程发现有病蚕、弱蚕、特小蚕以及迟眠迟起蚕应严格淘汰。淘汰的病弱蚕必须投入石灰缸中，不能用来喂家禽、家畜等。对病死蚕应进行深埋或烧毁处理。蚕沙应集中堆放，沤熟再用作肥料。

第四，除沙后，应马上把蚕沙运到远离蚕室的地方制作堆肥，不能堆在蚕室里或蚕室的周围。装运蚕沙和装桑叶的用具要分开，不能混用。每次除沙后都要把地面打扫干净，在地面撒石灰或用1%石灰浆喷洒地面。气温高、湿度小的情况下，可用0.3%有效氯漂白粉药液向空中喷雾消毒。换出的蚕匾、蚕网清洗后，放在太阳下暴晒。小蚕每龄眠定后，用含有效氯1%的漂白粉消毒溶液消毒地面和储桑室。

第五，蚁蚕和各龄起蚕饷食前必先进行蚕体、蚕座消毒。常用消毒药物有防病1号、漂白粉防僵粉、新鲜石灰等，将消毒药物用布袋装好，在给桑前均匀地撒布在蚕体和蚕座上，以一层薄霜为宜，施药15~20分后再加网给桑。一般在早上喂前消毒和加网除沙前进行，发现蚕病，适当增加消毒次数和消毒药量。为防止病毒病的蚕座感染，可在止桑后或各龄中期用石灰、焦糠（3∶7）混合物撒布蚕体、蚕座，发病时可每天一次。注意：小蚕防病1号消毒后，不能喂湿叶，以免中毒。

第六，不能在蚕架下面堆放桑叶。蚕室内不能堆放农药、化肥，屋外农田打药时，要将门窗关闭；养蚕人员打过农药后，要换衣服，洗澡后才能喂蚕。

三、大蚕饲养

4~5龄蚕称为大蚕，大蚕期是摄取营养增长蚕体和生成丝蛋白的关键时期，大蚕饲养的好坏直接关系到蚕茧产量的高低和质量的优劣。所以，针对大蚕期的生理特性，应采取相应的饲养措施。

1. 大蚕期的生理特性

（1）大蚕在高温多湿环境下抵抗力弱　这是由于大蚕期单位体重的体表面积较小，气门又相对较小。因此，大蚕体内水分不易散发，散热也困难。一般大蚕体温较气温高0.5℃左右，气温若超过适温范围（30℃），影响蚕酶的活性，引起代谢机能减弱。加之大蚕期食桑量多，食下水分也多，体内多余水分主要通过粪便大量排出。由于大量排尿使体内含盐量显著降低，就会降低血液的酸度和胃液碱度，使蚕体虚弱，影响蚕体健康，易发蚕病。因此，大蚕期要避免高温多湿环境。

（2）大蚕期丝腺成长快　据调查丝腺重量对体重的比例，1~4龄占体重5%，5龄急剧增长，熟蚕时占体重40%，所以5龄期要注意保证蚕食桑充足，特别是有计划地加强5龄中、后期的营养，满足绢丝腺成长的需要，对提高蚕茧产量有重要作用。

（3）大蚕期食桑量大　大蚕期用桑占全龄期用桑量的90%以上，尤其是5龄蚕，需要的劳力、蚕室和蚕具占全龄的70%左右。因此，大蚕期在保证充分饱食的前提下，还要注意节约用桑，合理安排劳力，准备好各种消耗品及蚕室、蚕具，做到忙而不乱。

（4）大蚕期蚕的排泄物多　大蚕对二氧化碳的抵抗力弱，大蚕期给桑量增多，残桑和排泄物也多，从蚕沙中散发出大量废气，室内空气容易污浊，要注意通风换气，保持良好环境。

（5）大蚕期容易暴发蚕病　5龄蚕病暴发的重要原因是在3~4龄蚕期中少数病蚕混育感染而造成的。因此，除小蚕期重视防病工作外，要加强4龄蚕的防病工作。为了防止混育感染，大蚕期要严格执行病蚕隔离和淘汰，加强对蚕沙的处理，加强蚕室、蚕具的消毒，注意饲养人员的清洁卫生，保证蚕作安全。

2. 大蚕饲养形式

（1）大蚕室内普通育

1）蚕匾育　用竹、木、麻梗、柳条等材料编制成简易蚕匾作为养蚕工具的，统称为蚕匾式。蚕匾多层饲育能充分利用空间，占用房屋较少，但缺点是给桑、除沙所用劳力多，且需用较多的蚕架、蚕匾等工具，投资多、成本高（图9-5）。

2）蚕台育　用竹、木搭成固定蚕台，或用绳索代替直立柱架而搭成固定蚕台或活动蚕台。蚕台所用材料可就地取材，节省费用。采用蚕台式，空间利用率也较高，而且给桑比蚕匾式简便。

3）地面育　在地面养蚕要选择地势高燥，通风良好，没有放过农药、化肥等房屋，经全面打扫清洁后，用含有效氯1%的漂白粉溶液彻底消毒。蚕下地前，先在地面上撒一层新鲜石灰粉，再铺一层约4厘米厚的短稻草或地膜，然后将4~5龄饷食后的蚕，在起除时连叶带蚕移放到地面饲养。蚕座放置形式有两

图 9-5 蚕匾育

种：一种是畦式，通常畦宽 1.33 ~ 1.6 米，长度可根据地面大小而定，两畦间设宽 0.5 ~ 0.6 米的通道；另一种是满地放蚕，搭跳板或放几个块砖做踏脚，以便操作。蚕 4 龄下地的需经过眠除及 5 龄起除；5 龄下地的一般不需要除沙。阴雨多湿时，可在蚕座上撒新鲜石灰粉、短稻草等干燥材料。

（2）条桑育　大蚕期采用条桑育，是省工、省叶的饲养形式。可以节省劳力和减少每天给桑次数，降低劳动强度。从春蚕 5 龄开始无论地面式（图 9-6）还是蚕台式均可采用条桑育。

图 9-6　室内地面条桑育

准备 5 龄蚕条桑育用的桑树，小蚕期不要采叶，以免在剪条时条多叶少，条桑育给桑按蚕座的垂直方向排列桑条，也可平行排列。如果垂直方向排列，在给桑前要依照蚕座宽度修剪好桑条，过长的要剪去基部的一端。如果按蚕座平行方向给桑，则一般可以不加修剪。但弯曲度大的桑条都应适当剪断，使蚕座平整，便于蚕就食。给桑时从蚕座一端顺序排列到另端，粗细桑条互相搭配，做到桑叶分布均匀，蚕能充分饱食。5龄地面条桑育不需要除沙，可在5龄中期抽去下层残桑条减轻蚕台载重量。条桑育在见熟蚕的前一天改喂片叶，平整蚕座，以防止熟蚕在桑条间结茧。上蔟方法与普通育相同。

（3）屋外育　在大面积栽植桑树和新发展养蚕的地区，由于养蚕数量较多，往往发生蚕室、蚕具和劳力不足的矛盾，可将5龄蚕移放到屋外饲育。但屋外育受自然条件的影响较大，会遇到低温多湿、高温干燥等不良气候的侵袭和天敌危害。为了获得比较稳定的收成，要做好以下几方面工作。

1）选择好饲养场地，做好出屋准备　屋外养蚕的场地要选择在地势高燥、通风排水良好的地方。为了防止日晒雨淋，可以利用高大的树林和竹园或高干桑树行间。也有在空地上设置蚕座，但必须搭棚架，要有遮盖物，以防太阳直射，并能遮蔽风雨，蚕座的主要形式有土坑式、地面式和蚕台式。

2）加强饲养措施，防止敌害　在室外养蚕，由于直接受到风雨、温湿度等气候条件的影响，要加强饲养管理，改善环境条件。有时遇到连日阴雨，必须事先在土坑周围挖好排水沟，防止土坑蚕座积水淹死蚕。雨后多湿，可在蚕座上撒一层短稻草、石灰吸湿，然后给以新鲜桑叶，蚕能很快爬上来食桑；高温干燥可在棚内外喷井水，白天给湿叶，以助降温和保湿。室外养蚕，昼夜温差较大，白天温度较高时，蚕食桑旺盛，要适当多给些桑叶；晚间温度低时，食桑缓慢，给桑不要过多，以防残桑多而造成浪费。相反，在夏秋期，白天在30℃以上的过高温度时，蚕食桑也不旺盛，可以减少每次给桑量，但要增加给桑次数。晚间凉快时，多给些桑，使蚕达到饱食。

蚕在室外饲养的主要敌害有蚂蚁、蛤蟆和多化性蚕蛆蝇等，可利用药物防治或人工捕杀。如可在蚕座周围地面数布灭蚁净防蚁害，再覆一层细松土，以防氯丹粉与蚕接触而引起药害。

3. 大蚕的饲养技术

（1）气候环境调节

1）气候环境要求　大蚕饲育适温为23～25℃。4龄蚕以后不低于23℃为宜，若低于23℃，食桑缓慢，食下量和消化量均减少，蚕发育不齐，蚕茧变小，产量降低。5龄蚕遭遇28℃以上高温，食下量减少，龄期经过缩短，抗逆性下降，产茧量低，蚕茧品质下降。大蚕饲育的适宜相对湿度为65%～70%，干湿温差3～4℃。湿度过小，桑叶容易萎凋，影响食下率。湿度过大，蚕体水分不易蒸发，体温升高，病原容易滋生，不利于大蚕饲养。大蚕有避光性，容易向光线暗的地方集中。除保持室内光线均匀外，给桑前要匀座。大蚕室要经常保持有 0.1~0.3 米/秒的气流，以便及时排出蚕室内的不良气体，保持室内空气新鲜。特别是夏秋蚕期，门窗不能关闭，实行开门养蚕。不能用没有对流窗的房屋养蚕。大蚕室要设有前后对流窗。

2）不良气候环境调节　大蚕期中还常会出现高温多湿、低温多湿、高温干燥、低温干燥等不良气候环境，可采用以下措施加以改善。

高温多湿的调节：高温多湿，常在夏、秋蚕期出现，高温多湿对蚕的危害性最大，要降温排湿，可在房前搭凉棚，房顶上盖草，经常打开门窗，促使空气对流，通风排湿，蚕室内用电风扇进行通风（注意不要直吹蚕座），蚕座上每次给桑前都要撒石灰粉、焦糠等，降低湿度、勤除沙。

低温多湿的调节：低温多湿，在晚秋蚕期容易出现，要升温排湿，可在蚕室中放燃烧无烟的炉子，升火加温。如果湿度过大，可用稻草或柏树在蚕室中熏烟，打开门窗，换气排湿，每次给桑前，要撒石灰粉、焦糠或其他吸湿材料。

高温干燥的调节：高温干燥，在夏秋蚕期出现较多，要降温补湿，可在房顶盖草，屋前搭凉棚，门窗上挂湿帘，蚕室地面和墙壁上洒漂白粉水、石灰水或井水进行补湿；桑叶上可以喷清水添食。气温很高时，中午要将门窗关闭，上午、晚上打开门窗。

低温干燥的调节：低温干燥，应升温补湿，可在地火笼上面洒漂白粉液、石灰水消毒补湿，用热水泼洒蚕室或用热水将布沾湿挂在蚕室中，也可在火炉、火盆上放置水盆，升温补湿，还可以结合添食药物进行防病补湿。

（2）桑叶的采摘与储运

1）采叶方法　大蚕期用桑，春期 4 龄尽量先采三眼叶、枝条下部叶及小枝条。5 龄开始陆续进行伐条，先伐零星桑和远离蚕室的桑树，做到有计划地划片剪伐桑树。对用条桑育的桑树，则在小蚕期不宜采叶。正确估计采桑量，经常收听气象预报，雨前抢采桑叶，尽量不吃湿叶。为了提高叶质、增加产叶量，可以采用摘心方法，一般在二眠中或 3 龄饷食时开始，分期划片进行摘心。摘心程度以摘去每一新梢的顶端芽连同鸡蛋大小的一叶为准。

2）桑叶的运输　运桑要贯彻"随采、随装，松装、快运"的原则。大蚕用桑量多，宜选大采叶桑筐盛放，不可压实，力求松装，以防桑叶破损，蒸热变质，降低桑叶质量。如长途运输，要抓紧在早晚时进行。桑叶运到储桑室后，随即倒出抖松散热，条桑则解捆散热后，再进行储藏。

3）桑叶的储藏 储桑环境要求低温多湿，少气流，储桑时间以不超过一天为宜。大量用桑可采用畦储法，将全叶或全芽抖松散开，等热量散发以后堆成高30～50厘米、宽1米左右狭长的畦状，各畦间留有通道，堆积不可过高，防止蒸热变质。条桑储藏时，可将每捆桑条抖松，断面向下，逐捆沿壁竖放，不要紧挤，以防蒸热。储桑室内外，经常保持清洁卫生，每天洗扫一次，并用1%漂白粉液定时消毒。

（3）给桑

1）给桑次数 大蚕给芽叶或片叶，每昼夜给桑4～5次。如果采用条桑育，一般每天给桑2～3次。给桑次数也要根据天气情况，如大风干燥，桑叶容易萎凋，给桑次数要适当增加；在多雨季节，空气潮湿给桑回数可适当减少。

2）给桑量 少食期以桑叶基本吃完为宜，盛食期以稍有剩叶为宜。5龄蚕用桑前期适当少给，3天后蚕进入盛食期，绢丝腺成长迅速，必须做到良桑饱食，5龄春蚕应吃足7～8天叶，夏秋蚕要吃足6～7天叶。杜绝5龄春蚕6天内、夏秋蚕5天内使用蜕皮激素催熟。温度高时，可多给些桑叶，温度低时少给些桑叶。环境干燥，桑叶容易萎凋，可以增加给桑次数，每次少给些桑叶；环境湿度大时，可以减少给桑次数，每次多给些桑叶。蚕座中剩叶多可少给些桑，剩叶少可多给些桑。眠起不久的蚕和即将入眠的蚕给桑量宜少；中间阶段的蚕给桑宜多。总之，要看蚕给桑，灵活掌握，使大蚕吃饱，但不要浪费叶。

3）给桑方法 大蚕有逸散性，给桑前，往往有部分蚕向四周爬散，需要做好匀座工作。大蚕给芽叶或片叶，需将桑叶抖松。条桑育的给桑，要把梢部与基部互相颠倒交错、平行放置。条桑蚕座，要力求平整，如枝条长而弯曲，可剪短后再给。

（4）扩座和除沙

1）扩座 为防止蚕过密，大蚕期应及时扩大蚕座面积，并注意匀座。大蚕期的扩座一般是结合除沙进行，主要采用加网分匾和桑叶自动扩座法或匀座法，蚕座内密度应做到蚕不打堆，蚕不背蚕，蚕与蚕之间有一条蚕大小的空隙，留有转身的余地，蚕座过密时，给桑前把附有蚕的桑叶移到蚕座四周或另放一匾扩座，条桑育扩座可将蚕密集部分连枝条带蚕移放到蚕座两旁逐渐扩大。一般一张蚕种 4 龄最大蚕座面积为 13～15 米^2，16～24 圃；5 龄最大蚕座面积为 27～30 米^2，50～55 圃。

2）除沙　大蚕期食桑量多，残桑和排粪量也相应增多，为了保持蚕座清洁干燥，要经常除沙。用蚕圃饲养，4 龄起除和眠除外，还要进行中除 2 次。5 龄每天进行除沙 1 次，若 5 龄饷食后下地饲养，一般不除沙。湿度大，蚕沙厚时，可增加除沙次数；气候干燥，蚕沙薄可减少除沙次数，最好在上午除沙。除沙方法一般为网除或手除。除沙动作要轻快，勿伤蚕体；除沙时发现的病蚕、体弱小蚕，要用蚕筷取出淘汰，投入盛有生石灰的瓦罐中，结束后统一深埋，切勿乱丢、喂鸡、喂鸭；除沙完毕，应先打扫蚕室，然后洗手给桑；替换出来的蚕圃、蚕网，必须经过日光消毒后再使用。蚕沙应倒入蚕沙坑、沼气池中或制作堆肥。除沙完毕，应打扫蚕室，待灰尘散尽后洗手给桑。

（5）眠起处理

1）良桑饱食，适时止桑　4 龄蚕就眠，其特点是眠性慢，入眠往往不齐，从见眠到眠齐的时间较长，眠期经过约 40 小时，加眠网的时间要适当偏迟，一般在蚕圃中有几条眠蚕，大部分蚕体皮紧张，桑叶面上可以看到少量蚕丝时就在蚕座上撒石灰粉或焦糠，铺上蚕网，切三角叶撒在蚕座上，撒叶时，要均匀，边边角角都撒到。当大部分蚕（约 90%）已停食入眠后，仍有少数未眠时，要进行提青，方法是先撒一层石灰，有蚕网的加蚕网后薄喂一层叶，无蚕网的则撒石灰疏喂一层叶，等未眠蚕爬上吃叶后，把蚕和网、叶一起提出单独喂叶直至眠齐，最后仍有少数不眠的，捡出淘汰掉，因为迟眠蚕容易发病。眠蚕特征，体色蜡白发亮，身体缩短，头部有灰白色小三角，头抬起静止不动，眠定后撒一层石灰。

2）眠中保护　蚕在眠中要求保持蚕室、蚕座干燥，防止强风直吹、剧烈震动。光线要求均匀偏暗，保持空气新鲜，眠中温度应降低 0.5～1℃，防止高温多湿和低温多湿、闷热。过分干燥、温度过高、强风直吹、强光直射等均影响蚕蜕皮，易造成半蜕皮或不蜕皮蚕现象，干燥天气见起蚕时应少量补湿，以利蚕顺利蜕皮。

3）适时饷食　大蚕饷食以群体全部蜕皮结束，头胸昂起表现求食状态，且大部分起蚕（90%～95%）的头部色泽呈淡褐色时为标准，气温低时可适当推迟饲食，夏秋期气温高可适当提早饲食。给桑不能过早也不能过迟，及时饲食，由于起蚕的胃食膜和口器尚未完善，加上蜕皮后皮肤较嫩，容易感染蚕病，对有害物质抵抗力较弱，饲食前应通风换气，对蚕体、蚕座进行消毒防病 15～20 分后，开始给桑。5 龄蚕饲食用叶要比较软嫩、新鲜，给桑量约为上龄最大给桑量的80%，不要求充分饱食，以蚕吃光桑叶尚有求食行为为度，防止过分饱食损伤口器和消化器官。

（6）大蚕期的防病措施　大蚕对蚕病的抵抗力比小蚕强，但感染的机会比小蚕多。大蚕期要做好以下防病措施：

1）做好大蚕期蚕室、蚕座、蚕体的消毒工作　4～5 龄起蚕饲食前用 3% 有效氯漂白粉防僵粉或新鲜石灰粉进行蚕体、蚕座消毒，可适当多撒些；4～5 龄每天撒 1 次新鲜石灰，潮湿天或发现病蚕则每天撒 2 次，注意撒石灰后马上喂叶，防止蚕吐水；4～5 龄期，湿度大时应进行一次硫黄、柏丫、大蒜皮熏烟；蚕室地面每次除沙后喷洒有效氯为 1% 的漂白粉液等进行消毒；经常用 1% 有效氯漂白粉药液对储桑室地面进行消毒。4～5 龄期，也可用 0.3% 有效氯漂白粉溶液进行蚕体消毒。方法是在除沙后，喂叶前，将配好的药液用喷雾器喷洒在蚕体上，以湿润为宜，喷洒要均匀、全面，同时，也要向空中和地面喷洒，消毒后，关闭门窗 20～30 分，然后开门窗，通风换气，在蚕座上撒入焦糠，加上蚕网，喂给喷过 0.3% 有效氯漂白粉液的桑叶。用漂白粉液喷洒后，应停止使用其他药物。喷药次数：4 龄 3～4 次，5 龄起蚕饲食前 1 次，以后每天除沙后 1 次，直到上蔟。如果有蚕病发生，则每天喷 2～3 次，直到没有病蚕为止。另外，要注意药物浓度一定要准确。药液配好后，要静放 1～2 小时后，再取上部清液使用。

2）勤除沙　大蚕食桑量大，排粪量及残桑量亦多，蚕沙较厚。大蚕蚕沙的含水量高，蚕座多湿，容易发霉，病菌滋生，增加感染的机会。因此，在用蚕匾育时，大蚕应每天除沙 1 次。地面育或蚕台育除沙比较困难，5 龄一般不除沙，可采用每天给桑前撒石灰粉、短稻草等作为隔离材料，以减少蚕体与蚕沙的接触机会。

3）坚持蚕期卫生制度　坚持洗手、换鞋制度，即入蚕室先洗手，采叶、切叶，喂蚕前洗手，除沙后要洗手，进入蚕室、储桑室要换鞋。

4）及时淘汰病、弱蚕　4～5 龄蚕一定要做好分批提青，要处理好青头蚕、眠蚕、起蚕，淘汰不眠蚕、迟眠蚕、弱小蚕，减少蚕体相互传染，保证每批蚕的健康发育。蚕期要经常仔细观察蚕座，发现弱小蚕或病蚕及时捡出集中于石灰盆或瓶后深埋，千万不要喂家禽。

5）灭蚕蝇药剂的使用　对蝇蛆病的防治有特效，使用方法有添食和喷体两种。详见后文。

6）做好大蚕期限通风换气、稀饲薄养、良桑饱食、防病的技术处理　遇高温、闷热、多湿天气，应昼夜打开门窗，加强通风和排湿。遇高温天气可采取搭凉棚、挂草帘等措施降温；遇闷热多湿天气可增加新鲜石灰使用量，保持蚕室、蚕座干燥卫生。大蚕期还应注意因给桑不足不匀，造成的蚕饥饿、发育不齐。做到稀饲薄养，让大蚕吃饱吃好，良桑饱食，同时防止蚕座过密引起创伤感染发生蚕病，确保蚕体健壮发育。

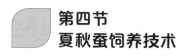

第四节
夏秋蚕饲养技术

夏秋季蚕期气候条件和叶质均比春季差，病原微生物较新鲜且致病力强，很容易引起各种蚕病暴发，且农药中毒和蝇蛆病等发生的概率也比春季大，稍不注意就可能给蚕农造成重大损失。因此，必须根据夏秋蚕的特点，认真细致地处理好各个环节，才能使夏秋蚕丰收。

一、夏秋季蚕期的特点

夏秋季养蚕可以从 6 月开始陆续养到 10 月，但夏秋各期蚕因气候和叶质等条件的不同而各具特点：

1. 气候特点

夏蚕和早秋蚕处在一年中气温最高而湿度较大的时期，很不适合蚕的生长发育。中秋气温逐渐降低比较适合蚕的生长发育；晚秋气温已显著降低，一般要加温饲养，温度也比较容易控制。

2. 桑树生长特点

桑树在5月底或6月初经过夏伐后，7~8月气温最高时，生长旺盛。所以，夏蚕和早秋蚕容易获得良好的桑叶。入秋以后，各地天气差异较大，有的地区秋雨绵绵，有的地区干旱，干旱地区中、晚秋壮蚕期叶质较差，桑叶老化而水分不足。

3. 蚕种

春蚕用越年种加温催青，能按照胚子发育的不同阶段，逐渐升温。但夏秋蚕，尤其是早秋蚕，蚕种浸酸后的温度常在28℃以上，特别在运输途中，会遇29℃以上的高温。所以，应注意温度控制。

4. 病虫害及农药中毒

夏秋蚕生产不稳定的主要原因是蚕病危害。夏秋期随着养蚕次数的增加，病原数量积累增多，扩散面大，病毒新鲜且繁殖快，致病率高。蚕室、蚕具多次重复使用后，如果消毒不彻底，放松饲养管理，就容易感染发病。同时，蚕处在高温多湿的恶劣环境中以及桑叶叶质较差的条件下，体质虚弱，抗病力弱，比春季更容易出现各类疾病。此外，夏秋期害虫多，有些害虫能发生和桑蚕同样的病，如桑毛虫、桑尺蠖、野蚕等，这些害虫的尸体、虫粪含有大量的病原体，蚕若食下被污染的桑叶，就会传染发病。近年来，大量使用细菌农药防治水稻及森林害虫，蚕若食下被青虫菌和杀螟杆菌污染的桑叶，就会发生猝倒病。夏秋期其他农作物防治病虫害，大量使用农药，随风污染桑叶，或桑园治虫农药残效期未过，过早采叶，常造成农药中毒致死，或引起微量中毒发生不结茧蚕。此外，多化性蚕蛆蝇和蚂蚁也较春期危害严重。因此，要获得夏秋蚕的稳产丰产，必须加强消毒防病，桑树治虫，做好防蝇防蚁、防农药中毒等工作。

二、 夏秋蚕饲养技术

夏秋蚕的生理特性和饲养操作过程与春期基本相同，但由于气候、桑叶等条件不同又有不同。

1. 合理分批饲养

夏蚕主要利用夏伐后的疏芽叶饲养，少采或不采枝条基部叶片，一般可在6月中旬收蚁，饲养数量不宜过多。秋蚕根据夏伐后枝条在不断伸长，叶片不断开放、生长、成熟和硬化的特点，可分早秋、中秋、晚秋三批饲养。早秋蚕主要利用秋条基部成熟叶，中秋蚕用叶应保留枝条顶端有5~6片叶，以利光合作用的进行，充实越冬枝条，所余桑叶，可适当利用养晚秋蚕。早、中、晚秋蚕饲养的比例，可按照劳力、气象、桑树生长情况和叶质的变化来决定。若早秋温度较高地区以少养为好；但早秋温度不太高，叶质又好，农业劳动力比较富裕的地区可以适当多养早秋蚕。每次养蚕都要有适当的间隔时间，以便进行彻底消毒工作和蚕室、蚕具的调度。

2. 选择优良桑蚕品种

夏秋期因气候、叶质都不如春蚕期，因此，选择体质强健、抗高温、抗病力强的家蚕品种是获得夏秋蚕稳产高产的一个重要措施。但有些地区中秋气温较适合蚕生长发育，叶质又较好的，亦可适当选用多丝量蚕品种，以提高蚕茧产量与质量。

3. 调节饲养环境

夏秋不同蚕期的气候差别较大。夏蚕期和晚秋蚕期如遇 20℃ 以下低温时，要做好加温准备，早、中秋蚕期温度常高出蚕的适温范围，要做好降温准备工作。根据现行夏秋用家蚕品种性状要求，小蚕最好控制在 27～28℃ 的范围内饲养，尽可能不超过 29℃。实际上早、中秋蚕期气温经常超过 30℃，为了达到降温保湿的要求，在室外可搭凉棚，凉棚最好高出屋檐 60～100 厘米，有利于室内换气降温。也可向蚕室的房顶或墙壁上喷井水，促使蚕室降温。因此，大蚕室宜选用高大凉爽、便于通风换气的房屋，蚕室四周可栽植树木，减少太阳辐射热。高温多湿时要加强通风换气，可利用风扇使空气流通，加速蚕体水分的蒸发，降低体温；空气相对湿度大时，蚕座上宜多撒石灰粉或焦糠等干燥材料，并增加除沙次数；高温干燥时，可在室内墙壁和地面喷洒井水。夜间应开放门窗，也可在室内蚕架上搭挂湿布、湿草帘或新鲜湿叶，给全芽叶，增加给桑次数，必要时可在蚕座喷雾清洁井水，都可降温补湿。如遇低温多湿，就在蚕室内增加热源，增加通风设备和通风次数，适当减少给桑次数，勤除沙，多撒石灰、草木灰等吸湿材料，养好大蚕空气调节是关键，利用开放门窗、气洞和输风使空气对流，保持空气新鲜。但风力不能过强，更要避免直吹蚕体、蚕座，刚给桑时要停止通风，以防桑叶萎凋。

4. 提高饲料质量

（1）加强桑园肥水管理，提高桑叶产量和质量 做好桑园肥、水管理，特别是水分管理工作。在连续晴热一周以上，应对桑园进行灌水抗旱工作；对于不能浇灌的桑园，采用秸秆覆盖的办法进行抗旱，用秸秆覆盖在桑园地面上，以减少水分蒸发及增加肥效，促使桑树正常生长。雨水较多的季节还要开通桑园沟系，及时排水防止桑树受洪涝影响。

（2）合理采叶 夏秋季因高温干旱，桑叶含水量低，易凋萎，蚕食下不易消化吸收。所以应坚持每天 6：00~8：00 采摘新鲜桑叶，松散摊放在阴凉、通风、卫生的专用储桑室，防止蒸热，以保持桑叶新鲜；除少量实行疏芽采伐以外，大多实行分段采片叶，采叶须留叶柄，保护腋芽，逐段采用。喂夏蚕主要用疏芽叶和枝条茎部的 3~5 片叶，早秋蚕主要是基部成熟叶，用叶量以不超过叶片数的 50% 为适当。晚秋大蚕期，可结合剪梢采叶养蚕，但仍然须保留枝条顶端 5~6 片叶，使其继续积蓄养分，防止冬芽秋发，促使枝条组织充实，以利越冬和来年春季芽叶的生长。

（3）抓好治虫工作，降低害虫危害　夏秋季桑园易受桑螟、野蚕、桑蓟马、红蜘蛛、桑毛虫、桑尺蠖、桑天牛等危害，因此，应进行有效防治，但要求留下用叶桑园，做到划片轮治，用叶时先试后吃，防止蚕中毒。夏伐后应尽快治虫保芽，要在夏伐后一周内用 80% 敌敌畏乳油 800~1 000 倍液进行光拳治虫，主治桑象虫。还应根据虫情对桑瘿蚊、桑尺线、桑螟、红蜘蛛等害虫用短效药如桑虫清、毒死蜱进行防治，桑天牛等可结合人工捕杀，控制危害。

5. 严格防止蚕病发生

夏秋季养蚕前后，应彻底打扫蚕室及周围环境，清洗蚕室、蚕具时先用药物毛消一遍，再打扫拆洗，否则会使大量病原飞扬或随水流失而扩散。清洗后，再用 1% 漂白粉澄清液、新鲜石灰乳消毒，若有僵病，消毒三天后，再用硫黄熏消；在饲养过程中，必须做到每天早上给桑前用防僵粉或鲜石灰进行一次蚕体、蚕座消毒，发现病蚕要及时清理，投入盛有漂白粉溶液或石灰乳的消毒盆内，不可乱丢病蚕，禁用病蚕饲喂畜禽，以防止病原传播扩散，污染环境。夏秋季是蝇蛆病危害严重季节，应在蚕室安装纱门、纱窗，防止寄生蝇入室。从 4 龄起蚕到 5 龄上蔟前，进行灭蚕蝇药物防治 4~5 次。上蔟采茧后应对所有养蚕场所、上蔟场所、蚕具进行就地消毒，应先消毒后再打扫清洗。另外，应加强病死蚕、蚕沙的管理，病死蚕放入消毒缸集中深埋，蚕沙严禁摊晒或直接施入桑园，应集中腐熟后施入其他农田。

6. 严防蚕药物中毒

夏秋季是农业生产上防治各种病虫害的重要季节。首先注意预防不良气体对桑叶的污染；其次是不能在农田使用杀虫双或含有菊酯类农药，以免对桑叶造成污染；为了避免附近农作物治虫喷药危害蚕，要及时关闭蚕室门窗；桑树除虫要采用既能防虫治病、残效期又短的农药；要有专用喷雾器，禁止与农田治虫喷雾器混用；蚕农施药后要洗澡换衣才能喂蚕或进行其他养蚕操作，采叶用药后喂蚕时，可先采少量桑叶试喂，预防中毒。如遇轻微农药中毒，可用茶叶水、淘米水等淘洗蚕体或添食，以起缓解作用；蚕室内禁用蚊香或灭蚊、灭虫剂。

7. 加强饲养管理

（1）领种、补催青和收蚁　发种、领种应在夜间或清晨气温低时进行，做到快装快运，途中防止高温，蚕种领回后可放在蚕室进行补催青，温度不超过28℃，干湿温差1.5℃，并进行黑暗保护，夏秋蚕收蚁宜早，一般8：00以前收蚁给桑完毕。

（2）稀放饱食，防止饥饿　夏秋期小蚕可采用和春蚕同样的防干纸或塑料薄膜防干育。夏秋期温度高，蚕的生长发育快，应提前扩座，要比春蚕放得稀，用适熟偏嫩叶。大蚕期要做到"三稀"，即"蚕室内蚕台放得稀，蚕台上蚕匾放得稀，匾内蚕放得稀"，有利于降温通风，使蚕充分饱食。在盛食期二次给桑中间补给1次，日间高温更须注意补给桑叶，应先给桑后除沙。夏秋蚕期遇高温干燥时，桑叶含水量少，叶子容易干。为了保持桑叶新鲜，可以吃湿叶，喂湿叶必须根据蚕的生长发育和气候情况来掌握"三喂、三不喂"，即小蚕不喂，大蚕喂，白天干燥时多喂，夜里湿度较高时或低温阴雨时不喂，在盛食期及叶质老硬时可多喂湿叶，蚕快就眠或老熟时不喂。吃湿叶时要在给桑前喷清水，以叶面湿润而不滴水为度。

（3）加强眠起处理，严格提青分批　夏秋蚕期由于叶质老嫩不匀，容易眠起不齐。同时饲育温度高，容易引起食桑不足而就眠。防干育1龄期可不眠除，把叶子摊薄，蚕稀放，多撒焦糠。其余各龄均应及时加眠网，进行眠除。加眠网前要提前扩座，使蚕在眠前充分饱食。入眠不齐，必须提青分批，少数迟眠蚕应严格淘汰，淘汰蚕可放入石灰缸中集中深埋。眠期比食桑期温度低0.5~1℃，气温高时，应设法做好降温工作。湿度应在眠前期偏干，眠后期适当补湿，以防半蜕皮蚕发生。蚕起后头部色泽呈淡褐色时即可喂食，饷食用桑，要挑选适熟偏嫩的新鲜桑叶。饷食第一次和第二次应控制给桑量。

（4）做好上蔟保护　夏秋蚕上蔟应做到适熟、分批、稀上。夏蚕和早秋蚕做好蔟中降温排湿工作。晚秋蚕做好升温排湿工作，加强通风换气。夏蚕和早秋蚕采茧比春蚕提前1~2天，晚秋蚕采茧时间应根据化蛹程度而定。

第五节
上蔟及采茧技术

上蔟是养蚕最后一个阶段，也是蚕茧丰产丰收的重要一环，同样是决定蚕茧品质好坏的关键时刻。选用结构合理的蔟具，贯彻正确的上蔟方法和蔟中保护，是提高蚕茧质量的有效措施。

一、熟蚕吐丝结茧的特性

1. 熟蚕的特征

发育正常的 5 龄蚕在盛食期后，食欲逐渐减退，大量排出绿色软粪，这是蚕即将成熟的信号。随后蚕完全停止食桑，体躯缩短，蚕体的胸部逐渐呈半透明状，继而腹部渐趋半透明，并昂起头胸部，左右摆动，寻找营茧的位置，此时家蚕已经老熟。

2. 熟蚕的习性

熟蚕阶段的体内生理状态与食桑阶段有很大的不同，表现出的行为或习性也完全不同。熟蚕有强烈的向上性与背光性。初始的熟蚕具有很强的向上性，所以上蔟初始阶段，熟蚕都会爬向蔟具的上部，如用方格蔟具，开始熟蚕都会爬在蔟片的上边框处，而不爬进孔格内，这是正常现象，可以使用回转方格蔟产生上下回转，节约劳力。熟蚕具有较强的背光性，对光线较敏感，一般均有避光趋暗的特性。熟蚕喜在 20 勒的低照度光线中营茧，如果蔟室光线明暗不匀，熟蚕会爬集在暗处。

3. 营茧与蚕茧品质

熟蚕在营茧时吐出的茧丝含水量很高。茧丝的外层为丝胶，依靠着潮湿带有黏性的丝胶，把一个个丝圈粘连成茧片。一个个茧片重叠黏结成茧层。茧层上丝圈的胶着力，因营茧的外界环境不同而有差异。一般在温度高的环境中，蚕吐丝速度快，移动位置也快，丝片重叠少；如果这时空气湿度低，茧丝干燥快、胶着力小，缫丝时离解容易；在温度低的环境中，蚕吐丝速度慢，移动位置也慢，丝片重叠多，如果这时空气湿度大，茧丝干燥慢、胶着力大，缫丝时离解难。熟蚕从吐丝开始至营茧结束所经过的时间因温度而不同，21℃时需4天完成，24℃时需3天，26.5℃时仅需2天。另外，经过时间与茧丝长度有关，春蚕茧丝长故吐丝经过时间亦比夏秋蚕要长。蚕吐丝时如遇到外来振动或强风吹袭时，会突然停止吐丝，易造成茧丝块状颣节，同时茧丝的强力较差，缫丝中易产生落绪。

二、上蔟前的准备

上蔟是养蚕劳动力最集中的时候，工作非常繁忙。因此，在上蔟前应根据饲养蚕种数量，有计划地做好准备工作。

1. 蔟室准备

蔟室应选择地势高燥，便于补温、排湿，通风换气良好，光线明暗均匀的房屋为宜，一般每张蚕种需上蔟面积50米^{2}左右，即除了用养蚕的大蚕室做蔟室外，还需要准备其他房屋。当房屋不足时，进行室外上蔟，要防止雨淋、日晒、强风直吹等，室外气温必须能够达到上蔟的目的温度。

2. 蔟具准备

蔟具是蚕赖以吐丝营茧的场所，其结构是否符合营造优质茧，是直接影响茧质好坏的重要条件。改进蔟具结构和运用结构较好的蔟具，是提高茧质的有效捷径。

（1）优良蔟具的特点　结构合理，具有均匀合适的营茧位置。便于蚕营茧，不易产生同宫茧、黄斑茧、柴印茧等次茧、下脚茧，有利于提高上茧率。能充分利用蔟室空间，又要便于蔟中通风排湿，有利于提高蚕茧解舒。蔟质坚固耐用，并具有一定的吸湿性能，便于消毒和收藏保管，可多次使用。上蔟和采茧方便，有利于节省劳力，减轻劳动强度，提高工效。

（2）几种蔟具的性能　生产上常用的蔟具有方格蔟、塑料折蔟、草折蔟、蜈蚣蔟等，近年河南省农村大面积推广使用的主要是方格蔟和塑料折蔟。

1）方格蔟　结茧位置固定，规格适宜，一蚕一孔结茧。蚕尿排在蔟片外，蔟中通风干燥，结构性能符合蚕吐丝结茧习性，次茧、下脚茧少，茧形完整，多横营茧，茧层厚薄均匀，解舒好，上车率达95%左右。能多次使用，消毒存放方便，上蔟省工省地，是一种提高茧质比较理想的蔟具，只是加工复杂，一次性投资大。每片蔟156孔，按照入孔率为80%～85%测算，每张蚕需200～220片（单片）方格蔟。

2）塑料折蔟　通气好，结茧位置均匀，多横营茧，上车率达到80%～90%，采茧方便，能多次重复使用，每蔟能放熟蚕350～400头，每张蚕需45～50个塑料折蔟。使用时放在匾内，每匾1个蔟或搭架铺箔，箔上垫纸，蔟的两头用绳固定，以免缩在一起，保持峰距10厘米。

3）草折蔟　使用性能同塑料折蔟，比塑料折蔟吸湿性强，但透气性较差，不耐用，使用方法和上蔟熟蚕头数同于塑料折蔟。

4）蜈蚣蔟　蔟枝分布均匀，营茧位置多，吸湿性强，新蔟枝不易倒伏，制作容易，速度快。但用料多，体积大，储存不方便，散湿性能差。使用一次后易污染变色、松散变形、蔟枝倒折，上车率仅80%左右，重复使用茧质较差，需另新制，实际成本高。

三、上蔟技术处理

1. 上蔟适期

适熟蚕上蔟，蚕能及时吐丝结茧，吐丝量多，茧质优，产茧量高。上蔟过早，则未熟蚕（俗称青头蚕）不能及时吐丝结茧而在蔟具上到处乱爬，并排泄大量粪尿，造成蔟具、蔟中环境的污染，增加黄斑茧等下茧，同时由于蚕食桑不足，造成吐丝量减少，使全茧量和茧层量减少，茧层率降低，蔟中死蚕和薄皮茧增多，结茧率和上茧率均降低。上蔟过迟，过熟蚕会在上蔟前徘徊吐丝而损失丝量，蚕老熟过度，行动滞缓，选择合适营茧位置的能力减弱，易产生同宫茧、柴印茧、畸形茧和薄皮茧。严重的过熟蚕甚至会失去吐丝机能而成为不结茧蚕。在生产上要做到适熟上蔟，在开始见熟蚕时，要随熟随捉，先熟先上蔟，到大批蚕进入适熟时，可以先把少数未熟蚕拾出，另行给桑，余下的适熟蚕就可以一起拾取上蔟。

2. 上蔟密度

上蔟密度是否适当与茧质有直接关系，上蔟过密，营茧位置少，湿度增加，双宫、紫印、黄斑茧等次下茧增多，茧质下降，影响解舒和出丝率；如果上蔟过稀则需要蔟室和蔟具都相应增加，造成浪费。合理的上蔟密度，既包括蔟具上的密度要适中，又包括蔟室内的上蔟熟蚕总量要适中，所谓密度适中是指既能充分利用蔟具和蔟室，又能有利于保护茧质。熟蚕上蔟要掌握的适当密度是方格蔟一般每只蔟片上熟蚕130头左右，要求入孔率达到85%～90%。如果采用自然上蔟法，入孔率在80%～85%为适中以便于全部熟蚕入孔，有利于节省上蔟劳力。方格蔟的搁挂层次，以不超过3层为宜。蜈蚣蔟每平方米上熟蚕450头左右，折蔟每平方米上熟蚕350～400头。

3. 上蔟方法

（1）人工拾取法　由人工逐头拾取适熟蚕，收集到一定数量后及时送到蔟室，均匀投放在蔟具上。此方法能做到适熟上蔟，但很费劳力，特别在高温时，蚕老熟齐涌，要组织好人力及准备好蔟具，同时上蔟动作要轻，以防损伤蚕体。折蔟和蜈蚣蔟按标准数量撒到准备好的蔟具上。方格蔟先将蔟片按10个一叠分放成三堆或四堆，然后捉熟蚕，集中到一定数量，再分次投放到每堆最上层蔟片上，若是单联蔟片，每片投放熟蚕150头左右，若是双联蔟片，每两片投放熟蚕300～310头待蚕爬稳后，按放蚕先后次序，将蔟片轻轻拎起挂在蔟架上。

（2）自动上蔟法　利用熟蚕向上爬行的习性，在蚕座上直接放置蔟具，让熟蚕自动爬上蔟具结茧。本方法省力、工效高，但难以让全部蚕都能适熟上蔟。实际生产操作上一般要做到以下几点：

1）促进熟蚕齐一　自动上蔟要求熟蚕齐一，措施是在大眠（四眠）时进行提青，分批处理，5龄分批饷食、喂养。蚕座要稀，给桑均匀。

2）整平蚕座　条桑育大棚养蚕熟蚕前一天改喂片叶，促使蚕座平整无空隙。

3）体喷登蔟剂　按照使用说明进行使用，待熟蚕达到70%～80%时，在蚕座上补给少量的粗切桑叶并拌登蔟剂使未熟蚕继续进食，促其尽快老熟，然后摆放方格蔟，能够提高熟蚕的入孔率。

4）添食蜕皮激素　给蚕添食蜕皮激素，能促使蚕老熟齐一，上蔟集中，提高上蔟入孔率，节约劳力和桑叶。春蚕、中晚秋蚕，以蚕见熟5%左右为添食标准。即上蔟前一天晚上给蚕添食蜕皮激素，添食后10～12小时，蚕大批老熟，可缩短龄期半天左右。夏蚕因气温高，蚕往往吃叶不足，成熟结茧快，不宜使用蜕皮激素。遇自然灾害，可提早使用蜕皮激素。缺1天叶，可提早2天添食；缺半天叶，可提早1天添食；5龄期蚕发病，可适当提前添食，使蚕尽快结茧，减少损失。使用时要按饲养蚕种量备好桑叶和药物。

5）集中合蚕　在大批蚕熟前采取加网抬蚕的方法，将原有蚕座合并为18～

20 米^2，合并后的蚕座宽度可以并联方格蔟或竖联方格蔟的边长为准，使蚕头分布均匀。

6）蔟片平铺自动上蔟法　使用登蔟剂后喂 1 次粗切桑叶，然后将方格蔟直接平铺在蚕座上，熟蚕自动爬上蔟片，待熟蚕密度接近蔟片孔数时，提起蔟片挂于蔟架上，最后拾去少量晚熟蚕上蔟。注意，蚕爬满后及时提蔟，方格蔟放在蚕座上一般不超过 30 分。

（3）振落上蔟法　先人工拾取小部分熟蚕，待蚕大批蚕熟时，用枝条或大蚕网放在蚕座上，吸引大批熟蚕爬上，再取出枝条或蚕网，将熟蚕振落在蚕匾或塑料薄膜上，然后再收集撒放到蔟具上。本法简便工效高，但易损伤熟蚕体，条桑育可直接取出桑条以振落熟蚕。

4. 方格蔟室外预上蔟法

家蚕上蔟工作繁忙，劳力紧张，尤其使用方格蔟给蚕结茧，用工较多。方格蔟上蔟前都应进行预上蔟。

（1）室外预上蔟的优点

1）熟蚕入孔速度快　熟蚕有背光性，因室外光线明亮，迫使蚕提前 6~8 小时入孔内结茧。

2）减少上蔟用工　室内上蔟开始采取黑暗保护，熟蚕迟迟不入孔，在蔟片上往往频繁爬动，需翻蔟 2~3 次，饲养 1 张蚕种 1 人翻蔟需 2 小时多，而室外预上蔟，方格蔟从室外取回室内不必翻蔟，节省了翻蔟用工。

3）提高蚕茧质量　室外预上蔟，因熟蚕粪尿大多排泄在室外，降低了蔟室湿度，同时室外空气流通，简易蔟棚的小气候适宜熟蚕结茧，提高了茧质，上茧率、解舒率、出丝率均高于室内上蔟。

4）病原减少　由于病死蚕和蚕粪尿大多脱落在室外，减轻了对蚕室的污染，室内病原减少，有利蚕作安全。

（2）搭简易蔟架　在蚕室周围或树荫下搭好蔟架，蔟架可视养蚕数量和相关条件而定。可在室外放两张长凳，或在长凳上放 4~5 层砖，将两支竹竿或木棍搁放在长凳或砖头上，以利搁挂方格蔟。如养蚕数量较多，则可按结扎两片方格蔟的宽度在地面对称挖 4 穴，每穴埋入一根立柱，搭 1~2 层简易蔟架，底层搁架离地 5 厘米。蔟架下面用塑料薄膜或编织袋铺在地面上，再在上面放少量稻草，以防蚕跌落时受伤。

（3）操作方法　将熟蚕搬至简易蔟架旁，地面打扫干净，摊放塑料薄膜，将8～10片方格蔟平放在薄膜上，依次投放熟蚕。待熟蚕在方格蔟上爬散后，逐片提起方格蔟搁挂到竹竿上，蔟片与蔟片间距10～15厘米。阳光过强，可用蚕匾、蚕帘等物遮盖于棚上部。当天傍晚熟蚕基本入孔结茧，将方格蔟取回室内搁挂，按蔟中环境要求进行保护。

（4）注意事项　一是上蔟前预先在室外搭好蔟架，以利及时上蔟；二是熟蚕基本入孔后，应将方格蔟取回室内，切忌数天搁挂在室外，否则会形成多层茧或薄头茧，降低茧质；三是遇大风或下雨天气，迎风面及两侧用蚕匾等物遮挡，用塑料薄膜遮盖蔟棚，雨后揭膜；四是防止蛤蟆、家禽、鸟类等侵害蚕；五是简易蔟架拆除后，应及时打扫，铲除表土，或用清水冲洗，防止病原带入室内；六是使用新方格蔟给蚕结茧，熟蚕宜偏老。

四、蔟中保护

从上蔟到采茧这一时期的保护，称为蔟中保护。蔟中保护环境与蚕营茧状态和茧丝品质有着非常密切的关系。若蔟中环境不良，往往会使蚕茧解舒困难，生丝品质下降，对营茧吐丝期影响最大。因此我们要了解掌握熟蚕上蔟结茧的规律，创造适宜的营茧环境，提高茧丝质量。

1. 蔟中阶段划分与保护要点

蔟中又可分为吐丝营茧期的蔟中前阶段和吐丝终了至化蛹期的蔟中后阶段。蔟中前阶段在24℃条件下约3天，是熟蚕吐丝形成茧层的过程，也是决定茧的解舒优劣的关键阶段。蚕体内绢丝物质的合成与分泌绝大部分是在5龄第三天到老熟上蔟第二天的大约1周内进行的。老熟后蚕体内绢丝物质的增加量相当于老熟蚕体内绢丝物质总量的30%～40%。如果上蔟后处在一个不符合熟蚕生理要求的环境中，必然使老熟蚕体内绢丝物质继续合成与分泌受到影响，或者残留在体内的绢丝物质增多，茧丝量减少。通过蚕的生理而影响到吐丝行动异常，将造成茧丝异常部位的增多而影响解舒，蔟中后阶段，熟蚕吐丝终了，将完成由幼虫期变态为蛹期，即体内要进行急剧的组织解离和新组织器官形成的过程。这一时期呼吸旺盛，新陈代谢作用强。此时，如环境条件不合适，死笼茧就会明显增多，茧质下降。

2. 营茧环境与解舒关系

蔟室的微气象条件与解舒率有紧密关系，温度、湿度、气流的综合作用影响解舒率。蔟中环境以干燥为佳，要使相对湿度降到60%～70%，营茧环境要保持通风换气，气流若能保持50厘米/秒，对提高解舒率有明显作用。但吐丝过程中茧丝干燥过快，尤其是北方蚕区，空气干燥的季节，蔟室不宜完全开启门窗，蔟室相对湿度以50%～60%为宜。

3. 蔟中保护

（1）及时翻蔟清场 适时翻蔟清场是上蔟技术的重要环节。蔟片搁挂经3～4小时后，当一部分蚕集中爬在蔟片顶部时，将蔟片上下翻个身，有利于提高入孔率。这样翻蔟2～3次入孔率可达90%以上。室外预上蔟的，方格蔟从室外取回室内不必翻蔟。上蔟一昼夜后，绝大部分的蚕已吐丝结茧但仍有极个别蚕不吐丝结茧，在蔟上徘徊，这种不结茧蚕称为游山蚕。游山蚕排粪、排尿极易污染其他蚕茧，对茧质危害最大。因此，应在上蔟翌日当大部分蚕已进孔营茧并形成茧形后，将游离蚕及时捡出另行上蔟，一般春蚕在上蔟后24小时，夏秋蚕在12～18小时清场为宜；如果是自动上蔟，在大部分熟蚕定位后要及时清除蚕沙。

（2）做好温度调节 蔟中温度主要影响蚕的营茧速度和茧丝质量，在合理的温度范围内，温度高吐丝快，温度低吐丝慢。温度过高过低，对茧的解舒影响都很大。若温度过高，则使熟蚕急于营茧易增多同宫茧，茧层疏松，缫丝困难，死笼茧和烂茧增多。若温度过低，则营茧缓慢，化蛹也迟，蔟中时间延长，且茧色不良，茧丝纤度偏粗，又容易增加不结茧蚕蔟中合理温度，在上蔟初期保持在24.5～25℃，结茧后期保持在22～24℃，低于22℃时一定要升温。

（3）加强通风排湿 一般熟蚕在上蔟后到吐丝终了期间，有相当于体重40%左右的水分发散，这些水分，大部分集中在上蔟后2～3天内散发，因而造成蔟室过湿，一般在上蔟初期不宜强风直吹，以防熟蚕向一方密集，上蔟1天后，蚕已基本定位营茧，应开门窗通风换气（气流速度0.5～1米/秒），或使用电风扇等进行人工通风排湿，蔟中相对湿度控制在75%以下，以提高蚕茧解舒率，减少死笼率。如雨天温度低时，最好升火排湿。如遇高温阴雨天气，要在蔟室内安装排风扇进行排湿。关门结茧，对解舒危害最大。总之，蚕吐丝结茧期间要保持清洁干燥的环境。

（4）保持光线均匀 熟蚕对光线敏感，表现为背光性。蔟室光线明暗不匀，则熟蚕偏密于暗处，局部密度增大，同宫茧增多及茧层厚薄不匀。蔟中光线太亮，则蚕集结于蔟底下，下茧增多，茧色不良。因此，上蔟室要求光线均匀，防止偏射光和阳光直射，以自然分散光线较为宜。

五、 采茧与售茧

1. 适时采茧

一般春蚕上蔟后7~8天，夏、中秋蚕6~7天采茧售茧适期，晚秋蚕8~9天为采茧售茧适期，具体应根据当时的气温和蛹体皮色灵活掌握。采茧应先上蔟的先采，轻采轻放，将蔟中污染茧、烂茧、病死蚕尸体拣起集中烧毁，切勿乱扔造成病原传播。使用方格蔟的可以自制简易采茧器，按茧孔大小制成一排木钉，对准蔟片上的一排茧孔，轻轻下压，1次就可以顶出1排茧子。

2. 选茧与出售

采茧时应根据丝纺工业的工艺要求，将茧分成上茧、次茧、下脚茧三大类。上茧是指茧形正常匀整、茧色洁白、缩皱均匀、可缫制高等级品位的蚕茧；多层茧、薄头茧、毛脚茧、僵蚕茧、轻柴印茧、轻黄斑茧都是属于次茧，次茧缫丝影响缫折，影响缫丝量和生丝质量；同宫茧、烂茧、死笼茧、柴印茧、穿头茧、重黄斑茧、绵茧、薄皮茧、畸形茧等均属于下脚茧。这类茧不能缫丝，一般可作绢纺原料。

将茧分类堆放，如采下的茧当天来不及出售的，应把鲜茧薄摊在蚕匾内或芦帘上，以免产生蒸热。出售鲜茧运输时将茧装在竹篓或筐内，切不可用不透气的塑料袋或编织袋、麻袋等装茧，避免蚕蛹闭塞呼吸和水分蒸发，蚕茧潮湿蒸热或积压烂蛹而使蚕茧变质。为防止鲜茧在运输途中发生蒸热，最好在装茧的容器（篓筐）中插入透气竹笼或放入一把干稻草，以利通气散热。鲜茧切忌用塑料袋盛装。装茧和运输途中，动作要轻，尽量减少震动，同时还要防止日晒和雨淋。

六、 回山消毒

1. 蚕室、 蔟室的消毒

在采茧后对室内的地面、天花板、墙的四壁及门窗进行打扫、清洗，把污染物去净，晾干后用1%有效氯漂白粉溶液进行喷洒。喷洒消毒后保持湿润状态30分以上，提高消毒效果。也可用福尔马林进行密闭重蒸，对于发生过脓病的蚕室、蔟室墙壁四周还要用20%石灰乳再粉刷一遍。

2. 蚕具消毒

利用晴天，将蚕匾、门帘及拆除后的蚕架等各种蚕具放在清水中清洗后晒干，再用1%有效氯漂白粉溶液喷洒，晾干后集中于蚕室妥善保管，塑料薄膜、塑料网用1%有效氯漂白粉液浸渍，清洗干净后晒干保存，线网要用开水煮沸消毒，洗净晒干后保存。

3. 蔟具消毒

对已损坏无使用价值的蔟具应及时烧毁，对有使用价值的蔟具除去浮丝，在清除蚕粪、病死蚕等杂物后再消毒，然后在阳光下晒干储藏待用。

（1）清除废丝　清除废丝的方法如下。

1）火烧法　将方格蔟直接在火苗（用木材燃烧或用小型喷火器）上来回移动，便可将废丝烧掉，注意蔟具不要在火苗上停留过久，防止蔟具着火。特别要注意方格蔟烧后应摊开散热24小时后再储藏，否则易引起火灾，收藏时将蔟片收拢打捆，存放干燥处。

2）手电钻法　工具：1把家用小型手枪式电钻，功率250～300瓦，转速2 500转/分；配1根直径4毫米钢筋，长30厘米，装在钻夹头上用于吸浮丝；当浮丝在铁丝上绕到一定粗度时用刀削去。将蔟片在日光下晒干后，按20组一排敞开平放在两张条凳上。将钢筋装在手电钻夹头上，调至电钻工作时钢筋成一线不扭曲为度。接通电源220伏；操作人员手握电钻，先将钢筋平放在方格蔟之上，然后开通电钻手柄的电源，初运转时浮丝少的地方吸不上来，应先吸浮丝多的地方，待有少量浮丝绕上钢筋后，很快就可以依次将浮丝吸干净，一面吸净后反过来再吸一下，个别孔可将钢筋头伸入吸取，这样在很短的时间内可完全将一组蔟具的浮丝吸干净。一般清除3~4组蔟片后，用削刀削去绕在钢筋上的浮丝，否则吸力减弱。具有省工省力，干净彻底，不伤蔟具等优点。

（2）消毒　方格蔟除浮丝后选择晴天用福尔马林或优氯净熏烟剂进行熏消，在室外水泥地或地上铺塑料薄膜，用福尔马林：水 = 1：9，稀释后喷洒方格蔟稍湿，再用薄膜覆盖密闭，提高温度和湿度，日晒4小时以上，第二天揭开薄膜晒干方格蔟，即可收藏。

4. 蚕室、蔟室周围环境的消毒

在养蚕过程中不可避免的有蚕沙及病死蚕尸体等遗落在蚕室、蔟室周围的环境中，对养蚕安全造成威胁。因此，在清扫蚕室、蔟室的同时，还要把周围环境一并清扫干净，再喷1%有效氯漂白粉溶液进行消毒。

5. 蚕沙的处理

蚕沙是由残桑、病死蚕及蚕粪构成的垃圾物，其中含有大量的病原，是蚕病的主要传染源。蚕沙处理不当往往是造成蚕病重复感染乃至暴发的重要原因，生产上通常在离蚕室、蔟室、桑园较远且下风口处挖坑深埋，沤制堆肥，经过发酵腐熟，杀死病原后才可作桑园施肥。

第六节
激素应用技术

一、 保幼激素的使用

保幼激素，可以延长龄期，使蚕多吃桑叶，增产增收。

1. 施药时间

一般以5龄中期偏早为宜。春蚕期5龄经过8~9天的，于饷食后72~84小时施药。夏秋天5龄经过6~7天的，掌握在5龄饷食后60~72小时施药。如气温偏高应适当提前，气温偏低则适当延后。

2. 配药方法

先将激素药品放入茶杯内敲开，用干净水煮沸冷却后按药品说明书上注明的比例称足水量，先取少量水倒入药杯中，充分搅拌，溶解药物，再将已拌药液倒入量好的全部水中，反复倾倒3~4次，然后再搅拌10分即可使用。

3. 使用方法

由于保幼激素是经蚕体壁吸收，因此在使用前要求将蚕座内的桑叶食尽，蚕体充分暴露，然后将配好的溶液用蚕用喷雾器，均匀地喷在蚕体上，使每头蚕都喷到，喷药后15分，药液稍干即可正常饲育。

二、 蜕皮激素的使用

蜕皮激素，可以缩短龄期，促进老熟齐一。

1. 施药时间

蜕皮激素能使蚕的龄期缩短，促进老熟变态，当春用蚕品种 5 龄见熟 10%，夏秋用蚕品种见熟 5% 时添食蜕皮激素，能缩短龄期半天左右，老熟齐一、上蔟快。过早添食会影响产茧量，缩短茧丝长度，使纤度变细。因此，饲育中必须做好提青分批工作，分批见熟，分批添食。在缺叶和发生蚕病的情况下，可以提前使用，促使蚕提前上蔟，减少因缺叶和蚕病造成的损失。

2. 用药量

目前生产上应用的蜕皮激素，每克（或每片）含蜕皮激素 45 毫克，兑水 2.5 千克，充分搅匀，均匀喷洒在 20 千克桑叶上，边喷边翻动，使每片桑叶上都要粘上药液，喷完稍稍晾干后喂给一张种的蚕吃。

3. 使用方法

一般在前一天傍晚时添食，第二天捉熟蚕；或早上添食，下午捉熟蚕为好，添食后经 10～12 小时即可老熟上蔟。在添食蜕皮激素的当天内不要再添食或体喷其他药物，添食蜕皮激素后，蚕老熟齐一，因而要准备好蔟具，组织好劳力，以免临时忙乱。

三、 使用激素注意事项

配药用水及施药的用具务必清洁无污染，以免蚕中毒或降低药效。配药浓度和用药剂量要准确，瓶内药液要充分冲洗干净，充分搅拌，使溶解均匀，激素配液不可久放，以防腐败、变质、失效，要现配现用。激素的活性与温度有关，高于 30℃ 或低于 20℃ 时，其活性均会降低，因此施药时一定要先调节温度，以 25～27℃ 施用为宜。施用激素的蚕，在 5 龄起蚕时注意分批饲食，分批施药。施用保幼激素后两天左右蚕食桑缓慢，应适当减少给桑量，待蚕食量增加时，应及时饱食，采茧不要过早，以免增加内印茧。若发现体质虚弱、有蚕病及缺叶时都不能施用保幼激素。

第十章
省力化养蚕技术

　　省力化养蚕是指依靠蚕桑科技进步，以优质、高产、高效、省力、低耗为目标，建立起省力化养蚕技术及相关体系，从而达到蚕桑生产可持续发展并朝着产业标准化方向发展。省力化养蚕技术通过改进生产方式和生产工具，减少劳力投入量，提高生产效率，降低人为因素带来的失误与风险，同时又能有效降低成本、改善饲育环境。因此，推广省力化养蚕技术，是降低蚕业风险、实现蚕业可持续发展的关键。推广省力化养蚕技术有利于实现养蚕业规模化经营，增强养蚕业的相对竞争力。

第一节
小蚕共育技术

小蚕共育就是把分散在养蚕农户的小蚕，集中在一起高标准饲养到 3~4 龄饷食后，再分发到各养蚕农户饲养，这种小蚕饲养模式，称为小蚕共育。实行小蚕共育有利于提高消毒防病和小蚕饲养水平，有效减少蚕病的发生，是实现蚕茧稳产高产的重要途径。同时，小蚕共育可节省劳力、房屋、燃料及消毒药品等，从而降低养蚕成本。目前我国各蚕区都在大力提倡小蚕共育。

一、 小蚕共育的优点

1. 有利于消毒防病， 确保蚕座安全

小蚕对病原抵抗力弱，易感染蚕病。尤其是 1~2 龄蚕被感染后，发病率极高。实行小蚕共育后，采取集中饲养，专人管理，蚕室、蚕具、环境消毒措施到位，药液浓度配比准确，用药充足，喷布全面均匀，消毒彻底，可以有效地控制蚕病发生，确保蚕座安全，为养好大蚕，夺取丰产丰收打下基础。

2. 便于技术指导和实行科学养蚕

小蚕饲养时间短，技术性强，需要一定的温湿度和较高的桑叶质量。实行小蚕共育，可在较大范围内选配有技术、有经验、责任心强的技术人员，统一技术处理，严格贯彻技术操作规程，实行科学养蚕，有利于增强蚕的体质；小蚕共育收蚁集中，便于技术指导和推广先进经验，有利于提高科学养蚕水平。

3. 蚕头足， 保苗率高

小蚕共育的蚕种补催青技术处理好，严格掌握了解温湿度标准和黑暗保护，蚕种孵化率高，收蚁整齐，蚕卵和蚁蚕遗失率低；同时在小蚕饲养中，设备齐全，技术操作到位，每张蚕种不低于 25 000 粒，为实现蚕茧稳产高产打下坚实基础。

4. 成本低，保苗率高

小蚕分户饲养，桑叶、加温设备、劳力、用具和消耗的物品小而全，增加了养蚕成本。实行小蚕共育，采用标准化饲养，保温条件好，技术措施处理到位，蚕整体发育快而齐，经过时间短，蚕头损失少，可提高蚕室、蚕具和各种消耗物品的利用率。

二、 小蚕共育的技术人员要求

小蚕共育户应选择思想品德好，工作认真负责，养蚕技术过硬，有专用桑园，专用小蚕共育室，为广大蚕农所信赖的蚕农为小蚕共育户，并配齐相应的蚕具，如调节温湿度设备等物质。具备扩大小蚕共育规模条件的共育户，应该逐步扩大小蚕共育规模；应聘请一些热爱蚕桑事业、踏实肯干、乐于学习养蚕技术、责任心强的年轻人员参与。这样才能把小蚕共育的质量不断提高，从而促使更多蚕农参加小蚕共育，形成良性循环，促进小蚕共育的普及推广。

三、 小蚕共育技术要点

1. 抓好蚕期前共育室及蚕具的消毒

要使小蚕不感染病原，蚕体强健，在接收蚕种入蚕室 7～10 天前，应对共育室内外、场地和一切蚕具彻底打扫、刮、洗、刷，并用含有效氯 1% 的漂白粉消毒液喷消，竹木蚕具用漂白粉消毒液浸消，其他不耐腐蚀的小蚕具用熏蒸或煮蒸进行消毒，蚕具、用品洗消（两消一洗）后集中蚕室中，再用熏烟剂关闭门窗进行一次熏烟消毒，消毒后要注意将蚕匾等用具晾干和防止重复感染病原。

2. 补催青和收蚁

要使共育的小蚕发育齐一，蚁体强健，首先要做好补催青工作。接到蚕种后，应按催青目的温湿度保护，重点是防高温和干燥。蚕种见点后全黑暗保护两天，收蚁当天 5：00～6：00 感光，促使蚕种孵化齐一。收蚁方法：

（1）网收法（适用于散卵收蚁） 收蚁时，将小蚕网覆盖在蚁蚕蚕座上，撒上已切好的桑叶，经过 10～15 分后，抬起蚕网放在事先铺好塑料薄膜的蚕匾里，然后进行蚕体消毒、喂叶，整理蚕座，盖上塑料薄膜。

（2）桑引法（适用于平附种收蚁） 方法一：把切好的桑叶直接撒在蚁蚕上，10～15 分后，蚁蚕爬上桑叶后，连叶带蚕移到蚕匾上，然后匀座、定座。

方法二：把桑叶切成韭菜叶宽，撒在蚕座纸上，其面积略大于平附种的卵面积，将蚕种纸面向下，放在桑叶上，10～15分后，蚁蚕爬上桑叶后，即可揭开蚕种纸，进行匀座和定座。

（3）击落法（适用于平附种收蚁）　将已孵化的平附种翻转向下，一人双手拿住蚕种纸一端两角，另一人左手拿住另一端中间，右手拿蚕筷，朝蚕种纸背面突然猛敲3～4下，将蚁蚕打落在蚕座内，然后进行蚁体消毒，给桑定座。

（4）纸引法　蚕种转青后，用收蚁纸或白纸包种，防止蚁蚕逸出，用白线"十"字绑好，进行黑暗保护，收蚁当天5：00～6：00感光，收蚁时将白线解开，将切好的桑叶撒在纸面上，蚁蚕闻到桑叶气味爬到纸背后，撤去引蚁叶，进行蚁体消毒，给桑定座。

3. 选叶

小蚕用叶要精选各龄适熟叶，特别是1～2龄选叶要老熟一致，同位同色，以叶色为主。如1龄以黄为主，黄中带绿；2龄以绿色为主，绿中带黄；3龄以浓绿色为主。

4. 控制日眠

控制日眠的方法：控制好收蚁时间，8：00～9：00收蚁，10：00前结束；选择适熟偏嫩桑叶喂蚕，保持桑叶新鲜；温度一定要控制在各龄适温范围内。根据蚕的发育快慢，通过调节饲食时间来达到控制日眠的目的。

5. 坚持蚕期消毒

蚁蚕、起蚕用小蚕防病1号消毒蚕体、蚕座。食桑期，每天用含有效氯1%的漂白粉溶液或消特灵液，对共育室、储桑缸、储桑室地面消毒。采桑和储桑用具严格分开消毒，室内室外分开并经常消毒，及时清除蚕沙，并将蚕沙集中运到远处堆沤处理，除沙后对地面消毒。小蚕共育应固定专人饲养专用小蚕室、蚕具，与大蚕用具绝对分开。

6. 加强温湿度气象环境调节

1～2龄一般27～28℃，干湿温差0.5～1℃；3龄27～26℃，干湿温差1.5～2℃。温度不能低于25℃。

7. 均匀分匾

为使分蚕时公平合理，养蚕过程的分匾一定要做到分匾均匀。除收蚁时按整张或半张分匾饲养外，每次分匾也要力求做到均匀一致，在二龄饲食时1匾蚕加

2 张小蚕网，把蚕均匀地一分为二。在 3 龄第二次给叶后分蚕，按养蚕户订购蚕种数量分。在分蚕前把蚕均匀调配好，使每一匾蚕头数量基本相等，并贴上标签，经蚕农代表检查无误后用抽签法抽取蚕匾。

8. 定好合理的共育费标准

小蚕共育投资多，技术性强，风险大，所以要适当提高共育员的收益，但同时又要照顾到其他农户的利益。收费太低没人愿意做共育员，收费过高农户不愿意参加共育，所以收费一定要合理。小蚕共育费最好与所发的养蚕户收获成绩挂钩。

9. 其他

及时扩座、匀座、分匾、除沙，调换蚕匾上下位置使感温均匀。要采用塑料薄膜防干育方法，即 1～2 龄下垫上盖，3 龄只盖不垫。

四、 小蚕共育的条件和要求

1. 小蚕共育室

小蚕共育室应远离大蚕室、上蔟室，每个共育室应大于 20 米^2，有对流门窗，内置加温补湿设备，可保温保湿，装有照明设备，有足够的蚕具、蚕药及附属用品，同时要有一定面积的储桑室和附属室。

2. 专用桑园

最好建立有小蚕专用桑园，离农田远，不靠近排放有毒废气的工厂、砖瓦窑、石灰窑，桑田应适时剪伐，加强培肥、除草、防治病虫害和排灌管理，保证提供足量的优质桑叶。

3. 共育员

每个共育户要有共育员 1～3 人（包括辅助工），每批共育 25～30 张种，从补催青、收蚁到 3 龄起蚕第二次给叶后分奔。

五、 小蚕共育形式

1. 共育专业户

由技术水平较高并且设备条件较好的桑蚕专业户组织小蚕共育，共育所需的一切物质、桑叶等由专业户负责。

2. 联户共育

方法一：以村、组为单位，几户或几十户蚕农自己组织集中在一户共育，由各户付给共育户一定共育费。方法二：蚕农把蚕种集中在一户蚕农家喂蚕，各户自采桑叶，自行喂蚕到 3 龄第二天或 4 龄第二次喂蚕后拿回饲养，各户分摊燃料费，并付给共育户适当报酬。

第二节
小蚕塑料薄膜一日两回育技术

小蚕塑料薄膜一日两回育技术是根据小蚕对高温多湿适应性强、对病原微生物及有害微生物抵抗力弱的生理特点设计的饲养技术。此法一天只给桑 2 次，由于省工、省叶而得到普遍推广。

一、一日两回育的优点

一日两回育就是一天仅在早、晚各给一次桑，因而减轻了工作强度，节省给桑用工 1/3 左右。由于覆盖薄膜有利于桑叶保持新鲜，提高桑叶利用率。

二、养蚕前的消毒

在每次养蚕前对小蚕饲养期间所用的蚕室、蚕具及其他所有物品、周围环境进行彻底消毒，不留死角。

三、感光、收蚁

为了有利于调剂给桑时间，一日两回育感光收蚁时间不在早晨，而以 15：00～16：00 感光，17：00～18：00 收蚁。为了便于小蚕共育的分蚕和饲养管理工作，一般半张种为一区。

四、 饲养技术

1. 采叶标准

要求用叶老嫩一致，叶片比平面育的稍嫩。收蚁采黄中带绿，以黄色为主的第二位叶，1龄第二、三天采第三位叶，2龄采第四位叶，3龄采第五、六位叶。各龄用叶做到同色同位，连叶带柄采下，一片片叠好。

2. 给桑时间

一日两回育技术是一项省力、高效的养蚕技术，由于一日给桑数为2次，给桑时间长达12小时左右，一般7：00～8：00、18：00～19：00各喂一次桑叶。

3. 给桑量

一次给桑量是普通育的1.6～1.8倍，晚上适当增加给桑量。

4. 桑叶保湿防干

由于一次给桑量较大，蚕座内桑叶易失水分萎凋，因此1～3龄采用全防干育。方法：1～2龄进行粗切叶，3龄去叶柄，各龄蚕将眠时相应细切，切叶大小是普通育的两倍，以减少水分散发。

5. 蚕头数

蚕座内的蚕头数是普通育的60%～75%，这是根据两回育总用桑量是普通育的80%左右，一次给桑是普通育的1.6～1.8倍来计算。

6. 眠中保护

眠中保护同普通育一样处理，眠的前期要干燥，眠的后期要湿润，有利于蜕皮。

7. 除沙

1龄不除沙，2龄起除、眠除各1次，3龄起除、中除、眠除各一次，除沙时要注意检查，以防遗失小蚕。

8. 饷食

两回育应在普通育的基础上注意提青分批，促进蚕生长发育齐一，便于及早饷食，每隔2小时观察1次，宜饷则饷，不能等到下次给桑时才观察处理，以避免发生不良后果。

五、 薄膜覆盖

依据实验小蚕在适应其生长发育的温湿环境中，覆盖12小时无不良影响。

具体方法：1 ~ 2 龄采用聚乙烯薄膜，上盖下垫，3 龄蚕上盖下不垫。若薄膜有水珠形成，可在蚕座上放一根竹篾将薄膜架起或用针在薄膜上扎一些小孔。每次喂蚕前 30 分揭膜换气，并提前扩座、匀座、蚕体消毒，眠中不盖薄膜。

六、温湿度调控

各龄蚕的温湿度调控以促使蚕发育齐一为原则，各龄蚕最适温度为：1 龄 27 ~ 28℃，干湿温差 0.5 ~ 1℃；2 龄 26.5 ~ 27℃，干湿温差 1 ~ 2℃；3 龄 25 ~ 26℃，干湿温差 2 ~ 3℃；眠中温度宜下降 0.5 ~ 1℃，以促使蚕发育齐一。

七、扩座、消毒、给桑

小蚕一日两回育，给桑前扩座、匀座、整座。定座时蚕头要稀，且分布均匀，才能保证各龄蚕发育整齐。每次揭膜、匀座、扩座后，都要用小蚕防病 1 号或新鲜石灰粉或焦糠交叉进行蚕体、蚕座消毒。给桑要均匀，厚薄一致。

八、注意事项

1 ~ 2 龄在给桑前 30 分前揭膜；3 龄在给桑前 45 ~ 60 分揭膜。蚕室温度不能太低，给桑不宜太厚，每次撒石灰或焦糠，不能撒得太厚，以防潜伏蚕丢失。一定要超前扩座，确保蚕发育齐一，为大蚕饲养打下基础。

第三节
小蚕片叶立体饲育技术

小蚕片叶立体饲育是将有蚕的桑叶和新鲜桑叶用铁丝穿成串后，垂直搁挂，直立给桑，蚕攀缘取食，蚕粪自然落下。此法省工、省时、省投资、高产、高效，而且能减少蚕病发病率。但此技术对采叶和串叶技术要求较高，掌握不好容易造成蚕发育不齐。因此，要掌握以下主要关键技术环节：

一、 饲育箱制作

立体育设备比较简单，投资少，易取材，竹木皆可，可因地制宜，就地取材。用 1 厘米 × 3 厘米木条或竹片制成 80 厘米 × 40 厘米 ×（20～25）厘米（高度可根据桑树品种，桑叶大小而定）规格的饲育箱，在框架底部装 2～3 根横杆，使箱坚固耐用。在框架上部两个长边内侧各装 1 根搁棒用的调节挡。然后每只箱子用一张 132 厘米 × 92 厘米聚乙烯塑料薄膜，将箱子底部和四周封好，用图画钉或鞋钉钉牢，便成饲育箱。为了便于排湿，两边塑料薄膜应用刀从中间垂直割开。

二、 主要物品准备

养一张种需要准备饲育箱 5～6 个，穿叶用 40 厘米的竹针或 14 号铁丝 130～140 根。饲育前准备好蚕室、蚕具，如加温设备、蚕座纸、干湿温度计、蚕筷、鹅毛等，每张蚕种还需要消毒用的漂白粉 2 千克，新鲜石灰 7 千克。

三、 彻底消毒防病

为了杜绝蚕病发生，确保蚕座安全，养蚕前必须对蚕室内外及环境用具认真清扫和洗涤，用 1% 有效氯漂白粉或 2% 甲醛与 0.5% 新鲜石灰混合液进行消毒，穿叶用的竹针或铁丝、蚕筷、鹅毛、饲育箱等物品用浸渍法消毒。

四、 饲养技术

1. 补催青、 收蚁

蚕种领回后，按常规做好补催青工作，若发现胚子转青不齐时，可采取黑暗保护两天，然后隔日收蚁，以提高一日孵化率，力争一次收齐。在收蚁当天 5：00～6：00 感光，感光时将蚕种摊平，每张蚕种摊开面积在 0.2 米² 左右，要求蚕种粒粒摊平，不能重叠。收蚁一般用穿叶平附收蚁法或桑叶引蚁再穿法，即蚁蚕孵化齐后，在蚁蚕上平放串叶或片叶，每张种平放 25～30 片桑叶，再用塑料薄膜盖上，再用几张蚕座纸盖压在塑料薄膜上面，使叶片与蚕紧密接触。约经 30 分后，待蚁蚕全部爬上桑叶后，掀开蚕座纸和塑料薄膜，将一串有蚕桑叶夹一片无蚕桑叶，搁挂在箱内的调节挡上进行饲养；若用桑叶引蚁再穿法收蚁，就直接将一片有蚕桑叶夹一片或两片无蚕桑叶穿连成串，搁挂在饲育箱内调节挡上。并依据叶片大小相应升降调节挡，使叶尖触及箱底为宜，以便掉落下的蚕能再爬上桑叶，饲育箱可 3～4 个相叠，最后盖上塑料薄膜。若一次收蚁不齐，继续将蚕种进行黑暗保护，待第二天收蚁。收蚁时间一般为春季 9：00 开始，10：00 结束；夏秋季 8：00 开始，9：00 结束。

3. 选叶

蚕能否发育齐一，关键在于选叶和保鲜。根据蚕的不同龄期，选用同色同位叶，依叶色为主，老嫩一致的适熟偏嫩叶。选叶标准：1 龄选自上而下的第二至第三片叶，叶色黄中带绿，特别是收蚁用叶，要用以黄色为主的第二片叶，叶面稍有皱纹，有透明感，以蚁蚕刚好吃穿叶肉为度；2 龄采以绿色为主，绿中带黄的第三片叶；3 龄采叶色较深的第四至第五片叶。采选桑叶时，要做到随采随叠，便于穿叶喂蚕。同时采叶要有计划，随采随用，并做好桑叶保鲜工作。

4. 给叶及方法

为确保小蚕良桑饱食，生长发育齐一，给桑前要做好匀蚕工作，调整蚕座的疏密，使每片或每串桑叶上的蚕分布均匀。然后用预先穿好的桑叶进行给桑，每天给桑 1 次，每串 15～20 片叶，每箱放 20～25 串叶为宜。串与串之间若即若离，松紧疏密得当，利于蚕的取食。1～2 龄实行一串有蚕叶夹一串无蚕叶，3 龄由于食桑量增大，一串有蚕叶夹两串无蚕叶。同时箱的底部平铺几片桑叶，使偶然掉落的蚕也能及时食桑，待下次给桑时穿回蚕串中，给桑要适量，桑叶被食后，1 龄残叶呈网膜状，2 龄呈网眼状，3 龄支脉被食，以叶肉食净为度。要经常观察食桑情况，给桑量不足时，在串上放少许桑叶进行补桑，给桑量过多时要适当推迟给桑或减少给桑量。在饲养过程中，每次给桑后要将饲育箱上下、左右位置进行调换，使其感温均匀；要根据小蚕生理特点注意运用光线控制群体空间分布，调节食桑位置，促进蚕生长发育齐一，遇到温度过高箱内有水珠时要揭开塑料薄膜进行换气。给桑时若发现残叶中有蚕，应用叶引出，以确保蚕头数。

5. 除沙

由于立体育桑叶直立蚕座成立体状，蚕沙自然落下，桑叶与蚕沙分离，一般平时不用除沙，只需在每龄最后一天，把蚕座纸连同蚕沙拿出清除，再放一张干净蚕座纸即可。3 龄排沙量较多，可增加一次中除，平常可进行每天 1 次蚕体消毒。

6. 眠起处理

眠起处理是小蚕片叶立体育最重要的技术处理环节，一旦处理不当，就会引起眠起不齐，出现大小蚕，增加技术处理难度。因此，给桑量要掌握各龄头两天，每次给桑要稍多些，第三天在保证饱食就眠的前提下，"宁少勿多"，做到饱食不浪费，省叶不饿蚕，吃净眠齐。避免就眠时剩叶过多增加蚕座湿度，又难提青，增加眠起处理难度，所以要采取迟止桑、迟饷食的方法，每龄有 90% 以上的蚕入眠后才止桑，若有少数的青头蚕，可用桑叶加入串与串之间，待蚕爬上桑叶后取出另行饲养。

7. 眠中保护

蚕眠定后，揭开塑料薄膜，适当提疏蚕串并提高蚕串高度，利于通风换气，及时均匀撒新鲜石灰粉，使残叶快速干燥，避免蚕早起先食，影响蚕发育齐一。眠中温度要低于饲育温度 0.5~1℃，这样有利于蚕的蜕皮。

8. 饷食

各龄饷食不宜过早，待起蚕率达到 95% 以上，甚至全部蚕起齐后，才能饷食。

五、 防病措施

收蚁时，在给桑前用小蚕防病 1 号进行蚁蚕蚕体消毒，用药厚度以一层薄霜为宜，若蚕种孵化不齐，需要第二次收蚁时，可不进行蚁体消毒。在各龄饷食前，与平常一样要进行起蚕蚕体消毒，用 2%~3% 有效氯漂白粉防僵粉或小蚕防病 1 号进行蚕体、蚕座消毒，撒药时将蚕串适当倾斜，利于药粉的粘附。在饲养期间，可适当添食抗生素，以增强蚕的抗病力，将叶片串放在抗生素液中浸湿凉至不滴水时喂蚕。

六、 饲育温湿度标准

1~2 龄 26.5~27℃，干湿温差 0.5~1℃；3 龄 26℃，干湿温差 1.5~2℃。

七、 注意事项

叶片、叶串之间的距离，要根据蚕的生长发育情况和蚕的大小做相应调整，搁串挂的高度以叶尖达到箱底为宜。给桑量不足或提青时，在桑叶串上平放桑叶，或在桑叶棒串间夹桑叶，然后另行串联挂起。饲养箱内光线要均匀，湿度大时，待桑叶被食下 1/3 左右时，揭去饲养箱的塑料薄膜进行排湿。因多数品种小蚕期均有趋光性，所以饲养箱内力求光线均匀。如发现上部蚕已经吃光，下部残桑过多，可将饲养箱用黑布遮光，使蚕向下部移动取食。各龄逐日给桑时，为避免食桑不足和眠中残桑过多，各龄第一和第二天用桑量宁多勿少，第三天在保证饱食就眠的前提下，应掌握适当偏少，避免就眠时大量余叶，增加处理难度。2~3 龄给桑时靠箱边的叶串穿叶张数只能为中间叶串的 1/3 至 1/2。穿叶位置原则上以叶柄与主叶脉交界处为宜，但实际操作可灵活掌握，可边采边叠边穿连，拉开挂搁；春蚕 3 龄可直接采三眼叶搁挂喂蚕，以利提高作业效率和桑叶的保鲜。

第四节
小蚕人工饲料饲育技术

一、 小蚕人工饲料优点

家蚕颗粒饲料是为克服粉体饲料调制、运输、储藏及给饵操作的不便和弱点而研制的。用颗粒饲料养蚕，除具有粉体蒸煮饲料养蚕的优势之外，还具有以下优点：加工过程可以全部机械化、工厂化。给饵喂蚕方法简单，给饵前只需在颗粒饲料中加入定量水分，然后喂蚕即可，省去了粉体饲料调制、蒸煮、切片等多个步骤。一般每龄给饵一次，可大幅度提高养蚕工效。颗粒饲料成品经过干燥灭菌、包装，也可进行无菌真空包装，便于贮存和运输，不易污染和变质。饲料不需要长时间高温蒸煮，有利于保持料的营养成分，改善饲料性能。但其缺点是对饲料配方有更高的要求，除要满足蚕的食性、营养、物理性状和防腐性等普通人工饲料所具备的条件之外，还必须适合膨化加工，干燥的颗粒饲料加水喂蚕时，硬度、黏度、脆度等要适应家蚕的取食要求。此外，有些蚕品种对颗粒饲料的摄食性、蚕体重低于粉体蒸煮饲料育，颗粒饲料全龄饲育尚不实用，仅 1~2 龄颗粒饲料育技术已趋成熟。

二、 小蚕颗粒人工饲料饲育的基本要求和方法

1. 小蚕人工饲料饲育蚕室及配套设施要求

（1）养蚕室场地的选择 小蚕人工饲料饲育蚕室应选择水源充足、供电方便的地方，远离大蚕室和上蔟室100米以上，应与果园、烟地、粪场、垃圾场、厂区（石灰窑厂、砖瓦厂、化工厂等排放有毒有害物质的工厂）等污染源保持一定的安全距离。

（2）小蚕人工饲料育蚕室建筑要求 坐北向南，设南面走廊，宽1.8~2米，室内设天花板或塑料薄膜顶棚，高度3米左右，水泥地面或砖地面、对流窗、拔气洞（地窗）、换气扇、地暖（或空调、暖气、地火龙暗火加温）设施，要求保温保湿，便于消毒、补湿、排湿。100张蚕种需饲育室60米²左右，如果为大面积房屋，最好将其隔成数间，每间60米²左右。另外，在饲养期间蚕室内要求黑暗状态，要用黑布或黑色厚塑料膜封严门窗。蚕室内严防有蚁穴。

（3）共育室的附属设施 小蚕人工饲料共育室除专用饲育室外，应配备专用储藏室、饲料调制室、值班室、更衣室，各室布局合理。院内设晒场，建造专用消毒池。

（4）蚕具及配套工具 每饲养100张蚕种（1~2龄）需要专用养蚕塑料箱（72厘米×50厘米×6厘米）535个或叠式木框蚕匾（165厘米×121厘米×7厘米，每个饲养1张种）100个或叠式木框蚕匾（100厘米×100厘米×7厘米，每个饲养0.5张种）200个；1龄给料筐10~20个；收蚁、换料架10个；浸泡饲料用平底饲料盆、盘或其他平底器皿（若为圆形器皿直径25厘米左右）30~50个；蚕架宽度50厘米左右，长度根据蚕室决定，离地高度40厘米左右；用专用养蚕塑料箱饲养时，小蚕网500个；用木框蚕匾饲养时，小蚕网100~200个；配套工具应专用、齐全，配备高压喷雾器或电动喷雾器、拖鞋、隔离衣、消毒盂等消毒防病卫生用具，补催青专用黑暗箱、饲料调制用具、收蚁用具、计量用具、加温补湿器、臭氧发生器、蚕室消毒机等。

2. 养蚕前蚕室、蚕具消毒

（1）基本要求 应在养蚕前7~10天消毒结束。要求蚕室打扫彻底，蚕具清洗干净，药品搭配合理，药剂配制规范，消毒步骤科学，药液喷洒均匀，消毒范围全面，消毒后管理严格。

（2）消毒步骤按"系列消毒法"进行

1）打扫蚕室、清洗蚕具　蚕室内各种蚕具搬到室外，彻底清扫蚕室、蚕具和周围环境，蚕沙、杂草、垃圾全部清除，可燃者烧毁后与其他非可燃物远离蚕室深埋。蚕具和蚕室凡能用水冲洗的地方用清水冲洗干净，不能用水冲洗的地方擦干净。用清水浸泡蚕具，刷除蚕沙等污染物，洗净后置于干净处在日光下晒干。

2）粉刷墙壁、浸渍蚕具　用20%新鲜石灰乳粉刷蚕室墙壁。用2%甲醛加1%石灰乳对蚕具浸渍30分消毒，并置于干净处晒干。

3）喷雾消毒　将浸渍消毒并晒干后的蚕具搬入蚕室，对蚕室、储藏室、调料室和蚕具用含有效氯0.3%、辅剂0.04%的含氯石灰澄清液进行喷雾消毒，或用含有效氯1%二氯异氰尿酸（或二氯异氰尿酸钠）、2%石灰乳混合液喷雾消毒，用药量为稀释液225毫升/米²。同时，选择傍晚或清晨对周围环境进行喷雾消毒。

4）地面消毒　用2%甲醛热药液（水温60～70℃）、2%石灰浆的混合液浇浸蚕室、储藏室、调料室地面。

5）熏烟消毒　将蚕具交叉摞放于蚕架，零星蚕具经洗刷暴晒、液体消毒或蒸煮消毒后放于蚕架上，密闭蚕室，用熏烟药剂进行熏烟消毒，具体方法按商品说明书进行。

收蚁前蚕室、蚕具严防二次污染，且必须保证所有消毒后的蚕具（尤其塑料养蚕箱）干燥，防止蚕具带水收蚁，以防饲料变质和淹死蚕。

3. 蚕品种选择与蚕种催青

（1）蚕品种选择　家蚕对人工饲料的摄食性因蚕品种不同而存在很大差异，总体来看，杂交种的摄食性优于原种，日系原种优于中系原种。从生产实用性角度考虑，收蚁24小时疏毛率需达到97%以上才有推广价值。目前我国养蚕生产上饲养的现行蚕品种对人工饲料的摄食性多数达不到实用化要求，摄食性相对优良的品种有菁松×皓月、春华×秋实等，此外是刚通过审定、正在审定的品种或现有品种的食性改良系，主要是山东农业大学选育的ZHG×春54、ZHG×秋54、广食一号、菁松×皓月食性改良系（R菁松×R皓月）、广西蚕业推广总站选育的两广二号食性改良系等。

（2）蚕种催青与补催青　蚕种要严格按标准搞好催青，并要认真搞好补催青和黑暗处理，促进胚胎发育齐一。共育室领回转青卵或点青卵，根据预定蚕座面积和所用养蚕塑料箱或蚕匾数量（每张种 1.8~2.0 米²），立即按不同的品种和批次称量、分区，装收蚁袋，放置于补催青架（黑暗箱）进行补催青。补催青环境条件：蚕室内温度领种前一天达 21℃，蚕种领回后每小时升 0.5~1℃，升到 25.5℃，干湿温差 1~1.5℃，相对湿度 85%~90%，保持绝对黑暗 36~60 小时。黑暗保护过程中，注意通风换气。

人工饲料育应严禁转青卵和蚁蚕冷藏，否则会导致摄食性和疏毛率下降。但适当延迟收蚁时间（比桑叶育晚 1 天）有利于提高摄食性和发育整齐度。另外，为防止饲料污染，转青卵可用含有效氯 0.3% 的漂白粉液进行卵面消毒。

4. 饲料前处理及加水调制

颗粒饲料使用前基本为无菌包装，喂蚕时所有接触颗粒饲料的器具都需要消毒、灭菌，不要用手触摸饲料。喂蚕时将颗粒饲料放入事先消毒好的平底器皿内（如塑料盆、培养皿等），摊平，厚度 3 层左右。然后加入相当于饲料干重 1.7 倍（1 龄）或 1.6 倍（2 龄）的无菌水，搅匀，使所有饲料充分接触到水，放置 20 分左右，待水分全部均匀地吸入饲料后给饵（给饵前加水，不要太早，否则放置时间过长会导致饲料黏在一起，不便给饵）。在整个操作过程中，尽量减少污染。

5. 收蚁

收蚁当天 5：00~6：00 感光，春蚕 8：00~9：00、夏秋蚕 7：00~8：00 收蚁，一日孵化率达到 98% 以上。收蚁若使用普通收蚁袋或平附种时，采用打落法，将蚁蚕尽量均匀地打落到养蚕塑料箱或蚕匾内的饲料上。如果使用人工饲料育专用收蚁袋，则采用自然爬散法，即将收蚁袋棉纸三边揭开或用刀片切开，一边相连，带不干胶的三边撒上收蚁沙，将有蚁蚕的一面向下平铺到蚕座饲料上，让蚁蚕自动爬到饲料上取食。一般经过 1~2 小时之后绝大部分蚁蚕已从收蚁袋爬到饲料上，收蚁结束后将空的收蚁袋收起，如有少数还停留在收蚁袋上的蚁蚕可打落到饲料上。这种收蚁方法简便，工效高，而且不会损伤蚁蚕，但要求蚕座必须平整，饲料分布均匀。

若一次收蚁量较多，最好分为 2~3 天进行，每天上午收蚁完成。根据生产实践经验，每个共育室 1 天收蚁量宜在 300 张种以内。

6. 蚕座面积

适宜饲养密度因蚕品种不同而有所差异。一般情况下，每张种（按 28 000

头）1 龄期适宜蚕座面积为 0.9 ~ 1.0 米²，2 龄为 1.8 ~ 2.0 米²，按照预订蚕座面积确定饲料所占面积、定座。由于 2 龄不分匾，所以 1 龄蚕座面积（饲料所占面积）占蚕匾或养蚕塑料箱的一半，使用 1 龄定座给料框居中定座，饲料均匀地撒于定座框的范围内，2 龄饷食时，将饲料均匀撒满塑料箱底，让蚕自动爬食。

7. 饲育形式

在养蚕条件比较简陋的情况下，尤其是在农村生产饲养时，小蚕人工饲料育以半封闭育为宜，用专用养蚕塑料箱或简易叠式木框蚕匾饲养。养蚕塑料箱的大小为内径 70 厘米 × 50 厘米 × 6 厘米，木框蚕匾尺寸为 165 厘米 × 120 厘米 × 7 厘米（养 1 张种）或 100 厘米 × 100 厘米 × 7 厘米（养 0.5 张种），每张种 1 ~ 2 龄期分别需要以上塑料箱或蚕匾数量为 5 个、1 个和 2 个。也可按照此面积自行设计蚕具，如 85 厘米 × 118 厘米 × 7 厘米的铝合金蚕具及木框蚕具，1 龄定座框为 90 厘米 × 55 厘米，每匾养 0.5 张种，一个人就能搬放，便于饲养操作。收蚁饲养时将蚕具依次向上叠放。养蚕塑料箱壁上有适当数量的小孔可以适当透气、排湿，叠式木框蚕匾依靠垫脚空隙透气，但每摞蚕匾四周要搭塑料薄膜以保持湿度，使蚕座内处于半封闭状态。

养蚕塑料箱在蚕室内摞放时，尽量远离蚕室墙壁，至少相距 20 厘米，否则塑料箱壁靠墙的一侧容易产生水滴淹死蚕。每摞的高度最好 15 层左右，太高会造成上下温差过大，而且容易压坏下部的塑料箱。另外，蚕具下层要放在长条架上，离地高度 30 ~ 40 厘米。

8. 给饵次数与给饵量

1 ~ 2 龄每龄给饵一次（收蚁及 2 龄起蚕各一次），给饵量因蚕品种不同而有所差异。一般情况下，每张种（28 000 头）1 龄用颗粒饲料 500 克，2 龄 1 200 克左右。根据上述蚕座面积和给饵量，将吸好水的饲料均匀撒布于养蚕塑料箱或蚕匾中。

9. 1 ~ 2 龄期的饲养处理

采用颗粒饲料每龄一次给饵饲育技术，收蚁第二天倒箱或调匾处理一次（原来在上层的移放到下层，下层的放到上层），使其感温均匀。1 龄期有 95% 以上的蚕一眠后，再调匾一次，并错开塑料箱或蚕匾排湿（上下相邻的养蚕塑料箱错开一定空隙叠放），尽快使剩余饲料和蚕座干燥，并要在蚕座上撒一层人工饲料育专用的眠期防腐防病隔离剂（如果没有专用隔离剂可以撒小蚕防病 1 号，但一眠不要撒石灰粉、焦糠等，否则会引起饲料发霉变质），以防早起的蚕取食剩余饲料。待98%以上的蚕2龄起蚕后，加两层小蚕网，在网上给饵饷食，免除沙，继续半封闭饲育至二眠，此时在蚕座上撒一层新鲜石灰粉，进行蚕体、蚕座消毒，并开塑料箱或蚕匾排湿（处理方法同一眠），使剩余饲料和蚕座干燥，防止早起的蚕取食剩余饲料导致发育不齐。

10. 气象环境调节

（1）温度 人工饲料饲育适宜温度比桑叶育高2℃左右，1龄的适温为29~30℃（要在收蚁前一天下午升温至目标温度），2龄29℃，眠中降低1~2℃，3龄起蚕改为桑叶育后，按桑叶育要求的温度饲育。为感温均匀，饲育期间不同位置的养蚕塑料箱或蚕匾及同一摞的上下位置，每个龄期至少倒换2次，促使蚕发育一致。

（2）湿度 环境湿度不仅直接影响蚕的生理，而且关系到饲料的水分保持。膨化颗粒饲料由于内部和表面有大量微孔，水分散失很快，必须要求很高的湿度。采用专用塑料箱半封闭饲育，蚕座内的相对湿度较高，在5%以上，有利于保持饲料水分，蚕室内基本不用补湿。但使用叠式木框蚕匾饲养，取食期要求蚕室内相对湿度保持在95%上，需要适当洒水补湿，根据天气情况决定。

但是，如果养蚕塑料箱或木框蚕匾封闭太严，蚕座内相对湿度达到100%，也不利于小蚕的生长发育，并会显著增加死亡率，尤其是眠中死亡现象会明显增加，并导致蚕四处乱爬，因此需要在塑料箱或蚕匾之间留有小孔、缝隙，以便透气、排湿。

无论使用哪种蚕具饲养，眠中蚕室内的相对湿度需降至50%~60%，并开抽风机、敞开蚕座排湿，使剩余饲料尽快干燥，以防早起的蚕取食剩余饲料，导致发育不齐。

（3）光照 从饲料保质、蚕的趋光性和发育整齐度考虑，稚蚕人工饲料育的光照条件，以黑暗封闭育为宜，因此要求用黑布或黑色厚塑料膜封门窗遮光。

在整个饲养过程中，要有专人负责调控温、湿度，每1~2小时观察、记录一次，各龄温湿度规程应符合以上要求，禁止温湿度骤变、强风直吹、强光直射。

三、 饲养期间的消毒防病及饲料防腐

为防止饲料污染，人工饲料育对环境卫生的要求比桑叶育严格，一般提倡清

洁育。为此，蚕室、蚕具必须严格执行消毒卫生制度。

人工饲料育蚕室消毒后，凡未经消毒的用具禁止带入室内，消毒后的用具不得拿出室外和挪做他用。饲育室消毒的同时，共育人员家中的蚕室、蚕具及周围环境要彻底消毒。饲育人员严禁接触农药等有害物品，并不准同时参与大蚕饲养及采茧、售茧、蚕茧收购和蚕期结束后的清洁工作。

饲育人员进出蚕室、值班室等应更衣换鞋。非共育人员禁止进入蚕室，谢绝参观。饲育期间，出入饲育室门口的消毒池应每日更换新鲜石灰粉，或者在门前建浅池，每天更换含有效氯0.5%的漂白粉液，用于进入人员的鞋底消毒。饲育人员在收蚁、给饵等操作前要用肥皂洗手，最好戴一次性塑料手套进行操作。蚕室、调料室、值班室、更衣室等地面及用具应保持洁净，每日随补湿用含有效氯0.3%~0.5%的漂白粉澄清液或含氯石灰主剂澄清液消毒地面一次。有条件的最好在蚕室内安装紫光灯，每天用紫光灯对蚕室环境消毒一次，每次20~30分，也可用臭氧发生器进行消毒。使用过的塑料薄膜、蚕网、蚕筷、鹅毛等要立即消毒后再用。如发现病、弱蚕要严格淘汰，并用专用蚕筷拣出，置于石灰消毒盂内浸泡后远埋、深埋。饲养过程中如饲料出现霉斑，应立即清除，并撒防腐隔离剂。饲料若出现酸、黏、变质现象，应终止人工饲料育，撒防腐隔离剂后加网，改换为桑叶饲育。

四、 3 龄转变为桑叶育的处理

用人工饲料养的蚕与桑叶育的蚕在生理生态特性上有许多不同之处，从饲养处理的角度来说，主要有两点需要重视：一是由于1~2龄一直取食人工饲料，所以，3龄改变为桑叶育后，在短期内不太适应，食下量较少。为此，3龄饲食用叶宜偏嫩，按2龄用叶标准较为适宜，给桑量要适当减少，待蚕适应桑叶之后，再逐渐增加给桑量。二是为提高蚕的食欲，促进食桑和发育，3龄改为桑叶育之后，饲养温度要比全龄桑叶育的温度提高1℃左右，以27℃为宜。否则，3龄期的发育经过仍会延长。从4龄以后按照常规桑叶育标准执行。三是由于1~2龄取食人工饲料，而且是黑暗饲育，家蚕对病毒病特别是对NPV的抵抗力较差。为防止感染病毒病，尽快提高抗病能力，3龄起蚕饲食前撒一次新鲜石灰粉，加网饲食，3龄第一天喂蚕用叶要用含有效氯0.3%的漂白粉液等进行叶面消毒，并要开灯感光，延长光照时间，以促进RFP等抗病物质的产生。3龄起蚕饲食时要添食抗生素。

另外，由于人工饲料饲育的蚕发育整齐度一般比桑叶育差，如果等到全部起蚕齐后饲食，则早起的蚕饥饿时间太长，会严重影响体质。因此，在采用每龄一次给饵饲育时，有95%左右的3龄起蚕后即可饲食，淘汰5%～10%的弱小蚕，或进行分批处理，这样有利于提高3龄以后的发育整齐度。为弥补淘汰蚕造成的蚕头数损失，每张种卵量可相应增加5%～10%。

第五节
大蚕活动蚕台饲育技术

省力化活动蚕台是近年来推广的一项新型养蚕技术，它具有简易蚕台育的所有特点；还能有效利用蚕室空间，改善蚕座通气性，避免蚕座多湿和产生蒸热，养蚕与上蔟共同使用，减少桑叶污染，减少蚕病发生等优点。

一、省力活动蚕台的制作

1. 蚕台的规格

长2.5米，宽1.2米，每层3米²，10层为一组，蚕座总面积30米²，饲养一张蚕，也可根据蚕室宽窄和养蚕多少适当调整。一套蚕台需塑料编织布10块，相同规格蚕网20张，6～7米长尼龙绳4根，塑料圈（或铁圈）36个。

2. 蚕台的制作

将两年生以上的竹子，先锯成3米长的两根竹竿为蚕台的边框，再锯2根1.8米长的竹竿，中间留长1.2米，每根两头30厘米处各削去2/5，用火烤软后包于长竹竿两端回弯绑成长2.5米、宽1.2米的长方框，长竹竿两头各留20厘米作套绳和升降操作扶手。再在长方框下方等距绑上3根1.4米长的竹棍，作放篾笆形成饲育台。另用篾片编制篾笆放于框内，将塑料纺织布放在上面即可成为饲育层。如不用篾笆，可将纺织布四周打折，穿上竹片，捆扎绑紧在蚕框上。

3. 蚕台的吊法

在蚕室顶（房顶棚打 4 颗膨胀螺钉即可）按蚕台宽度 4 个角选 1 个点吊挂 1 根双折的尼龙绳，在每根绳上先套上 9 个塑料圈（或铁圈），放蚕台，每层蚕台的 4 个角分别间隔 1 个塑料圈，这样借助蚕台的重力，绳子和塑料圈拉紧，就组合成一个活动蚕台。在最上层蚕台和房顶之间的绳子上穿一片去底酒瓶，底向上，防止老鼠沿绳下行吃蚕。最下层离地 35～40 厘米，以避免造成鼠害。蚕台四周要留足一定的操作通道，以利养蚕时各项工作的施展。蚕台的每一层可上下任意活动，需升降时，一手托住蚕台，一手移动塑料圈，当塑料圈移动时，绳子就收拢，但要求双折绳子应平行不能交叉。

二、 活动蚕台的使用

1. 给桑

蚕台可以从收蚁开始使用，也可以从大蚕期开始使用。养小蚕时因蚕体小占面积少，可以只用中间一层或几层蚕台饲养，可把蚕台放在 1 米高处，扣上插销固定，方便养蚕者进行给桑、扩座、匀蚕等操作。随着蚕逐渐长大，适时扩座，不断增加蚕台。养大蚕时，每次给桑从上至下逐层给，第二次给桑从下至上逐层给，反复交叉进行，蚕吃完桑叶后，适当拉大层间距离，使蚕座干燥，以利通风。气温低时，可以缩短层间距离，并用塑料编织布围住蚕台保温。

2. 加网除沙

把 2.5 米 ×1.2 米纺织网在除沙前一次给桑前加盖于蚕座上，除沙前一次给桑，从蚕台下边喂起，缩短层间距离将蚕台置于下部，除沙要从上至下，将蚕网挂在蚕台四周伸出的竹片上，或用铁钩钩起下层蚕网，挂于上层蚕台，将挂有蚕网的上层蚕台升高，蚕网悬于空中，抖动下层附有蚕沙的蚕网，将网和残桑提起倒掉，再把编织布卷起蚕沙倒掉后再铺在原蚕台上，降落挂有蚕网的蚕台，使蚕和网落在除沙后的蚕台上，除沙完成。

3. 上蔟

当有 5% 左右熟蚕时，在傍晚添食蜕皮激素，待第二天盛熟时把方格蔟直接放在蚕台熟蚕体上，待熟蚕爬到蔟片上后提起蔟片放到提前搭好的方格蔟架上即可。

4. 消毒防病

蚕前和蚕后将蚕台、绳套、塑料薄膜、编织布、蚕网等清洗干净，并用1%有效氯漂白粉液浸泡消毒，消毒后重新组装备用。蚕期消毒结合除沙进行，把换下的蚕网用1%有效氯漂白粉液消毒，阴干后再用，经常用新鲜石灰粉等对蚕体、蚕座消毒。添食药品方法和普通育相同。

三、注意事项

用于制作蚕台的竹竿要粗细一致，每层蚕台的宽窄要一致，便于操作。蚕台上层挂的位置要牢固。用于固定蚕台的尼龙绳在蚕台上下移动时，绳子要靠拢拉环处，既可省力又能防止蚕台下滑。蚕台向上滑动时，底层重心力减轻，绳子易向上滑动。因此，蚕台底层可用砖块将绳子固定，始终保持蚕台挂绳绷直拉紧。要根据蚕发育快慢调换位置，把发育快的蚕放在蚕台下层饲养，发育慢的放上层饲养。蚕期中如出现低温潮湿环境，应在蚕台的编织布上撒石灰或焦糠等吸湿材料。

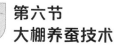

第六节
大棚养蚕技术

大棚养蚕是为适应农户养蚕规模不断扩大而研制开发的一项新技术。它是推进蚕桑产业规模化经营，实现蚕桑产业现代化的重要技术措施。近年来，已在国内不少蚕区推广应用，取得了显著效果。河南省也已经在南阳、濮阳、信阳、洛阳、周口等新老蚕区开展了示范推广，获得成功。但河南省起步较晚，缺乏成熟、完整的技术经验。因此，各地在应用大棚养蚕技术时要结合当地实际情况，灵活掌握大棚养蚕的优点：

1. 建棚容易成本低，有利于规模经营

大棚一次性投资虽大，但可利用周期时间长，设备简单，蚕农易接受，适宜大蚕饲养。利用庭院、房前屋后空闲地建造塑料大棚，除必须购买的塑料薄膜、铁丝等外，其他材料均可因陋就简，就地取材，一次投资，可连续使用5~10年。搭建一个300米²的塑料大棚，比建专用蚕室或扩大住房养蚕简便、快捷，而且成本要低得多。大棚养蚕可实现规模化养蚕，养蚕数量比室内饲育增加很多倍，一般可降低成本30%左右，纯收入增加6~7倍，按照目前每户有5~10亩桑园的规模，建一个300米²的大棚就够用了，结合蚕台育，一次可养蚕10张以上（图10-1）。

图10-1　大棚养蚕

2. 节约劳力，提高工效

由于大棚养蚕可采用地面育、蚕台育、条桑育、自动上蔟等省力化养蚕技术，避免室内养蚕的抽匾给桑、抬蚕、扩座、除沙、倒沙等工序，明显地节约了用工，减轻了劳动强度，大幅度提高了劳动生产效率。而且养蚕大棚就建在桑园附近，减少了采叶喂蚕的距离，比普通育节省劳力70%，提高工效5倍以上。

3. 增加产量，提高茧质

大棚养蚕采用地面或蚕台育，消毒方便；由于不除沙，简化了喂蚕工序，减少蚕体创伤、病原感染的概率，极大地降低了蚕的发病率。同时大蚕室外育，便于消毒防病和通风换气，有利于大蚕的生理要求，并采取就地上蔟，空气新鲜，排湿容易，在提高产量的同时，解舒率和出丝率也有明显提高。

4. 大棚全年可循环使用，增加蚕农收入

从当年10月晚中秋蚕结束后至翌年5月饲养春蚕，大棚有6个多月的闲置时间，可充分利用大棚种植反季蔬菜、食用菌或养鸡，从而提高大棚利用率，提高综合效益，增加蚕农的经济收入。

二、大棚型式及主要特点

养蚕大棚按结构分主要有简易蚕室、大棚和活动蚕室等几种。

1. 简易蚕室

简易蚕室大小一般为3.5米×8米，四周墙体为水泥砖，顶为石棉瓦，搭2层蚕台，造价约35元/米^2。主要特点是使用时间长，便于养蚕操作，温湿度易控制，温差小。但一次性投资大，在综合利用上只能与养殖相结合。

2. 大棚

按大棚用料与结构又可细分为塑料大棚、稻（麦）草大棚和简易大棚。

（1）塑料大棚　大小根据场地和饲养量，一般为（30~50）米×（8~10）米，用直径25毫米左右的镀锌薄壁大棚钢管作拱架，0.1毫米厚的塑料膜作棚顶覆盖材料，再覆1~2层遮阴网作隔热层。一般搭建2层蚕台，造价30~40元/米^2。主要特点是成本低，便于综合利用，但防高温性能较差，昼夜温差也较大。

（2）稻（麦）草大棚　大小一般为（12~15）米×8米，周围砌1.2米高的砖墙搭2层蚕台，农村搭建20~30元/米^2。主要特点是取材容易，成本较低，防高温效果较好，温度受外界影响较小；但消毒难以彻底，稻（麦）草使用时间短，一般3~4年需调换1次。

（3）简易大棚　用房前屋后的空地，根据场地和饲养量，用木料或毛竹依房屋墙壁搭建临时棚架，上覆编织布即成，蚕期结束后，即拆除。主要特点是搭建方便，投资少；但温度受外界影响明显，温差大。

3. 活动蚕室

活动蚕室大小为8米×7米×3.8米，使用双面彩钢5厘米厚的复合板作为墙板，搭2层蚕台，造价约260元/米^2。主要特点是拆卸容易，大小可灵活掌握，但造价高。

三、大棚建造技术

因大棚种类很多，养蚕大棚与其他种植、养殖大棚建设差别不大，各地可结合实际，请有关专业人员帮助搭建，在此以钢管塑料大棚的搭建为例进行介绍，供参考。

1. 选址

塑料大棚宜选在地势高燥、平坦、交通便利、远离稻（麦）田、果园、距桑园较近、无病原污染的空旷之处。若专用于养蚕，则宜选择树荫下，以利遮挡直射阳光，防止白天棚内温度过高；若兼用于栽培蔬菜等作物，则要考虑土壤质地、肥力等条件。大棚以南北向为好，棚内温度和光线分布比较均匀，有利于通风。

2. 规模与规格

塑料大棚的大小应根据场地和饲养量确定，通常每张蚕种需 35 米^2 的面积，即大棚的跨度为 8 ~ 10 米，长度为 35 ~ 50 米，棚顶高 32 米，肩高 1.5 ~ 1.7 米。

3. 建造

用直径 25 毫米左右的钢管作拱架，埋入地下一般 40 厘米，拱杆间距 80 厘米左右，架内顶端及两侧用竹竿将拱架连接，使其形成一个牢固的整体棚架。在棚架两侧，紧贴地面固定 0.5 ~ 0.8 米高的双层地膜，地膜上端围高 1 米左右的纱网，然后用塑料膜或塑料编织布，覆盖棚架至围定的双层地膜，并在两拱架间用铁丝或尼龙绳做压膜线，两端以地锚固定。棚架两端里面用纱网，外面用塑料膜或塑料编织布固定，中央留高 1.8 米、宽 1 米，内为纱网，外为塑料膜可活动的门。在棚顶上搭遮阴网或覆盖草帘。同时，为便于晚秋蚕期加温，可在大棚中间（走道上）修建地火龙。大棚建好后，四周挖深 30 ~ 50 厘米的排水沟，以防雨水入棚。另外，还可将大棚两端和两侧围膜处用砖垒成固定墙体，在两端山墙设置换气窗，闷热时安装上抽风扇加速换气，有条件的地区，可加装水帘，效果更好。

4. 蚕座设置

大棚养蚕通常采用地蚕条桑育和地蚕片叶育的饲育方式。一般可顺大棚方向设置 3 条通道、4 排蚕座，每排蚕座宽 1 ~ 2 米，中间通道宽 0.8 米。两侧通道各宽 0.5 米，以便于给桑、扩座、蚕座消毒和上蔟操作。为提高大棚利用率，大棚内搭建 3 排蚕台，蚕台宽度为 1.6 米，靠墙两边及中间两排各留操作道 0.6 米、1 米。蚕台分为上、下二层，间距 0.8 米（下层地面）。

四、 大棚养蚕方法

1. 入棚前的准备

蚕入棚前3~5天，先用1%有效氯漂白粉液对棚内地面及大棚四周进行彻底消毒，再用毒消散熏烟消毒一遍，地面厚撒一层新鲜石灰或铺一层薄膜隔离地面；在棚内外壁边用氯丹粉、灭蚁净或洗衣粉撒布地面防蚁害。如有鼠洞，及时灌注药物灭鼠。

2. 入棚时间及处理

一般在4~5龄饷食后，用片叶或芽叶给桑1~2次，结合起除把蚕移入大棚内。蚕入地前在地面上撒 层石灰粉，再撒一层稻草或麦草。移蚕时连网抬蚕，轻轻把蚕移放到蚕座上，注意要把同一发育批次的蚕集中放在一起，以便以后一齐上蔟。移蚕时蚕座长度按饲育数量放足，蚕座宽度放到2/3左右，蚕头密度稍稀。4龄进棚的可先搭简易养蚕架饲养，也可直接下地饲育。凡是在大棚饲养的蚕，必须实行小蚕共育，这是确保大棚养蚕成功的重要前提。还要做好入棚前一眠的提青分批工作，使蚕发育整齐。

3. 温湿度调节

塑料大棚的温湿度调节是关键技术。根据天气实况，因时制宜采取措施，使蚕在比较适宜的温湿度范围内正常地生长发育。通常晴天日出后，棚内温度升高，一般9：00前后达到饲育适温，这时就要掀开大棚两端或四周的棚膜或利用水帘降温通风，避免棚内温度迅速上升，并保持均匀一致。若棚内温度过高时，除掀开四周棚膜外，在棚顶覆盖草帘或加覆遮阴网，并在草帘上喷洒凉水进行降温。17：00左右，棚内温度降至饲育适温时，逐步放下棚膜，并覆盖草帘保温。要视天气、风向、风力和外温等情况，适当掌握掀膜程度，合理控制通风量，做到棚室温度最高不超过30℃，最低不低于20℃（4龄不低于22℃）。若外温稳定在20℃以上时，可以昼夜通风。夜间或阴雨天和晚秋蚕期温度过低时，可利用地火龙或管道煤炉、电热器等进行加温。当棚内湿度过大时，要掀开棚膜通风排湿，并在蚕座上多撒干燥材料、新鲜石灰和草木灰等，既吸湿又消毒。降温排湿时，要防止强风直吹，造成蚕头分布不匀和加快桑叶干萎失水。还要注意早晨、傍晚侧面日晒，引起蚕座局部升温和桑叶萎凋。

4. 饲育管理

（1）大棚条桑育　每天给桑 3~4 次。春蚕从 5 龄第二天开始直接结合夏伐条桑喂蚕；夏蚕可结合疏芽、采脚叶喂蚕；晚秋蚕可在距桑拳 1.2 米处水平剪梢，条桑喂蚕。给桑时，要根据条桑长短和蚕座的宽窄，决定桑条与蚕座垂直排列还是平行排列，不论哪种排列，喂蚕时都要一颠一倒平行摆放，从蚕座的一端顺次给到另一端，同时桑条粗细要搭配合理，空隙处用片叶补充，使蚕座上桑叶分布均匀，蚕座平整。

（2）大棚片叶育　按常规采叶，每天给桑 4 次。给桑要均匀，蚕座要平整。无论条桑育或片叶育，桑叶都要随采、随运、随喂，确保桑叶新鲜。给桑时要视蚕的发育阶段、蚕头密度、棚内温度等状况而定，参考上次给桑量和食剩下桑叶的多少进行调整，以充分食尽为原则，防止蚕座内层有蚕，造成引蚕、给桑的困难。白天温度高，给桑量适当增加，中午可以补给桑一次，确保蚕充分饱食；夜间温低，可适当减少给桑。5 龄前期，给桑应将蚕座面积适当向两侧扩大，5 龄第 4 天扩到最大面积。

5. 蚕期消毒

4~5 龄蚕每天撒新鲜石灰粉 1 次；每隔 1 天用大蚕防病 1 号蚕药进行蚕体、蚕座消毒。出现僵病时，每天撒防僵粉 1~2 次，或者用 30% 生石灰、70% 草木灰混合撒入蚕座也可；4 龄第三天及 5 龄第二天、第四天、第六天，体喷或添食灭蚕蝇。同时，还要经常人工巡视，防止蛤蟆、老鼠、蛇、蚂蚁等危害。

6. 眠起处理

4 龄蚕进棚的，蚕大眠时眠起处理在大棚内进行。眠前要做好扩座和饱食工作。大眠欠齐，要加网将迟眠蚕提出来，放置温度偏高处饲养。就眠后要撒新鲜石灰粉等干燥材料，要巡回检查是否有蚂蚁危害，并搞好温湿度调控。经过提青后，一般应待蚕全部蜕皮后再进行饲食。

五、 上蔟及后期工作

1. 省力化上蔟

上蔟环节是劳动强度大、人力集中的关键时期。用普通上蔟法已不适应大棚养蚕的要求，要重点抓好自动上蔟和蔟中保护工作。蚕见熟前撒一次新鲜石灰粉，条桑育的改喂片叶，使蚕座平整，避免熟蚕在蚕座残桑中结茧。上蔟前一天傍晚，见熟 5% 时添食蜕皮激素，给一层桑叶后，待大批蚕熟时，在蚕座上依次直接平放方格蔟，按照先放先提的顺序，将蚕蔟提起挂到棚外预先搭好的架子上，注意及时翻蔟和拾取落地熟蚕。熟蚕上完后立即清理蚕沙，将棚内打扫干净，地面上撒一层新鲜石灰粉，吸湿消毒。并迅速搭好上蔟架，待蚕大部分入孔营茧，茧衣形成后再将蚕蔟移入棚内按标准搁挂。蚕从上蔟到结茧，温度应保持在 25℃ 左右，并掀开四周棚膜，进行通风排湿，这是提高茧质的重要措施。夜间温度低于 20℃ 时，要及时升温，上蔟 6～7 天后采茧，方法与普通育相同。

2. 蚕期结束后的工作

蚕上蔟后及时把棚内蚕沙清除出去进行沤制处理，并随即对大棚内外及上蔟用具进行药物消毒，以防止病原扩散。蚕期发生蚕病的，要将棚内地面土起出 15 厘米，用上述药物消毒后换上新土，将棚密封，以备下季养蚕使用。

六、 大棚养蚕注意事项

1. 做好防治工作

发现蚂蚁用氯丹粉，灭蚁净防除；防老鼠进入危害，防蝼蛄危害，防有毒气体侵入棚内（大棚附近严禁使用农药）。通风换气及饲养操作时，压严两端门纱，防止苍蝇进入；4 龄第二天，5 龄第二天、第四天、第六天用灭蚕蝇体喷或添食。

2. 大棚建造要便于通风换气

大棚两侧用砖头堆砌"花窗"留隙，两头开门，东西南北透气，四面八方通风。大棚四周开挖排水沟，以防夏季多雨季节棚内积水。

3. 棚顶要尽量遮阴

大棚防止阳光直射，减少太阳辐射热的侵入，促使蚕生长发育良好。棚顶盖草厚度不少于 15 厘米，并用绳子或网固定，防止被风吹散，用遮阴网覆盖降温，效果更好。

4. 建大棚用坚实耐用的材料

搭建大棚的竹木材料要坚实耐用，尤其选用立柱、横梁与棚顶"弓"字形材料必须坚固可靠，支撑骨架相接处应用布条缠绑结实，确保大棚在遭受恶劣天气时安然无恙，为蚕的健康发育创造良好的环境。

5. 做好大棚内温湿度调节

大棚养蚕往往遇到温度过高或过低、昼夜温差大的不良环境。棚内温度早秋最高可达 38℃，晚秋最低在 18℃以下，夜间和阴雨天棚内湿度大，蚕座潮湿，要适时做好棚内的温湿度调节，才能保证蚕正常生长发育。

第七节
大蚕条桑饲育技术

大蚕饲养用工集中，占整个蚕期用工的 85%～90%，传统饲养方法用片叶多层平面养蚕，每个劳力一般只能承担 1～2 张种，费工费力，不能适应规模化养蚕的需要。条桑育是养蚕技术的一次革新，是省力化养蚕的核心内容，不采片叶，直接剪伐桑条，利用条桑养蚕，推广应用后可实现"省工、省力、节约成本、好养、优质、高效"的目的。近年来，国内有不少蚕区推广，受到了蚕农特别是养蚕大户的欢迎。

一、 大蚕条桑育的优点

1. 有利于提高养蚕工效， 减轻劳动强度

5 龄蚕期，采取剪伐条桑收获桑叶，比采摘片叶工效提高 4 倍以上，秋蚕期还代替了桑树冬季剪梢；条桑育一般每天给桑 1～2 次，盛食期一般每天给桑 2～3 次，不但给桑次数减少，且操作方便，5 龄期一人可养蚕 3～5 张蚕种，比常规养蚕工效提高 3 倍以上；采用条桑育养蚕，5 龄期不用除沙，给桑、蚕体、蚕座消毒均不需要搬动蚕具，操作简便，大幅度减轻劳动强度。

2. 有利于桑叶保鲜， 提高桑叶利用率

条桑育时枝条继续向桑叶输送水分和养分，枝条上的桑叶失水慢，有利于桑叶保鲜；传统的片叶育，蚕有踏叶现象，下层桑叶不易吃净，造成桑叶浪费，而条桑育，蚕在枝条上食桑，取食方便，且桑叶新鲜，包括叶脉都被吃净，提高了桑叶的利用率。

3. 有利于蚕生长，减少蚕病发生

条桑育蚕座呈立体结构，枝条之间通风透气，可有效防止蚕座蒸热发酵，有利于大蚕健康发育；可使蚕食叶新鲜，食桑量足，体质强健；蚕群体呈立体分布，相互之间很少发生蚕被抓伤，减少了病原从伤口传染；不加网，不除沙，病蚕自然隔离，减少了病原蚕座感染，可有效降低蚕发病率；蚕体质强健，蚕茧个体大、茧层厚、茧丝长、解舒好，可有效提高蚕茧质量。

4. 有利于节省蚕具投资，提高蚕室利用率，实现规模化养蚕

条桑育养蚕，5龄期不需蚕匾、蚕架，仅需少量竹竿，每亩桑园可节省蚕具一次性投资600~800元。

5. 有利于桑树养分积累

秋季9月下旬剪梢，剪口下部所留桑叶多为成熟叶，可继续进行光合作用，为桑树养分积累，充实枝条，能够提高第二年桑树发芽率，发芽后长势较旺。常规采摘片叶，枝条顶部嫩叶光合作用性能较弱，且养分积累被用于顶部嫩梢生长，在冬季剪梢时又被剪除，造成养分浪费。

二、条桑收获方式

1. 春蚕条桑收获方式

春蚕条桑育在5龄饷食后，结合夏伐，收获条桑。准备条桑饲育的桑园，春蚕1~4龄尽量少采新梢叶片，使枝条上的桑叶分布较匀，利于蚕食桑。全芽育应对桑树新梢进行摘心，使桑叶成熟度一致，叶质优良，养蚕成绩好。给桑前要把枝条整理好，剪除无叶的空枝条，过分弯曲的枝条要剪断，便于给桑。

2. 夏蚕条桑收获方式

夏蚕结合夏伐后疏芽进行条桑采收。

3. 秋蚕条桑收获方式

秋蚕1~4龄应划地块进行采叶，保持条桑育为企叶。条桑育的桑园秋季勿偏施氮肥，施肥时间不宜超过8月15日，防止枝条徒长。剪条时间与留叶程度应根据情况灵活掌握，气温高时，剪条时间适当推迟，可适当多留叶，一般掌握在9月下旬至10月上旬结合养晚秋蚕，在5龄饷食后进行。长势好的桑园进行水平剪梢，剪去条长的1/2，留下条长1.2~1.3米；长势中等的剪去条长的1/3，留条1米左右，最好是按照冬剪梢的高度剪梢饲养晚秋蚕。剪梢后枝条上端一般

留叶2～4片，10月上中旬结束养蚕的留叶2～3片，剪条时剪口下方第一个桑芽一定要留叶，否则秋芽萌发。如剪口下第一芽没有桑叶时，可适当提高剪伐高度，确保留条后剪口下第一芽有叶片，同时剪去卧状枝、细弱枝。

三、大蚕条桑饲育方式

饲养方式有地面条桑饲育、蚕台条桑饲育、斜面立体条桑饲育等几种。

1. 地面条桑饲育技术

地面条桑饲育是将大蚕放在地上，用全芽或条桑直接喂蚕。此法养蚕有利于提高劳动生产率，减轻劳动强度，节省蚕室、蚕具投资，降低用桑量。

（1）地蚕放置形式 依据房屋地面，可成畦条式和满地式进行饲育。

1）畦条式 畦的宽度一般1.3米左右，长度根据房屋而定。两畦之间设宽0.6～0.8米的走道。为提高蚕室利用率，在畦的上面搭一层简易蚕台，设上下两层，上层离地0.8米左右。

2）满地式 将地面放满蚕，每隔一定距离摆放砖头或搁置木板作踏脚，以利操作。5龄起蚕喂二次桑叶后放于地面饲养为宜。为防止蚕受伤，饷食时不要加起除网，给桑二次将蚕和蚕沙一起抓起，均匀地撒落在地面蚕座上。如果采用双层蚕座，则可将4龄饷食后的蚕移放在上层蚕台上饲养，直至四眠，5龄起蚕后再分部分蚕放于地面饲养。

（2）饲养地蚕的技术处理

第一，条桑采下后要求轻装快运，防止失水。储桑室要求低温多湿、阴暗，无阳光直射，不能强风直吹。储桑时要靠墙竖立堆放，每隔1米要留通气道，防止蒸热，需要时可用薄膜覆盖。

第二，春蚕5龄饷食用叶可剪伐新梢条叶，为扩座需要，从饷食后第二次给桑起开始给条桑。见熟前1天改用片叶育，以保证蚕座平整，以防老熟蚕在桑条孔隙里结茧。不同时间饷食的蚕应分开饲养，便于掌握喂桑量和分批上蔟。

第三，给桑时粗细枝条搭配好，一颠一倒，使蚕座上的桑叶分布均匀。每次喂桑，桑条应顺序排列，不要有时直放，有时横放，否则不利于蚕向上爬行。给桑4～5小时后，对蚕座上缺叶处应进行及时补给桑叶，防止蚕受饿。

第四，每天撒1次新鲜石灰粉进行蚕体、蚕座消毒，若发现有僵蚕应及时用防僵药剂，5龄第二天、第四天、第六天体喷或添食灭蚕蝇防治蝇蛆病。上蔟前添食蜕皮激素。

第五，条桑育有利桑叶保鲜，每天喂桑 2 次。如遇天气干燥，应结合添食灭蚕蝇进行补湿，或起早采摘露水叶，有利于提高蚕对桑叶的食下量。经调查，因条桑育有利于蚕食桑，比普通育节省桑叶 15% 左右。

2. 蚕台条桑饲育

蚕台育即不用蚕匾养蚕，而用桑枝或竹片等编织成宽 1.5 米，长度适宜的帘子放在蚕架上，也可用废旧蚕匾或用编织布代替帘子。蚕架一般搭 5 层，层间距 40 厘米以上，蚕架用具须粗实，绑扎必须牢固。使用蚕台条桑育，具有提高养蚕工效、节省蚕具投资、减轻劳动强度、减少蚕病发生、提高桑叶利用率等优点。

蚕台条桑育操作方法：将 5 龄起蚕给 1~2 次桑叶或 4 龄蚕中后期连蚕带叶从蚕匾内投放到蚕台上饲养。投放蚕要稀，掌握先稀后适。喂蚕时从蚕台上层至下层进行喂，将桑条一颠一倒摆放，使蚕台上桑叶分布均匀，利于蚕吃足吃饱。每天喂 2 次桑叶。如遇高温干燥、蚕分布不匀，则可利用短桑条在空白处补桑一次。并根据蚕不同食桑期的食桑量多少，灵活掌握给桑厚度。使用蚕台养蚕，除沙次数显著减少。4 龄蚕中后期上蚕台的，眠前除沙一次，5 龄起蚕喂 1~2 次桑叶上蚕台的，第四天和第六天各除沙 1 次。除沙时一手提起上层桑条，另一手抽出吃净桑叶的桑条，并扫除大部分蚕粪，减轻蚕座重量。上蔟室内上层温度高，下层温度偏低，上蔟时由上而下，并隔层拆除蚕台，清除未拆蚕台上的部分蚕沙，将上好熟蚕的方格蔟按技术要求等距离排列在蚕台上。

3. 大蚕斜面立体条桑饲育技术

（1）斜面设置　将蚕室彻底打扫，地面使用漂白粉或消毒净、菌毒灵等药液消毒。根据蚕室大小和养蚕数量，斜面设置主要有 3 种形式：一是依靠四周墙壁设置半面斜面，中间堆放条桑和做操作走道。二是中间搭成"人"字形斜面，四周堆放条桑和做操作走道。设置"人"字形斜面时，两头可各叠砖 7~8 块，高度 0.4 米左右；也可各竖 1.5 米左右的木桩，捆绑一根较粗的竹竿，便于斜面随蚕发育向上移动。每排斜面底宽掌握 1.5 米左右，5 龄第一天至第二天为 0.6 米左右，以后逐日向两边延伸和向上延伸，至上蔟前底宽达到 1.5 米左右，高度 1~2 米，两排"人"字形斜面之间须留 0.3 米左右的人行道，以利操作。三是进深 4 米左右的蚕室，四周墙壁设置半面斜面，中间搭成"人"字形斜面。另外，还可以设置上下两层斜面，提高蚕室利用率，下层斜面高度宜控制在 1.4 米左右，不宜太高，否则不利于上层斜面的操作。

（2）斜面放蚕　5 龄起蚕饷食比常规偏迟，使蚕基本齐一，饷食时即将条桑均匀顺次地摊放在蚕台或蚕匾上，条桑宜稍密，便于蚕上爬和摆放斜面。待蚕基本爬到条桑上吃叶，依次轻轻地拿起条桑，剪口朝下，梢头向上，呈"人"字形 35° 倾斜两面摆放，以后随着蚕座面积的增大，呈 45° 倾斜饲喂条桑。蚕室四周墙壁也依次倾斜摆放带有蚕的条桑。蚕台或蚕匾内条桑提出后，尚有少量蚕未爬到条桑上，可用手拾放到斜面上。

（3）条桑饲养　条桑斜面养蚕原则上每天只喂 2 次，也可两天 3 次。但遇高温干燥，或蚕头分布不匀，或 5 龄盛食期，应视情况及时补给条桑。给叶量多少，应根据 5 龄蚕的少食期、中食期、盛食期、减食期灵活掌握。盛食期一般 1 次给条桑为两三层，上蔟前两天每次 1 层，既要使蚕吃饱吃好，又不浪费桑叶。条桑上下叶量不匀，老嫩不一，每次给桑时应颠倒摆放。同时给条桑前需根据蚕头分布情况，适时扩座匀座，尽量使斜面平整，蚕分布均匀。因喂桑次数显著少于常规饲育，在高温干燥天气和风力较大时，中午可结合添食药剂在桑叶上适当补水。刚喂蚕后应适当关闭门窗，防止强风直吹，导致桑叶萎凋，桑叶基本吃光后要及时打开门窗，保证室内的正常通风透气。

（4）上蔟方法　5 龄蚕进入减食期，注意使斜面平整，并在减食后期把条桑改为片叶饲喂，当斜面上有 1% 左右的熟蚕时，当天傍晚添食蜕皮激素，翌日起早上蔟。有经验的蚕农可以直接把方格蔟放在斜面上，让熟蚕上蔟；也可以在翌日起早下网把熟蚕提出来上蔟；还可以在减食后期把斜面放平，饲喂片叶，收集上蔟；实在没有经验的蚕农可以实施振条法，即将枝条提起，轻轻抖动，使蚕掉落，收集熟蚕上蔟。使用方格蔟提倡进行室外预上蔟，这样可使蚕入孔速度快，蚕粪、蚕尿均排在室外，有利于降低蔟室湿度，提高茧质。

四、注意事项

第一，条桑收获宜在 8：00 以前和 17：00 左右进行，现剪现喂，尽量不吃过夜叶，剪下的桑条应直立放于潮湿的地面，天气干燥时结合防病药剂添食水叶。

第二，斜面立体条桑育第一次给条桑时应适当推迟给桑，使蚕有强烈的饥饿感，使蚕迅速上条。这次给桑要用粗、硬、叶多的枝条，确保斜面不往下塌，摆放条桑和给条桑时，剔除三眼叶和细小新梢条。枝条尽量放密，或在斜面内衬一层塑料网，防止蚕往下掉。同时当蚕基本上条后，立即拎枝条上斜面。

第三，斜面立体条桑育最好在蚕5龄饷食时就将蚕放到斜面上。若5龄平面食桑几天再放斜面喂，蚕体重增加，第一天易跌落地面，增加处理麻烦。蚕饷食放斜面，第一天会有少数蚕落地，为防止落地伤蚕，可在斜面上先垫铺大蚕网或桑条。如不垫铺的，有少数蚕落在支架下面，可用长竹竿，竿顶绑布条或干草，将蚕轻轻扫靠两边，蚕可自动向上爬到蚕座食桑，不必惊慌，但不可将桑叶撒在落地蚕上。到第二天，健康蚕就没有落地的了。

第四，气温较高时，适当多留叶，或剪条时间略推迟，一般在9月20日以后为宜；剪伐留条高度按桑园冬季管理常规留条高度剪梢；剪口下部必须保留3~4片叶，直到自然脱落。也可保留剪口下部所有桑叶，至上蔟前如需使用时再由下而上采摘片叶，但剪口下部仍要保留3~4片桑叶，尤其是剪口下部第一片桑叶不能脱落。如秋末气温较高，发生冬芽秋发现象，为防止冬季冻害形成枯梢，可在桑树休眠时将发芽部位的枝条剪去，既控制冻害，又不影响来年春季桑树发芽生长。

第五，蚕进入5龄期一般用新鲜石灰粉或防僵粉，灭蚕蝇等药物进行蚕体、蚕座消毒。5龄期前用防僵粉进行蚕体消毒，每天待桑叶吃净后，用新鲜石灰粉或防僵粉进行蚕体、蚕座消毒，5龄第二天、第四天、第六天，用300倍灭蚕蝇稀释液对蚕均匀体喷，防治蝇蛆病。使用灭蚕蝇宜现配现用，使用前后4~6小时不宜在蚕座上撒石灰，以免降低药效。

第八节
方格蔟自动上蔟技术

上蔟是养蚕生产过程中劳动强度最大、用工最集中的环节，又是决定蚕茧质量优劣的关键时期。俗话说"麦熟一晌，蚕熟一时"，在短时间内要处理大批熟蚕上蔟，往往产生劳力紧张的矛盾。传统的手工拾熟蚕上蔟法，费工费时，劳动强度大，工作效率低，饲养一张种需要 3～5 人操作才能做到及时上蔟。在实际生产中，往往由于人手不够，造成不能适熟上蔟，或过熟，或过青，不仅影响茧子的质量和吐丝量，也容易损伤蚕体，增加不结茧蚕。随着规模化蚕桑产业的发展，农户的养蚕量大大增加，上蔟工作量十分繁重，用传统的手拾上蔟法已无法适应当前蚕桑产业发展的要求，生产上迫切需要省力化的上蔟技术。特别是实行大棚养蚕，空间大，蚕座宽敞，操作方便，为推广省力化自动上蔟提供了有利条件。采用优良的蔟具和科学的上蔟方法，是提高上蔟工效和蚕茧质量的前提条件。

在实际生产上使用的各种蔟具中，以方格蔟上蔟的茧子质量最优。该种蔟具最先从日本引进，是用黄板纸制作而成。使用方格蔟上蔟不会出现同宫茧、黄斑茧、柴印茧等下脚茧，而且每个孔格都能控制蚕处于横营茧状态，因此，上茧率明显高于其他蔟具。试验证明，横营茧的茧层各部位的厚薄差均比斜营茧和直营茧小，即吐丝较均匀，有利于煮茧时茧层渗透均匀，提高缫丝解舒性能。另外，方格蔟的孔格大小适中，蚕用于牵挂茧体的茧衣也明显少于其他蔟具（一般要减少 20%～30%），从而增加了有效缫丝解舒的茧丝长度，因此使用方格蔟营茧的出丝率也明显高于其他蔟具。

方格蔟原名回转蔟，为降低蔟具成本，我国养蚕生产上多数采用无框架不回转的形式上蔟，目前，推广的主要有"搁挂式方格蔟"和"双连座式方格蔟"，多采用人工拣熟蚕上蔟法，并需翻蔟数次，这种方式上蔟，虽然提高茧质效果显著，但上蔟工作量很大。而根据熟蚕具有向上性即向高处攀爬的特性，采用自动上蔟是提高工效的有效途径，特别是近几年为适应大棚养蚕而创造的"方格蔟简易自动上蔟技术"，既能提高茧质，又能大幅度提高上蔟工效，而且成本低廉，简单易行，具有重要的推广应用价值。

一、 上蔟准备

1. 蔟室准备

上蔟过程虽只有短短的几天，但蔟室是蚕营茧的场所，其环境条件直接影响蚕茧的质量。蔟室要求地势高燥，有对流窗，空气流通，便于保温排湿，光线明暗均匀，既能防止日光直射，又能防止虫鼠危害。地面平整为水泥地或三合土地，便于清洁消毒工作。蔟室的类型有两种，一种是专用上蔟室；另一种是大蚕室或养蚕大棚兼作上蔟室或利用具有上述条件的空闲房屋。目前我国农村分户养蚕，上蔟多采用大蚕室和养蚕大棚，一般每张蚕种需上蔟面积 50 米^2 左右。采用自动上蔟的养蚕大棚，支撑棚面的棚架檩条应能承受蔟架和熟蚕的重量。

2. 方格蔟及其他上蔟物品的准备

每张蚕种需准备 156 孔的方格蔟 200～220 片。方格蔟现有两种规格，一般蚕品种适宜用 4.5 厘米 ×3 厘米 ×3 厘米规格的蔟；大茧形多丝量蚕品种适宜用 4.5 厘米 ×3.2 厘米 ×3.2 厘米的改进型蔟。

采用简易自动上蔟的，每片方格蔟还需备 1 根比蔟片的长边长 10～15 厘米的硬木条或小竹竿，用细绳绑在蔟片的两个长边上，以方便挂蔟。

此外，尚需按照养蚕量准备一定量的蜕皮激素和登蔟剂，采用回转方格蔟上蔟所用的蔟架，或简易自动上蔟扎架所用的竹竿、绳索等物品。

二、 方格蔟简易自动上蔟技术

方格蔟简易自动上蔟技术实际上就是一种改进的搁挂式自动上蔟，这是一种适合大棚养蚕、简单实用、省力高效的上蔟方法，在生产上推广后取得了良好的效果，技术要点如下。

1. 扎制上蔟架

用 6 根竹竿（横竿 1.25 米左右，纵竿 2 米左右）绑成长"田"字形，其中每个田字格的形状为长"井"字形，田字格的宽度比方格蔟的长度稍长（65 厘米左右），以此作为蔟架。用 4 条绳索系牢蔟架的四角，垂直吊挂在养蚕大棚棚顶的檩条上，如条件允许，可以在檩条上安装滑轮，以利升降蚕蔟。

2. 上蔟方法

熟蚕上蔟前先整理蚕座，使蚕座的宽度与蔟架的宽度相当（1.16～1.17 米），同时对蚕座进行合并，增加蚕头密度，每张种的蚕座面积缩小为 18～20 米^2。将绑好小竹竿的方格蔟垂直摆放到蔟架的田字格的竹竿上，方格蔟之间的间距为 10～15 厘米，每张种用方格蔟 200～220 片。待 95% 以上的蚕熟蚕后，调整绳索的长度和蔟架的高度，使方格蔟的下端正好落到蚕座上，待熟蚕绝大部分爬到方格蔟上之后，上拉缩短绳索，使蔟架连同方格蔟升高至离蚕座 50 厘米以上让熟蚕自行结茧。剩余的未上蔟蚕，拾取到另外的方格蔟上。待熟蚕排完蚕尿后，清理蚕座、蚕沙、剩叶，运出养蚕棚外处理，地面撒一层新鲜石灰粉。

3. 简易自动上蔟的优点

本方法上蔟简单易行，费用低，工效高，一次上蔟率和入孔率可达90% ~ 95%，不仅不需要手捡熟蚕，而且不用翻蔟，落地蚕极少，比手捡上蔟法提高工效6倍以上，2个人可以完成4~5张种熟蚕上蔟（升蔟架时需要2个人配合），而且入孔率、结茧率高，不伤蚕体，有利于减少次茧。

另外，5龄期如果地蚕育蚕座面积不足，可将蔟架升高，上铺苇箔等物即可作为蚕台在上面养蚕，一架两用。待熟蚕上蔟之前，将蔟架上的蚕转移到等面积的地面蚕座上，基本符合自动上蔟的蚕头密度和蚕座面积。不养蚕的季节将蔟架升高至养蚕棚的上方即可，不影响大棚的综合利用。

三、 自动回转方格蔟上蔟

1. 自动回转蔟架制作

自动回转方格蔟上蔟又叫自转蔟架上蔟或方格回转蔟上蔟，是日本最早采用的自动上蔟方法。该方法的优点是上蔟效果好、省工省力，但回转蔟架造价偏高，在我国农村尚未大面积推广。

方格回转蔟由方格蔟和一副蔟架组装成一套，每张种需备自转蔟架20个，每架安装156孔方格蔟10片。每个蔟架还需备蔟架挂钩2副，每张种备40副。蔟架是用2.2厘米×1.7厘米的杉木等不易变形的木条制成内、外两个框架相套而成。外框架长118厘米、宽58.2厘米；内框架长114厘米、宽43.2厘米。在内框架的一条长边框装有活络搭扣，以便装卸蔟片时拆下此木条。内外框两端木条中心打孔，由2个长螺丝将内外框相连接，并以长螺丝作为整个蔟的轴心，悬挂后可以转动。内外框的每根长木条上各装有10个铅丝固钩，钩距为10厘米，最好内外框的每只角（共8个）均用涂锌薄铁皮包角固定（图10-2）。

图10-2 自转蔟架

2. 上蔟方法

采用自动回转方格蔟上蔟时，在促进群体发育齐一、熟蚕前整平蚕座、使用蜕皮激素促进熟蚕齐一、适时减少蚕座面积、增加蚕头密度及使用登蔟剂促进上蔟等技术处理方面的要求与简易自动上蔟基本相同。注意在集中蚕头密度时，张种蚕座面积以缩小为 $16 \sim 18$ 米^2 为宜，合并后的蚕座宽度以蔟架长度或双排蔟架的宽度为准，使蚕头分布均匀。应进行如下操作。

（1）排放蔟架　在蚕充分熟后，将方格蔟的依次均匀排放在蚕座上，以蔟片长边靠近蚕座为准，让熟蚕自动爬上蔟片。

（2）悬挂蔟架　熟蚕全部上蔟后，将蔟架提起挂在固定好的蔟架挂钩上。随着熟蚕的上爬，引起蔟架重心的变化，蔟架会自动转动，可加快熟蚕入孔，待熟蚕全部入孔后，蔟架会停止转动。

（3）固定蔟架　挂上蔟架 $6 \sim 8$ 小时后，大部分熟蚕入孔定位，拣出个别游山蚕另行上蔟，然后打开蔟架固定卡，卡住蔟架挂钩，固定蔟架，使蔟片呈横营茧状态。

（4）清理蚕沙、剩叶　待熟蚕排完蚕尿后，清理蚕座、蚕沙、剩叶，运出养蚕棚外处理，地面撒一层新鲜石灰粉。

四、 蔟中保护与采茧

自动上蔟要加强蔟中通风排湿，上蔟营茧期间的温度、湿度、气流、光照等环境条件要求与其他上蔟方法相同。

方格蔟自动上蔟采茧与非自动上蔟要求一样。随着采茧机具研究的进展，今后应大力推广机械化、半机械化采茧，以提高采茧工效。

五、 方格蔟自动上蔟的技术关键及注意事项

（1）促进群体发育整齐自动上蔟，熟蚕必须齐一　蚕在大眠时，要提青分批处理或 5 龄分批饲食。早的迟的分开饲养，以促进每一批内的蚕发育一致，为熟蚕齐一奠定基础。

（2）熟蚕上蔟前，整平蚕座　大棚养蚕多采用条桑育，蚕座平整性较差，为此，在蚕见熟后要撒一次新鲜石灰粉，并立即改喂芽叶或片叶，以使蚕座平整。

（3）使用蜕皮激素促进熟蚕齐一　见熟蚕5%左右时（一般在上蔟前一天傍晚），结合整理蚕座喂片叶，按常规方法添食蜕皮激素，每张种用40毫克，可促使熟蚕齐一。

（4）适时减少蚕座面积，增加蚕头密度　大棚养蚕5龄期最大蚕座面积一般每张种35~40米^2，这种密度对于自动上蔟来说太低，不利于提高上蔟率和上蔟工效。为此，在上蔟前，需将蚕座进行合并使蚕头集中，每张种蚕座面积减少到18~20米^2。

（5）使用登蔟剂提高上蔟率　为提高上蔟率和上蔟工效，使用登蔟剂是一种有效的方法。登蔟剂可用樟脑粉或樟脑油登蔟剂、月桂醇登蔟剂以及鱼腥草登蔟剂等均可。在有90%左右的熟蚕时使用。但使用登蔟剂也存在一些缺点，主要是容易促使未熟（青头）蚕登蔟，造成排泄物增加，污染蚕茧，还有可能影响其他熟蚕结茧。因此，也可以根据情况不用。

（6）简易自动上蔟需要有耐心　简易自动上蔟是根据熟蚕的向性行为进行的自然上蔟，过程比较缓慢，尤其是在不使用登蔟剂的情况下，入孔会更慢。方格蔟落放到蚕座上之后，熟蚕需要逐渐寻找蔟具并登蔟，有些蚕可能爬到方格蔟顶部又返回到下部，反复几次才找到合适的位置入孔。此时不必人为干预，更不要人工拾蚕上蔟和翻蔟，只要方格蔟放的位置合适，熟蚕会逐渐全部上蔟。从开始上蔟到全部入孔一般需要半天以上时间，待绝大部分蚕入孔并排完尿后才可以升高蔟架，拾取剩余的未上蔟蚕另外上蔟。

（7）自动上蔟需使用方格蔟　方格蔟是目前最有利于提高茧质的蔟具，同时也最易于进行自动上蔟，而折蔟、蜈蚣蔟等其他蔟具的效果较差。

　　蚕茧是缫丝工业的原料。 收购的鲜茧，为了适应缫丝工业常年生产的需要，必须经过干燥处理，以利储存；在鲜茧干燥过程中，应该根据现有设备和技术条件，最大限度地保护茧质。 因为鲜茧内含有水分，活的蚕蛹又具有旺盛的呼吸作用，如果鲜茧放置时间稍久，处理不当就会发生蒸热、霉变，损坏茧质；如果放置时间一长，就要出蛆、出蛾破坏茧层，变成蛆孔茧和蛾口茧，其茧壳只能作绢纺或丝绵原料，降低经济价值。 因此，必须将鲜茧进行干燥（热）处理，杀死蛹、蛆，除去适量水分，促使茧外层丝胶在合理干燥过程中，得到适当的热变性，有利于储藏和缫丝作业的进行。

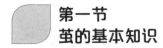

第一节
茧的基本知识

一、茧的一般性质

1. 茧的结构

蚕茧是由茧衣、茧层、蛹体及蜕皮组成。

（1）茧衣　占全茧量的 0.6%~0.9%，但因桑蚕品种、蚕期及蔟具不同而有差异，通常春茧多于秋茧，蔟具张角大茧衣多。茧衣丝条细脆，丝胶含量多，不能缫丝。

（2）茧层　由丝层、蛹衬组成，占全茧量的 17%~24%。丝层是缫丝的原料，按一定形式有规则地排列着，由于蚕吐丝时运动轨迹的不同，茧丝在茧层上的排列有"S"和"∞"形之分，又因蚕品种、上蔟温度、茧层部位等不同而异。蛹衬是茧腔内表面的丝层，丝长 100 米左右，丝细而脆，易切断，不能缫丝。可加工成汰头，作绢纺原料。丝量多少取决于茧层厚薄和茧丝离解难易（解舒优劣）。所以，评定茧质优劣主要以茧层重量（干壳量或茧层率）和质量（解舒率、色泽匀、净度、上茧率）为依据。

（3）蛹体　占全茧量的 76%~80%，在适温适湿下，蚕从上蔟至发蛾在适温条件下，需 14~18 天。出蛾后茧层不能缫丝。所以杀蛹必须严格控制在化蛹之后，出蛾之前。

（4）蜕皮　约占全茧量的 0.2%。

2. 茧的形状和大小

茧形有椭圆形、束腰形、球形、纺锤形、尖头形等，茧形一般是由桑蚕品种特性决定。缫丝工业上要求以椭圆形和球形茧为好，深束腰形茧丝缕离解困难，缫丝时转动不圆滑，容易切断。

茧的大小以长度和宽度来表示，或以一定容积的茧粒数多少来表示。茧形大小因桑蚕品种而不同，同一品种也受到催青温度和饲养条件的影响，尤其是受饲料质量的影响较大。良桑饱食茧形大，雌蚕比雄蚕茧形大。一般茧形大，茧丝纤度偏粗，茧形小纤度偏细。

3. 茧的颜色和光泽

茧色有白、黄、淡绿、金黄、淡红等。当前生产中推广的是白色茧。在合理的温湿度范围内及通风良好的蔟中吐丝结茧，茧色洁白，光泽好。但在多湿环境中上蔟，茧色带暗灰色，光泽也较差。缫丝工业要求色泽一致，如果茧色不匀，容易产生夹花丝，降低生丝品质。

4. 茧层的缩皱

缩皱是茧层表面凹凸不平的皱纹。蚕在营茧时，吐丝由外层渐及内层，茧丝在自然干燥过程中，也是先干外层，后干内层。当内层茧丝渐渐干燥收缩时，牵引着先干燥的外层茧丝，使表面茧层出现凹凸不平的皱纹，外层缩皱多，内层渐趋平滑。缩皱种类，一般分粗缩皱和细缩皱。缩皱的粗细，通常以单位面积突出的个数来表示，在同一面积内突出的个数少，则表示缩皱粗，反之则细。缩皱以细、匀、浅而富有弹性的解舒较好；反之粗、乱、深而紧硬的解舒不好。

5. 茧的重量

全茧量包括茧衣、茧层、蛹、蜕皮四部分。除去茧衣，其余三部分的总重量称光茧全茧量。全茧量的轻重是养蚕成绩优劣的重要标志，与饲育水平、饲料条件、蚕品种以及蚕的雌雄有着密切关系。

二、 茧的工艺性质

1. 茧层量

茧层量指一粒茧剥去茧衣之后的茧层重量，叫茧层量。茧层量重的，一般丝量多。所以，茧层量的多少是衡量茧质优劣的依据，也是评定茧级最基本的依据。茧层量随桑蚕品种不同而有差异，相同品种则受饲养条件特别是饲料条件的影响很大。多丝量品种，能做到良桑饱食的茧层量高。茧层吸湿性强，称茧层量时应在一定温湿度条件下进行。现行品种春茧茧层量为 0.4 ~ 0.6 克，夏秋茧为 0.25 ~ 0.4 克。

2. 茧层率

茧层率是茧层量对全茧量的百分比。

$$茧层率（\%）=\frac{茧层量}{全茧量}\times100\%$$

蚕茧有毛茧和光茧之分，通常所讲的茧层率是指剥去茧衣的光茧茧层率。茧层率是决定丝量多少的重要因素，凡茧层率高的蚕茧，出丝率高，缫折小。反之，则出丝率低，缫折大。相对来说蛹体重的茧，茧层率低，蛹体轻的茧，茧层率高。因此，雌蛹茧和毛脚茧的茧层率低，雄蛹茧茧层率高。

3. 茧丝量、茧层缫丝率、出丝率、缫折

（1）茧丝量　指一粒茧可以缫得的丝量。茧丝量的多少，除了取决于茧层量外，还受蚕茧本身解舒的好坏及缫丝工艺水平的影响。此外，缫丝上常用茧层缫丝率、出丝率及缫折来表示茧丝量的多少。

（2）茧层缫丝率　指茧层缫取丝量与茧层量的百分比。茧层在煮茧和缫丝过程中，茧质中的丝胶、灰分、蜡物质、脂肪等被溶解，以及缫丝时产生的绪丝等。因此，实际缫得的丝量小于茧层量。茧层缫丝率的计算公式如下：

$$茧层缫丝率（\%）=\frac{缫取丝量}{茧层量}\times100\%$$

$$=\frac{缫取丝量}{总茧量\times茧层率}\times100\%$$

上式表明，茧层缫丝率愈高，则由茧层缫得的丝量愈多，即茧层的利用率愈大，经济价值也愈高。

（3）出丝率　指每50千克茧缫成生丝后，获得丝量的多少或者一定的茧量缫得丝量的百分比。出丝率是表示茧质好坏的常用综合指标。其公式为：

$$出丝率（\%）=\frac{丝量}{茧量}\times100\%$$

（4）缫折　指缫制每50千克生丝所需要的原料茧量，即耗用茧量与缫得生丝量的百分比，或称消耗率。缫折的计算公式如下：

$$缫折=\frac{茧量}{丝量}\times50$$

缫折在实用上分光折和毛折两种。缫丝时耗用茧量包括下茧和茧衣量在内时称毛折；完全以上车缫丝茧量计算时称光折。计算公式如下：

$$光折=\frac{光茧量}{丝量}\times50$$

$$毛折=\frac{毛茧量}{丝量}\times50$$

4. 茧丝长，解舒丝长，解舒率

（1）茧丝长　是指一粒茧的茧丝长度，一般都以米计算，现行春用品种茧丝长 1 100 ～1 200 米，夏秋用品种 800 ～900 米。

（2）解舒丝长　是指添绪一次所缫取的茧丝长。

$$解舒丝长 = \frac{生丝总长 \times 定粒数}{供试茧粒数 + 落绪茧粒数}$$

（3）解舒率　解舒是指缫丝时茧丝离解的难易程度。如茧丝离解困难，落绪多，说明解舒差；反之，解舒就好。解舒直接影响缫丝工作效率，影响生丝品质和出丝率。因此，解舒是衡量茧质优劣的一个重要指标。

解舒率是指解舒丝长与茧丝长的百分比，比值愈大，解舒率愈高，公式如下：

$$解舒率（\%） = \frac{解舒丝长}{丝长} \times 100\%$$

$$= \frac{供试茧粒数}{供试茧粒数 + 落绪茧粒数} \times 100\%$$

5. 纤度

纤度是指茧丝或生丝纤维的粗细程度，茧丝的纤度从一粒茧的情况看，外层、中层、内层的纤度粗细不同，一般外层稍细，中层粗，内层最细。缫丝工艺要求纤度开差越少越好。过粗过细称为尴尬纤度，给缫丝带来很大困难。

6. 颣节

颣节是茧丝和生丝纤维的表面疵点，依其形状大小，分成大颣、中颣、小颣 3 种，是决定生丝等级的重要项目。大颣中颣多由于煮茧和缫丝所生成，通常称为清洁。小颣称净度，与茧质关系较大，通常有环颣、小糠颣、茸状颣、毛羽颣、微茸颣等几种，颣节的发生与蚕品种有关，也与上蔟环境有关，蚕在营茧过程中受到突然震动或遇强风都容易产生颣节。

三、　茧质与缫丝关系

1. 次茧

茧层表面或茧层内略有疵点的茧子统称次茧。如轻黄斑、轻紫印、轻畸形、轻绵茧、薄头、薄腰、尖头茧、茧形特小、米黄色茧等；干茧中有浅印头、硬绵茧、油茧、轻瘪茧等。次茧虽能上车缫丝，但出丝率较低，且影响生丝正品率，一般只能缫制低级生丝。据丝厂调查，米黄色茧解舒率比正常茧低 13% 、出丝率低 2% 左右。

2. 下茧

茧层表面或茧层内有较严重疵点的茧子统称下茧，下茧不能缫丝，仅作绢纺原料或拉制丝绵。同宫茧可缫成双宫丝。目前，我国下茧比例约占蚕茧产量的 1/4。

第二节
蚕茧的处理

由于蚕茧具有其特殊的结构，外面茧层组织松，含水少，蒸发快，却始终要求保持适量水分；蛹体含水量多，处在茧层里面，蒸发慢，又要求每粒茧子的茧腔内外进行气流交换，烘干蛹体而茧层丝胶系蛋白质胶体，处理必须合理恰当，否则内外茧层的丝胶性状不易一致，故烘茧是一项重要的技术工作，它具有高度的科学性，这就要求我们努力学习科学技术，实行科学烘茧，才能保护茧质。

杀死蚕蛹和寄生蝇蛆，避免鲜茧出蛆、出蛾。烘去适量水分，防止蒸热霉变，利于储存。使内外茧层丝胶性状趋于接近，避免丝胶过度变性，以利煮茧均匀适熟。烘茧的要求是：坚持质量第一，切实保护茧层，全面贯彻优质、高产、低耗、安全原则。

一、 鲜茧处理与茧质的关系

1. 茧的组成

蚕茧主要由茧层和蛹体组成。鲜茧的特点是：茧层组织疏松，具多孔性，吸湿性很强。蛹体是活的，有旺盛的呼吸作用，会不断地排出水分和热能，如果鲜茧处理不当，对茧质影响很大。

2. 鲜茧蒸热对茧质的影响

蒸热是指鲜茧中的活蛹，在呼吸过程中不断排出水汽和热能，随着时间的增长，越积越多，导致温度升高，湿度增加，手触鲜茧明显地感觉到湿和热的一种现象。在气温高、湿度大、通风差、茧堆厚、时间长等条件下，鲜茧很容易发生蒸热。蒸热以后，茧层显著吸收水分，失去弹性，干燥后会出现手触粗硬，色褐暗淡，解舒率就低。据西南大学调查，100 头蚕蛹一昼夜散水分 1 克左右，则 5 万头蚕蛹一昼夜散水 500 克以上。其发热量在上蔟后 7～9 天为最多。在运输中发热更为显著，如外温 25℃，用布袋装茧运输 15 小时，茧堆温度提高 5℃左右；运输 40 小时，茧堆温度提高 10～15℃。据调查早秋期，运茧 7.5 千米，筐面茧与蒸热后的筐中茧比较，解舒率从 77.01% 降到 73.33%，相差 3.68%。有蚕业科研人员做茧人为蒸热试验，也说明鲜茧蒸热对解舒有很大的影响，见表 11-1。

表 11-1　鲜茧蒸热与解舒

实验区	对照区	自然蒸热区	人为蒸热一区	人为蒸热二区
处理方法	不处理	15 千克鲜茧装筐，放置室内 88 小时	24 小时 鲜茧放置茧格，放置温度 45℃，相对湿度 82% 的环境下	72 小时
解舒率（%）	85.6	80.3	78.1	74.2

（1）蚕茧蒸热影响解舒　蚕茧茧层是由蚕吐出的很多丝圈相互重叠，再由丝胶黏合而成的。其中一根茧丝是由 2 根单丝以丝胶黏合而成，研究认为，它是由 4 层性质不同的丝胶被覆着。因为茧丝与茧丝之间是由丝胶黏合着的，所以其胶着面积和胶着力的大小，就直接影响到缫丝时解舒的好坏。蚕茧蒸热以后，茧层就处于湿热状态，引起丝胶蛋白质胶体发生变性。

（2）湿热影响丝胶变性　丝胶经过反复多次的常温吸湿、放湿；或在吸收水分后经过高温处理，都易使丝胶变性，降低其水溶性。因此，我们要切实防止蚕茧蒸热，排除湿和热对丝胶的影响，以减少或防止丝胶变性的机会，保护茧质。

3. 鲜茧处理的措施

（1）收茧站的鲜茧处理，做到快、松、先

1）快　收茧要快，必须预先排好进度，做到均衡收茧，达到收烘平衡，避免拥挤，加快收茧速度；过磅要快，做到准而快，忙而不乱；装篮要快，鲜茧在秤箔中时间越短越好；进烘要快，鲜茧最长堆放时间，春期不超过 24 小时，夏秋期不超过 16 小时，避免堆放时间过长。

2）松　装篮要松，装八分满，中间挖成凹形；堆放要松，严禁拢堆，成"品"字篮堆，堆高八层，排成六行，离墙半米，也可用茧车搁茧，不同茧质要求分别堆，并按收茧先后分批堆放；还可使用风扇，加强通风换气。

3）先　鲜茧及时进烘。做到先收先烘，劣茧先烘（指上茧而言），收购点先烘，蛹老、茧潮先烘，内印茧多的先烘，蒸热、出蛆的先烘，避免混乱无次序，后进先烘等。

（2）收购点对鲜茧处理，注意堆和运　只收不烘的收购点，鲜茧处理更应高度重视，以防蒸热霉变，损坏茧质。

1）堆　同收茧站一样采用篮堆法，避免不分收茧先后、不分茧质好坏乱堆，更不能拢堆，要做到及时收购，速送茧站，最迟于第二天早上送往。

2）运　要用通气性工具，装茧时避免满、实、无气筒，做到轻松浅装，严禁用麻袋装茧，还要随运随装，避免使用震动较厉害的运输工具，途中防止蒸热、压瘪、雨淋、日晒；使用防护物时，应注意通风。

二、半干茧还性与茧质关系

目前的烘茧工艺，分为一次烘干和二次烘干两种。一次烘干即由鲜茧进灶（机）以后一次完成干燥作业，没有半干茧处理环节。它用热经济，减少燃料消耗，减少重复劳动，减少工具损耗，减少堆场设备投资，保全茧质，是一种较为合理的干燥方法。二次烘干就是鲜茧经过杀蛹，散发大部分水分（烘率到达62%左右）即成半干茧（俗称头冲）；出的半干茧经过一定时间堆放还性后，再继续进行干燥，直至适干出灶（俗称二冲）的烘茧方法。这种分两次干燥的方法，在目前条件下，对提高适干均匀程度和及时杀蛹、灭蛆等有一定好处。为此，必须认真做好半干茧的处理。

1. 半干茧适当还性的确定

（1）茧体各部位的温度变化　半干茧自头冲出灶后，经过散热冷却，使室温、茧堆表面温度、茧堆中心茧层温度和茧体各部位的温度，逐渐趋向一致。但是，堆放 1 昼夜左右以后，由于蛹体中的有机物质渐渐发生分解，因而产生热能，并不断向外散热，这就造成了蛹心温度高于蛹表温度，蛹体温度高于茧层温度，茧堆中心茧层温度高于茧堆表面茧层温度，并高于室温而出现内高外低的温度梯度。到 3 昼夜以后，蛹体中有机质的分解趋于低潮，里外的温度差也逐渐缩小。到达 5 昼夜以后，里外温度差已趋向消失，但与室温仍有微量差距。

（2）茧体各部位含水量的变化　半干茧出灶后，随着散热过程，蛹体所含的水分，也不断地向空间扩散、蒸发，直达茧体当时温湿度条件下的平衡水分；同时使蛹心和蛹表，茧与茧之间的含水量逐步趋向接近。堆放 1 昼夜后，由于蛹体温度升高，蛹体水分的扩散和蒸发也就更加迅速。到 3 昼夜后，蛹体有机物质的分解和水分蒸发速度渐趋低潮；5 昼夜后，茧体各部水分已趋向发散与吸收的平衡状态，其作用程度就进入还性以来的最低潮，即维持在当时当地温湿度条件下的平衡含水量，但水分仍在继续微量蒸发，所以茧层逐渐湿润，而茧体重量却日益减轻。

（3）适当还性茧的鉴定　半干茧还性程度的鉴定，目前主要是用手感为主，以还性时间做参考。当手触半干茧，感到茧层柔软，弹性弱，触感阴凉时，即在正常气候条件下，一般堆放 3 天左右，就证明还性已经适当。检查还性程度，必须以篮堆中间不易散湿的茧篮中部的茧子为依据。

2. 还性对解舒的影响

半干茧适当还性有利于保护解舒。过度还性，茧层易受蒸热，丝质脆弱，甚至造成蛹体腐败，危害茧质。

（1）适当还性的好处

1）能缩小蛹体间含水量的差距　刚出灶的半干茧，由于茧子大小不匀，雌雄有别，茧层有厚薄，化蛹有先后，以及烘茧灶内干燥条件有差异，这就造成了半干茧蛹体的含水量开差较大。出灶后，虽然感温下降了，但仍不同程度地继续蒸发水分，烘得较轻的蛹体比烘得老的蒸发量大，经过一定时间的堆放，对茧子的干燥均匀起到部分的补正作用。如在干燥条件有较大差别的烘茧灶中，立即进行二冲烘茧，就容易造成干茧的干燥程度不匀，出灶检验时，往往发现个别或少量嫩蛹。如延长烘茧时间，则会使适干的茧子向偏老发展，增大丝胶蛋白质的变性作用，影响解舒。反之，又不利于储存。因此通过半干茧处理，使茧与茧之间、茧层与蛹体之间、蛹表面与蛹心之间的含水量进行一次自然的调整，再进行二冲烘茧，对全干茧的适干均匀和保护解舒，有一定好处。

2）能减弱二冲温度对茧层丝胶的影响　适当还性的半干茧，给茧层补充了一定的水分，并通过二冲前的拢堆，使各茧层间的含湿量相对走匀。这种湿润的茧层，在二冲进烘时，能减弱温度对茧层丝胶的影响程度。因为茧层首先接触热能，如果二冲进烘时含水量少，则高温通过茧层进入蛹体时，茧层干燥很快而失水，蛹体水分却尚未蒸发或未扩散至茧层，茧层容易受高温刺激，引起丝胶蛋白质变性，解舒恶化，特别是增加外层落绪。

（3）还性过度对解舒的危害　半干茧还性，掌握适当与否，对茧质有一定影响。据调查，还性过度（在相对湿度89%的情况下，堆放7天）比还性适当的（堆放3天）解舒率约降低1.8%。半干茧还性时间过长，过度还性，就影响解舒，甚至促进细菌大量繁殖，放出热量，导致蒸热霉变。

3. 半干茧处理的措施

（1）散热　刚出灶的半干茧，应在冷却散发湿热后，再行装篮，避免立即拢堆影响解舒。半干茧出灶时间处理与解舒的关系如表11-2。

表11-2　半干茧出灶时间处理与解舒的关系

季节	早秋		中秋	
处理方法	湿热散发后装篮5昼夜	湿热不散发，拢堆6小时，再装篮5昼夜	湿热散发后装篮6昼夜	湿热不散发，拢堆24小时，再装篮6昼夜
解舒率（%）	62.88	52.09	84.39	71.24

表11-2说明，半干茧出灶时，早秋放在茧格里冷却的比立即拢堆6小时的解舒率高10.79%；中秋放在茧格里冷却的比立即拢堆24小时的解舒率高13.15%。这是因为拢堆中，湿热对丝胶蛋白质的变性作用所致。

（2）装篮　半干茧出灶可在茧格内，自然散热，或用排风扇加速排除湿热，待冷却后，应立即倒格装篮。以九分满为宜，篮堆高8层，楼下堆场底层倒放空茧篮，排成6行，四周留通道（对窗），以利通风和检查。还应根据茧质、干燥程度和出灶先后，分别堆放，标明日期、时间、烘率等，便于按计划顺序进行二冲烘茧。

（3）还性　半干茧还性时间应根据季节、气候、干燥程度、堆场条件等因素决定。到达还性适当时，应立即进行烘干，如烘力紧张，不能全部立即进行烘干，一般堆放3天左右必须调篮翻转一次，做到轻翻，翻匀，不踏坏茧子，使每粒茧子和蛹体互换位置，以求散湿和还性一致，避免蛹体发霉，损坏茧质。

（4）拢堆　半干茧进入二冲前，可根据茧层潮湿程度和气候情况，适当拢堆6~12小时，使半干茧茧层间的含湿量相对走匀，有利于干燥均匀和保护茧质。但拢堆时间过长容易发热，过短又效果不大。据试验，拢堆比不拢堆好，在一定范围内拢堆时间长的比短的好，特别在气候干燥情况下，更需拢堆处理。如烘力宽裕，需当天二冲烘干的，头冲出灶的茧子，应在茧格内散热待冷却后，再拢堆8小时左右方可进入二冲烘茧。

三、 干茧处理与茧质关系

干茧具有吸湿性较强的特点，故应以散热和防潮为主，并做好防压、防踏等工作。

1. 散热

干茧出灶后，茧体即行散热，温度下降，当茧腔气温降到露点温度以下时，其中一部分水分，立即分析出来被茧子吸收，使茧腔成饱和状态，并与茧外空气起交换作用，特别是嫩蛹。因此，在散热的同时，也伴随散湿过程，具有调和茧间的干燥程度不匀的作用。如不及时散热进行打包，就会使余热和茧腔内形成的饱和湿空气长时间无法扩散，形成湿热状，使茧层丝胶蛋白质继续变性，解舒变差。散热的具体做法是将出灶后的干茧稍待冷却，再散堆于干燥通风场所，高65厘米左右，挖成凹形或波浪形，使其容易发散热量。基本冷却后再堆高，高度不超过165厘米，离墙65厘米，四周留通道。有条件的应采用排风扇，对刚出灶的干茧和干茧堆场，进行间歇排风，排除茧堆湿热，保护茧质。

2. 防潮

在干茧堆放中，如果堆场条件差，空气湿度大，放置时间长，就会使茧体吸进过多的水分，造成蛹体还潮，茧层变软，甚至会导致仓储中发霉变质。因此，干茧充分冷却后，应立即灌袋打包，一般散堆时间不超过48小时。干燥程度不同的干茧，应分别打包装运，注明标记。过嫩的干茧，应在茧站内低温复烘。

3. 防压、 防踏

在干茧处理中，如受外界强烈压力后，茧丝蛋白质分子结构易受损伤，切断容易，落绪多。据调查，干茧踏瘪，解舒率降低了1.3%～49.9%。热干茧踏瘪比冷干茧影响更大。因此，要防止压伤、踏瘪，在灌包和出运时，要避免用脚蹬和从高楼丢包。

在茧处理全过程中，对次茧、同宫茧及各类下脚茧的鲜茧、半干茧，均应分别处理、分别堆放打包，严禁混杂。有条件的，还应分品种收烘。

在茧处理全过程中，必须做好"三轻、五拣"工作，主要目的是防止次、下茧增多、损伤茧丝。"三轻"就是倒茧、装茧、运茧等操作要轻巧；"五拣"是装篮、翻篮装格、出灶、打包中，随时拣出印、烂、同宫茧。做到上茧中混入印烂茧的比例不超过 0.7%。

在茧处理全过程中，还要做到勤、快、清、风、燥。勤即勤检查；快即鲜茧装篮快，堆场调度快，发现问题处理快；清即堆场保持清洁、整齐；风就是保持阴凉通风，燥即堆场保持干燥。总之，要根据茧的特点，采取必要的措施，千方百计地保护茧质。

四、 铺茧量与干燥均匀的关系

干燥均匀与铺茧量有一定关系，要控制好合理的干燥条件，以使每粒茧子都能受均匀的热处理，适当地烘干蛹体，千方百计地保护茧质，就必须研究恰当的铺茧量。

1. 茧子特性与铺茧量

鲜茧中含有大量水分，一般含水量在 60% 左右。茧层和蛹体的含水量也大不相同，一般茧层为 13%～15%，它与烘到适干还性后要求的含水量 9%～11% 相差不大（4%）左右；而蛹体含水量则高达 73%～77%，烘茧时必须烘掉 97% 左右水分，所以烘茧主要是去蛹体的水分。但是，就其干燥条件而言，茧层却比蛹体优越，因为茧层处于茧体的外围，薄而含水少，富有通气性，又首先接触高温，其水分能迅速达到表面而容易除去。蛹体不但结构甚密，而且表皮还有角质膜封锁，其位置又处于茧灶这个大干燥室和茧腔这个小干燥室之中，热量的渗入和水分的扩散均较困难，干燥条件很差，使干燥速度缓慢。这样就很容易造成茧层水分被汽化，而蛹体水分却不能及时扩散到茧层。

因此，铺茧量的多少，主要考虑蛹体这个内在因素，比如 500 克茧粒数，茧层厚薄，化蛹老嫩，鲜茧含水量等；同时也要考虑茧格大小、茧灶性能、头冲和二冲差别、季节不同等外界条件。铺茧量过厚，因表部、底部茧子散水快，中间慢，造成干燥不匀；同时茧量多，蒸发量大，感温不足，排湿困难，干燥不易。铺茧过薄，又会降低烘力，增大成本，并容易使最上格的茧子过干，影响茧质。因此，要根据不同的原料茧和实际的干燥条件来具体确定铺茧量的多少。

2. 茧子蒸发状态与铺茧量

鲜茧具有吸热排湿特性，热气由于温度升高能增加饱和蒸气压，降低相对湿度，所以具有较强的吸湿能力，当鲜茧处于热空气中时，使鲜茧和空气间形成了温度梯度和湿度梯度，提高烘茧温度使鲜茧水分子移向空间的压力差增大，使周围的干热空气对鲜茧具有充分的干燥能力。同时，热能促使鲜茧内水分子的动能增大，加快运动速度，当其动能大于水分与丝间的吸引力时，即向外扩散、蒸发。只要不断地排除湿空气，同时不断地补充热空气，就能将鲜茧烘干。

鲜茧干燥最初由于茧层表面减少了表面的水分，从而产生表面和内部水分差，水分多的向少的方向渗润扩散，鲜茧是将体内的水分通过扩散到蛹体表面蒸发至茧腔，茧中水蒸气又被内部茧层吸收，由于茧层组织有许多孔隙，通过毛细管作用，水分就渗润扩散到表面，水分到达表面后，通过表面的湿气膜，向空气中蒸发，鲜茧含水量就是由内部扩散和表面蒸发这两种不同的作用，达到干燥。

根据以上茧子干燥原理的分析，蚕茧干燥时，最好将干燥室控制在干燥各阶段所要求的温湿度条件下，使每粒茧的四周处于基本相同的干燥条件之中。但在实际烘茧中，只能借助于风机或风扇的作用，相对地拌匀干热空气。搁置茧体也只能采用茧格或茧网，以层状分布鲜茧，相对均匀地支撑在干燥室中。随着盛茧设备和干燥环境的差异，干燥状况也就不同，铺茧量就应有多有少。因此，必须认真做到定量铺茧，铺茧时，做到轻倒、轻铺、铺松、铺匀；四周稍厚，中间稍薄，随铺随将茧格放进茧车内，尽量扩大每粒茧子的蒸发面积，以利均匀受热和发散水分。绝对避免称量形式、铺茧拍实、孔洞堵塞等不良现象。否则就会造成干燥不匀和热风短路，使热风未穿透孔洞吸湿就排出灶外，导致热的损失。

五、 干燥程度与茧质关系

干燥程度掌握是否得当，对保全茧质有着密切关系，因此，半干茧要缩小蛹体间的干燥间差，全干茧要求达到适干均匀。

1. 半干茧干燥程度的确定

半干茧的干燥程度，现行标准规定：春夏茧六成半左右。其好处是：

（1）有利于消灭胖蛹　因为蚕茧干燥到达等速阶段的末期，绝大部分茧子已达六成干，但也有少数茧子不到六成或超过六成。在等速阶段，蛹体含水量的蒸发速度基本接近，但蚕茧干燥到六至六成半时，蛹体之间的干燥速度就会发生明显的差异，不到六成的少量胖蛹，仍处在等速干燥阶段，干燥速度较快；而已超过六成的少量蛹体，却已进入了减速干燥阶段，其蒸发速度渐趋缓慢。这样，使含水量较多的胖蛹加快蒸发速度，含水量较少的蛹体，减慢了蒸发速度，有利于缩小半干茧的干燥间差。在六成到六成半这段时间内，时间虽短，由于仍用头冲的高温烘茧，所以对消灭胖蛹，促进半干茧的干燥程度的均匀，有较大的作用。

（2）有利于二冲降低温度　半干茧的干燥程度已烘到六成半。经过半干茧还性，茧体水分继续蒸发（2%～4%），这样进二冲时的半干程度就会超过六成半。六成以下的胖蛹相对减少，二冲温度也就可以适当降低，即保持在减速干燥第一阶段的温度并逐渐下降到目的低温。这样既不会影响烘茧时间和干燥均匀问题，又能保护茧质。

假如头冲烘干度低一些，二冲时还会存在较多的胖蛹，那么，二冲进烘时的温度，就非用等速阶段的高温不可，否则胖蛹就难以消灭。但用高温以后，不但会使头冲已经烘得偏老的茧子继续向偏老方向发展，而且二冲后阶段的温度也很难降下来，容易使偏老茧子的茧层失水过干，影响茧质。

（3）可缩短烘茧时间　头冲应迅速达到目的高温，并延续到出灶，才能加快干燥速度，缩短整个干燥过程的时间。因为在等速阶段中，茧体含有较多水分，即使采用目的高温，对茧质来讲，影响很小，但对加快干燥速度缩短烘茧时间，有一定效果。

半干茧只有头冲匀了，才能使全干茧容易达到适干均匀，保护茧质。

2. 全干茧适干，均匀与茧质关系

全干茧干燥程度的老嫩和均匀与否，对缫丝生产和干茧储藏有一定影响，必须按标准严格执行。

（1）干燥程度对茧质的影响　嫩烘茧（包括偏嫩茧），因蛹体尚未断浆，留有较多水分，出灶前，水分尚在通过茧层继续蒸发，茧层不会失水过干，有利于保护解舒。但其缺点是容易霉变，难以储藏；同时，煮茧时也容易崩溃，缫成生丝后，其清洁、净度的成绩较差。老烘茧（包括偏老茧），因在出灶前，蛹体的水分已经蒸发殆尽，茧层已失水过干，却继续受到高温的刺激，这样，势必会增大丝胶的变性程度，影响解舒。在这种情况下烘茧，时间越长，干燥程度越老，对茧质的影响越大。

老嫩不匀茧，其含水量开差较大，而老嫩蛹所占的百分率和茧层受热程度的不同，丝胶的变性程度亦大有差异。因此，不仅给煮茧和缫丝工艺增加困难（颣节和丝条故障增多），而且容易发霉变质，难以储藏。其产生的原因，除受干燥设备的结构缺陷所限制外，主要是烘茧操作不合理所致。

（2）干燥均匀对茧质的影响　烘茧均匀，能使茧体受到一致的热处理，不但有利于仓储，而且有利于煮茧和缫丝作业的均一性。特别是随着自动缫丝机的普及，要靠机械手来添绪，就更需要干茧质量的一致性，并要求索绪效率高，解舒好，净度好，丝条故障少。

干燥不匀可从量的不匀和质的不匀两个方面来分析。量的不匀就是干茧之间留存的水分量有多有少。其影响因素很多，例如铺茧厚薄，受热量多少，蛹体大小，排湿难易等因素，这种量的不匀，容易导致储藏中霉烂变质，也会使茧之间受温度的作用程度不同，而导致解舒的差异，同时对净度也产生影响。关于质的干燥不匀，着重表现于茧层的不同部位，由于干燥条件有差异，带来了热处理的差异，致使变性产生不同。例如内外茧层的丝胶状不同，同一粒茧的不同部位差异，同一部位的变性程度也不同。造成干燥不匀的原因有传热形式问题，例如传导热和辐射热容易造成干燥不匀，而热风干燥则有利于干燥均匀。受热量的不同也会造成干燥不匀，例如茧格上、中、下的各部位，同格的不同部位等受热量不同，特别是靠近热室或顶格的茧子，受高温刺激的机会多，故解舒受影响。这种茧子，由于茧层所处的位置不同，其茧丝的离解也有易难，容易产生吊糙，丝条故障多，影响缫丝。

干燥不匀既会影响缫丝，也会影响储藏，故要千方百计地达到适干均匀。但不能违反操作规程，片面地追求适干均匀。例如进二冲前半干茧拢堆的时间很长；关排气闷烘；低温长烘；全干茧出灶后立即拢堆，将干茧烘成偏老庄口和干茧迟迟不予外运等。这样的适干率98%，因为这种假适干均匀，既损伤了茧质，又使进仓时蛹体还潮，茧层发软，影响储藏。

3. 适干茧的鉴定

适干茧是指蛹体和茧层都已基本烘干，但又保留其允许存在的少量水分的干茧而言，一般茧层干燥率为95%左右，蛹体干燥率为26.25%左右。就烘率而言，一般春茧在40%～43%，秋茧在38%～41%。按照茧体的平衡水分来讲，一般保持在茧体绝对干量的10%左右。总的原则是反对偏老偏嫩，达到适干均握，既有利于缫丝，又有利于储藏。其鉴定方法如下：

（1）嗅觉　茧子干燥已经达到相当程度时，蛹体的蛹油开始发散而具有香味，香味较浓表示留剩余水分极少，蛹油发散较多，说明茧的干燥程度已偏老或过老；未香无馊味时是适干；尚有馊味为偏嫩。

（2）触觉　用手触灶内茧子，一般感到凉、轻而略有微微湿感者为适干，凉、轻干爽的已近偏老，有水湿气为偏嫩。

（3）听觉　茧层蜡体发散水分后，蛹体相当硬化，适干茧摇动时有清脆的声音，烘嫩的蛹体尚软，摇动时重浊而带声，过干黄蛹体坚硬，声音轻爽尖脆。

（4）蛹体检验　用手捻蛹体，断浆成小片，多油不腻为适当，即可出灶。

全干茧的出灶标准同干茧检验标准是有所区别的，因为干茧是出灶后经过48小时鉴定的，故出灶时的烘率标准，应将理论烘率加上0.5%～1%为宜。否则出灶48小时后，会因继续放、吸湿而造成干茧偏老或偏嫩。不同干燥成数的蛹体形状见表11-3。

表11-3　干燥成数与蛹体形状

干燥成数	烘率（%）	蛹的形状
一	92.6	杀蛹，尾部略有收缩，翅末变形
二	82.3	尾缩明显，翅缩隐约可见
三	77.9	翅凹尾稍瘪，腹部未起凹形
四	70.1	翅深凹，翅稍瘪，腹部初起凹形
五	63.3	腹凹明显，胸头饱满而凸，翅未起边线
六	55.8	腹深凹，翅初起边线，如瓢羹形
七	48.4	嘴翅连通边线，胸头缩显，腹软滑
八	41.0	腹初拧厚浆，轻捻不滑动
九	33.6	头断浆，指揿腹，微软
十	26.3	揿捻蛹体，多油不腻

　　蚕病是蚕茧生产的最大障碍，常造成蚕茧生产的严重损失。目前河南省因蚕病而损失的产茧量占全年总产量的 15% ~20%，夏秋蚕期更为严重。发生蚕病既降低单产，也影响茧质。因此，防治蚕病在蚕茧生产过程中必须十分重视。特别是要贯彻预防为主、综合防治的方针，预防工作要做到蚕病发生之前。

第一节
蚕病的基本知识

桑蚕病虫害的种类很多，通常按病原或病因将其分为传染性蚕病和非传染性蚕病两大类。凡由病原微生物侵入蚕体内寄生、增殖而引起，并可借助病蚕或其尸体传染给健康蚕的一类疾病，称为传染性蚕病；凡由节肢动物侵害、农药中毒或机械创伤所引起，不能以病蚕或其尸体作媒介传染给健康蚕的一类疾病，称为非传染性疾病。常见蚕病的种类及名称如图 12-1。

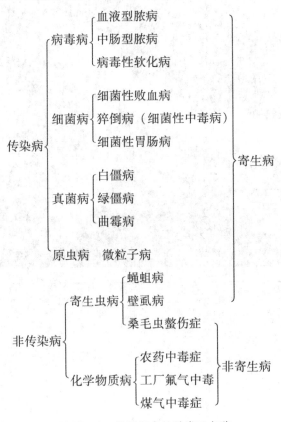

图 12-1 常见蚕病的种类及名称

传染性蚕病因其具有传染性，生产上一旦发生，如不能及时采取防治措施，往往造成损失较大，有的甚至颗茧无收。因此，传染性蚕病是蚕病防治的主要对象。非传染性蚕病虽不能相互传染，在生产上所造成的损失也相对较小，但像急性农药中毒，如一旦发生也会损失严重，就是微量农药或废气污染，也会造成一定程度的损失，或成为传染性蚕病发生的诱因。所以，防止非传染性蚕病的发生也不能疏忽。

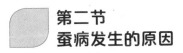

第二节
蚕病发生的原因

引起蚕病的原因较为复杂。在蚕病发生和发展的过程中，往往受到多种因素的共同作用，这些众多的因素一般可以归纳为病原、蚕体、环境3个方面。

一、病原

引起蚕病的病原主要有：病原微生物（如病毒、细菌、真菌、原虫等）、寄生虫（多化性蚕蛆蝇、壁虱等）及有毒化学物质（如有害农药、工厂废气等）。病原是引起蚕发病的必要因素，没有病原存在，蚕就不可能生病。例如，没有僵病分生孢子存在，蚕就不会得僵病；没有中肠型脓病病毒的存在，蚕就不会发生中肠型脓病；没有农药污染，蚕也就绝不会发生农药中毒。在这些病原中，对生产威胁最大的是能引起传染性蚕病的病原微生物。

1. 病原微生物的来源

（1）病蚕及其尸体　由于病毒、细菌、真菌、原虫等侵入蚕体后，可借助蚕体而大量繁殖，所以病蚕及其尸体含有大量的病原微生物。据调查，一头病蚕内的病毒，具有使1 000张蚕种蚕发病的致病力。

（2）病蚕的蚕沙　由于病蚕的种类不同，病蚕体内的病原微生物可以随粪便、吐液或脓汁等不同途径大量排出体外，混在蚕沙中。

（3）病蚕用过的旧蔟具　旧蔟具上会因病蚕上蔟后的排泄物、尸体的腐烂或僵蚕表面的分生孢子污染而沾染上大量的病原微生物。

（4）微粒子病的病蛾尸体、鳞毛及所产下的卵　均含有微粒子病的原虫。

（5）野外昆虫　现已查明，很多桑园害虫的疾病能使家蚕感染发病。

防病消毒在一年蚕业生产中应一次比一次严格。在同一批蚕期中，不仅要重视养蚕前的消毒，还要做好养蚕中、养蚕后的消毒工作，注意防病卫生，防止病原扩散，只有这样，才能使病原微生物始终控制在极少量范围内，确保无病高产。

2. 病原微生物侵入蚕体的途径

病原微生物侵入蚕体的方式和所经路线称传染途径。对家蚕传染病来说，有以下 4 种传染途径。

（1）经口传染　病原微生物通过污染桑叶被蚕经口器食下而引起感染发病，如病毒病、细菌性肠道病、细菌性中毒病及微粒子病等。这一途径是目前危害严重的几种蚕病的最主要的传播途径。

（2）创伤传染　即蚕因体壁破损，病原微生物直接从伤口侵入而引起发病。

（3）接触传染　各种僵病孢子落在蚕体表面，遇到适宜的温湿度，孢子发芽直接溶解体壁侵入蚕体而引起感染。

（4）胚种传染　到目前为止，病原微生物经卵传染的仅发现微粒子病一种，是微粒子原虫寄生于母蛾及其体内的卵，通过卵传染给下一代。

二、蚕体

蚕的抗病力就是指对某种病原微生物的抵抗能力。抗病力的强弱因品种、发育阶段而异，一般多丝量的春用种，其抗病力较含多化性血统的夏秋用种要弱；在一个蚕期中，小蚕的抵抗力较弱，而大蚕的抵抗力较强，抵抗力随着龄期的增加而增强。加强小蚕期及各龄眠起的处理，对预防蚕病发生有着重要意义。

蚕的性别不同，抗病力亦有差异。一般雌蚕较雄蚕的抗病力弱。

三、环境

家蚕抗病机制的强弱还受到饲料和气象环境的影响。饲养环境条件主要指饲料质量和气象条件两个方面，它们既影响到蚕体的健康程度，也影响到病原微生物的致病力和传播。

蚕以桑叶为食料，桑叶的质量直接影响到蚕的健康。桑树的品种、培肥管理状况、采叶时期、运输和储藏对叶质都有一定影响。桑树由于常偏施氮肥、过分密植或日照不足而导致叶质变劣。低温时给叶过多会造成蚕座冷湿,利于僵病分生孢子的发芽;高温时缺叶使蚕饥饿,抗病力下降,同时蚕因饥饿寻食爬动,皮肤创伤的机会增多,病原也易从伤口侵入蚕体;湿叶长期储藏,使叶面细菌大量繁殖,增加了病原的数量,容易引起疾病的发生。

蚕在生长发育过程中与气象条件密切相关,不适宜的温湿度、气流和光照,都会引起生理障碍,削弱抗病能力。例如,在高温多湿环境中,蚕的体质较弱,即使感染少量病毒,也会引起严重的蚕病。另外,气象条件也影响到病原的致病力与传播。例如,空气湿度大,有利于僵病孢子的萌发,蚕容易得僵病,而相对湿度低于70%,即使有大量孢子存在,蚕也不会发生僵病。

综上所述,传染性蚕病的发生,必须具备3个条件:一是病原体的存在;二是病原体必须通过特定的途径侵入蚕体内,其毒力和数量超过了蚕体的抵抗能力;三是有适宜病原入侵繁殖的外界环境条件。这3个条件的关系是相互联系、相互影响、相互制约的。因此,养蚕生产中,只有采取严格消毒,将病原消灭并切断其传染途径,创造有利于蚕生长发育而不利于病原繁殖传播的环境条件,增强蚕体的抗病能力,才能减少或避免蚕病的发生。

然而,目前养蚕生产实践中,尚存在很多不利于防止蚕病发生的现象。例如,在病原方面,不少地方仍将病蚕尸体到处乱扔,蚕粪随意摊晒或堆放,造成病原的广泛传播和严重的环境污染,在蚕体方面,由于控制给桑量和蚕头过密,造成蚕饥饿、体质下降的现象十分普遍;在环境方面,养蚕用房狭小,有些农家蚕室缺少空气对流窗户,夏秋季极易形成闷热环境等。因此,只有加强蚕农的防病意识,因地制宜地采取有效措施,逐步改善环境条件,才能逐步控制蚕病的危害。

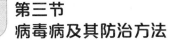

第三节
病毒病及其防治方法

病毒病是最常见的病害,也是当前养蚕生产中危害最大的一类蚕病,特别是夏秋期尤为严重。因病毒种类和传染部位、途径的不同，分为核型多角体病（血液型脓病）、质型多角体病（中肠型脓病）、病毒性软化病（空头病）3 种。

一、核型多角体病（血液型脓病）

蚕患病后的症状为蚕体肿胀，体色乳白，行动狂躁，常爬行至蚕座边缘，皮肤易破裂，流脓汁而死，尸体腐烂发黑。发病时期不同，表现的症状也不同。小蚕期起蚕感病后，到眠前发病，表现为皮肤张紧发亮，爬行不止，不吃桑叶，久之不能入眠，最后皮破流脓汁而死，称为不眠蚕。5 龄盛食期前发病，皮肤松弛，节间膜呈环状隆起，全身呈乳白色，腹脚部分更明显，俗称高节蚕（图 12 - 2）。5 龄后期发病环节隆起，体色乳白，体皮稍触或自行流出乳白色脓汁。此外也有在气门周围出现黑色病斑，或出现焦脚蚕现象，都称为血液型脓病蚕。

图 12 -2　高节蚕

该病是一种急性传染病，从感病到发病一般小蚕期 2 ~ 3 天，大蚕期 4 ~ 6 天。主要传染源是病蚕尸体及流出的脓汁。侵入蚕体的途径有食下传染和创伤传染两种。小蚕以食下传染为主，大蚕食下传染率低，主要是创伤传染。蚕食下一定量的游离病毒或多角体都能发病，而创伤传染仅限于游离病毒才有可能。桑园害虫也是该病的传染之源，野蚕、桑螟的血液型脓病能传染给家蚕。

食下感染，小蚕期大于壮蚕期。随着蚕龄期增长，抵抗力逐渐增强，同一龄中起蚕容易传染，盛食期抵抗力增强。

创伤感染是游离病毒从新鲜伤口侵入血液。蚕创伤的机会很多，如操作粗放蚕体受伤，饲育过程中蚕密度过大，蚕相互拥挤，腹足钓爪相互抓伤等。大蚕期蚕受伤的比例较大。

二、质型多角体病（中肠型脓病）

该病是一种慢性传染病，病程较长。发病初期，症状不明显，随着病程的推进，食欲减退，发育迟缓，体躯瘦小，群体大小开差悬殊，发育不齐。后期体色失去光泽，胸部半透明呈空头状，起蚕发病呈起缩症状。严重时排泄乳白色软粪，撕破腹部皮肤，可见中肠肿胀，呈乳白色。下痢尾部被乳白色或褐色黏稠状稀粪附着。

中肠型脓病病程较长，小蚕感染到 3～4 龄发病，3～4 龄感染到 5 龄发病。主要传染途径是食下传染，传染源是病蚕尸体及蚕粪中的多角体和游离病毒，病毒主要寄生在中肠的圆筒形细胞质内，寄生后繁殖，形成多角体，致使细胞肿大膨胀，呈乳白色病变，最后中肠细胞破裂，多角体进入肠腔，随粪排出。所以蚕染病仅两天，粪内便会有病毒排出。

三、 病毒性软化病 （空头病）

病毒性软化病的病症与中肠型脓病相似。感病初期，个体大小差异不大，随着病情的发展，表现起缩症状和空胸症状。病蚕食很少或停止食桑，蚕体显著缩小，皮肤多皱，体色灰黄，排黄褐色稀粪。特别是 5 龄的盛食期蚕头胸昂起，胸部膨大，呈半透明状，排念珠状软粪或污液，死后尸体软化。该病与中肠型脓病主要的区别是中肠的病变不同，中肠型脓病病蚕中肠肿胀，呈乳白色；而本病病蚕的中肠呈黄绿色肠液。在灯光下透视可清晰地看见体内的气管丛，常头胸昂起，很易被发现，而中肠型脓病蚕常爬到蔟边缘处呆伏不动。该病的传染途径同于中肠型脓病。

四、 病毒病的防治

①养蚕前后认真对蚕室、蚕具、储桑室及蚕室周围的环境进行彻底消毒，养蚕期间注意蚕体、蚕座消毒。若发生蚕病或阴雨天，可大量、多次使用新鲜石灰粉，进行蚕座消毒，覆盖病原。②注意提青分批，严格淘汰病、弱蚕及迟眠蚕，防止大小蚕同室混养。③妥善处理病蚕及蚕沙，拣出的病蚕应集中放在新鲜石灰粉或石灰浆盆内，处理后在远离蚕室的地方挖穴深埋，不可随地乱丢，不可用来喂猪、鸡。蚕沙在远离蚕室处堆积发酵沤制后方可施进桑园。④在饲养时一定要良桑饱食，严格控制、调节饲育气象环境条件，增强体质，提高蚕的抗病能力。⑤夏秋蚕期气候恶劣，叶质又差，病原体多而新鲜，致病力强。在饲养中要勤除沙，蚕座薄，改善饲育环境条件。稀放蚕，减少创伤机会，降低或抑制病毒感染的

途径。另外，必须选择体质强健的抗病品种，适应当地气候的优质桑蚕品种。⑥及时防治桑园害虫，减少害虫虫口密度，减少尸体、浓汁、粪便对桑叶的污染。

第四节
细菌病及其防治方法

细菌病无论何时何地都有零星发生，但是，大批发病较少。患细菌病的蚕尸都软化腐烂，所以叫软化病。因细菌种类不同，分细菌性败血病、猝倒病、细菌性胃肠病。

一、细菌性败血病

细菌性败血病有黑胸败血病、青头败血病、灵菌败血病等。发病前期无明显病症，发病后停止食桑、胸部膨大、腹节收缩、排泄软粪或连珠状粪。死前随即倾侧倒伏，并有吐液、下痢等症状。初死尸体出现胸部膨大，头尾翘起，腹部向腹面拱出，腹脚后倾，有暂时的尸僵现象。在几小时内体皮松弛，体躯伸直，头胸伸出，尸体逐渐软化变色。3 种败血病尸体变色情况各不一样：黑胸败血病首先在胸部背面或胸腹之间出现绿色尸斑，很快扩展变色，由前半身以至全身变黑。青头败血病首先在胸部呈现绿色尸斑，逐渐形成淡绿色或淡褐色半透明水泡，最后尸体呈土灰色。灵菌败血病往往在体皮上出现褐色小圆斑点，最后全身变红色（图 12 - 3）。

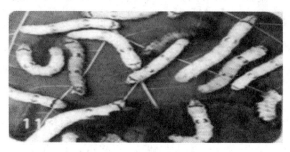

图 12 - 3　灵菌败血病

细菌败血病是一种急性传染病，病程长短因温度高低、细菌种类及感染量而有差异，一般感染后 10~24 小时即可死亡。传染途径主要是创伤传染，细菌通过蚕体伤口进入血液内增殖，血液变性、组织解体。

二、猝倒病

本病在夏秋蚕期多有发生。引起猝倒病都是蚕食下猝倒菌及其分泌产生的毒素所致。发病速度因食下病菌毒素的多少，分为急性发作和慢性发作两种。蚕食下毒素多，发病快，几小时后即停食桑，产生痉挛抖动，很快侧倒而死；食下毒素少，发病慢，2~3 天表现食欲减退，空头下痢、陆续死亡。病蚕初死时体色无变化，约经 10 小时，中部环节先变色，全身逐渐变黑腐烂，流出黑褐色的恶臭污液。

猝倒病一类细菌具有腐生、寄生的能力，所以病菌来源较广，主要是病蚕尸体、细菌农药、桑叶上带菌或患有本病的野外昆虫污染桑叶等，食下传染呈猝倒状，创伤传染物呈典型的败血症状。

三、细菌性胃肠病

细菌性胃肠病是细菌病中最慢性的一种病。生产中常以夏秋蚕期发生较多。本病外表症状与病毒性软化病相似。发病后一般都有食欲减退，蚕发育慢而不齐，举动不活泼，排泄不正形软粪，软粪呈褐色或白色污液等现象，由于发病时间不同，在特殊病症上主要有起缩和空胸的不同。起缩蚕在各龄 1~2 天内发生，体形萎缩，体皮壁皱很多，体也发黄并有上述一般病症。空胸蚕在各龄饲食后 2~3 天发生，病蚕体略为萎缩，胸部外观呈半透明状。这是由于前半部消化管没有桑叶的缘故。若在眠前发病，虽能缓慢就眠，但多数为不蜕皮蚕而死于眠中。此外也具有上述一般病症。病毒性软化病是传染性疾病，而细菌性胃肠病则将病蚕及时淘汰后就不会继续感染。

细菌性胃肠病是由于饲养条件不好，管理粗放，蚕体质差，胃液碱度降低，抗病力减弱，使感染侵袭入胃肠内的链球菌、杆菌得以大量繁殖所致。在夏秋蚕期叶质过差，脏水叶，储藏时间过长的发黏桑叶，都易发生此病。但蚕体健壮，此类细菌在蚕体内就不发挥作用，就不能使蚕发病。

四、 细菌病防治方法

①对蚕室、蚕具、储桑室严格消毒，控制消灭病原。②精细操作，适当稀放，避免蚕体受伤。③储桑室要隔日用含有效氯1%的漂白粉液进行地面消毒。夏秋蚕期的泥沙桑叶要用井水、大河长流净水淘洗，随淘随时沥干随喂，不能放太长时间。不能在池塘或小沟渠淘洗桑叶，以免沾染病菌和上水流来脏水及药水使蚕中毒。④轻度污染桑叶可用含有效氯0.3%的漂白粉液喷洒桑叶进行叶面消毒。⑤3~5龄蚕盛食期可添食红霉素。如发现细菌病蚕时，要增加配药量1倍，增加喷药次数直至截止细菌病发生。⑥扑灭桑园害虫，不采虫口叶，虫粪污叶，防止病毒随桑叶被带入蚕室。⑦在桑蚕生产集中地区，不采用撒布猝倒菌等细菌性农药来防治农作物害虫。养蚕期也不能用施过细菌性农药的稻草作吸湿材料。

第五节
真菌病及其防治方法

真菌寄生的蚕死亡后，尸体出现僵硬不烂的症状，故称僵病或硬化病。由于寄生的菌类不同，尸体上所产生各种不同颜色的分生孢子，按颜色分为白僵、黄僵、绿僵、褐僵、赤僵病等。其中以白僵病最为常见，其次为绿僵病、褐僵病（即曲霉病），其他僵病在当前的生产中较少出现。

一、 白僵病

蚕感病初期，症状不明显，后期食桑减少，举动不活泼，继而死亡。初死时的尸体柔软而有弹性，后逐渐变硬，腹部出现桃红色，此时若相对湿度80%以上，温度在25℃的环境中经1~2天首先在气门、环节、口器等处长出白色菌丝孢子，以后遍布全身。病程因蚕龄期而不同，蚁蚕感染第三天死亡，5龄初期感染第六天前后死亡，5龄末期感染的能上蔟结茧，可形成僵蛹（图12-4）。

图 12 - 4　白僵病

二、　绿僵病

该病初期没有明显症状，随着病势的进展，表现食欲减退，举动呆滞，在蚕体两侧或背面常生有不正形、外缘较深的褐色云状病斑，死后尸体柔软而有弹性，2～3 天后全身长出白色气生丝，之后生出绿色分生孢子。

三、　曲霉病

曲霉病极易在小蚕期（1～2 龄蚕）感染发生，死前很难看出病症，2 龄病蚕头大尾细，死后尸体上很快长出菌丝，长出黄绿色或褐色分生孢子，像朵朵小绒球，一般尸体不腐烂。大蚕发病在蚕体上出现一两个不定型的黑褐色病斑，死后仅在病斑周围局部硬化，其他部位并不硬化，而腐烂变黑。死后经 1～2 天在病斑处长出气生菌丝及黄褐色的分生孢子。

真菌病从感染到发病的时间：白僵病和曲霉病较短。小蚕期白僵病 3～4 天，曲霉病 1～2 天（感染在食桑中，发病在眠中）；大蚕期白僵病 5～6 天，曲霉病很少发生。绿僵病从感染到发病需 10 天左右，其传染途径主要是接触传染，病菌的分生孢子附着于蚕体，遇到适宜的温湿度即发芽侵入体内繁殖。菌丝孢子发芽所需相对湿度 80% 以上，相对湿度在 70% 以下不发芽。发病温度因菌种不同有所差异：白僵菌和绿僵菌需 17～27℃，曲霉菌需 30℃左右。白僵病、曲霉病全年各蚕期中可能都有发生，绿僵病一般以中、晚秋蚕发生较多。

四、 真菌病的防治方法

1. 认真进行蚕室、 蚕具及环境消毒

对发生过僵病的地方要增用一遍硫黄或优氯净熏烟消毒，最大限度地消灭和减少白僵病菌的存在。

2. 饲养期间加强蚕体、 蚕座消毒

各龄起蚕和盛食期要用漂白粉防僵粉进行蚕体、蚕座消毒，若发现僵病发生，必须天天使用此药，增加次数，直到扑灭病害为止。也可用抗菌剂浸蚕网或喷体，直至扑灭为止。

3. 妥善处理僵病死蚕

要隔离病蚕，病死蚕不可随地乱扔，在分生孢子形成以前投入消毒缸或盆内，最彻底的是集中烧毁僵病蚕尸体或在远离蚕室的地方挖穴深埋。

4. 避免蚕室、 蚕座多湿， 抑制僵菌发芽侵染

大蚕期要注意通风透气。蚕室相对湿度控制在70%左右。发生僵病的蚕室可以采用潮湿稻草加硫黄熏烟排湿消毒：每间蚕室用2千克稻草，0.3千克硫黄粉关闭门窗熏烟15～30分，立即开窗放气（5龄期进行）。蚕座多撒石灰、焦糠、草节等吸湿材料。

5. 防治桑园虫害

防止患此病的害虫菌丝孢子传入蚕室。

第六节
中毒症及其防治方法

一、 农药中毒

蚕农药中毒是指蚕接触农药或食下因农药污染的桑叶而引起的一种毒害。在蚕桑生产中时有发生，特别是夏秋蚕期，既是各种作物害虫多发季节，又是治虫适期，蚕对农药非常敏感，极易遭受农药危害，生产中稍有疏忽就会造成农药中

毒，轻则影响蚕的生长发育，重则造成大批死亡。近几年河南省部分蚕区春季受小麦"一喷三防"，中秋时期受林业植保部门防治杨树美国白蛾等影响，家蚕农药中毒非常严重。因此，必须引起蚕农的重视。

1. 农药中毒蚕的症状

由于蚕体接触农药种类、剂量及时间的不同，表现有急、慢性两种症状。一般急性中毒会使健康蚕突然死亡，处理不当会造成较大损失；慢性中毒，开始没有明显症状，随着毒素在蚕体内的积累，会降低蚕的体质，容易诱发其他蚕病，影响丝茧的品质和产量，影响种茧育的制种成绩和次代蚕的生命力。

（1）急性农药中毒

1）有机磷农药中毒　常用的有机磷农药有敌百虫、对硫磷、马拉硫磷、杀螟硫磷等，多数有机磷农药具有胃毒、触杀作用，有的还具有内吸和熏蒸作用。桑蚕有机磷农药中毒症状大体相同，一般蚕食下或接触后，蚕停止食桑，胸部大，边吐液边乱爬、痉挛，不停滚动，并排不规则粪便或带红色污液并慢慢转入麻痹状态，濒死时腹足抽搐，前半身膨大肿胀，后半身躯体缩短（特有），特别后端几环节更为明显，并有脱肛现象。轻微中毒的头胸抬起，左右摆动，稍吐胃液，置阴凉通风处给予新鲜桑叶饲养还能恢复。

2）有机氮农药中毒　有机氮农药常见的主要有杀虫双和杀虫脒，此类农药往往是在大田粮食作物的使用过程中，直接或间接污染桑叶，造成蚕中毒。

杀虫双中毒：杀虫双中毒蚕表现为麻痹瘫痪症状，静伏蚕座，不食不动，体色正常，手触蚕体极软，排粪正常，脉搏跳动缓慢，不吐液，逐渐死亡，死后尸体干瘪不腐烂。5龄后期中毒的常有吐平板丝及不结茧现象，轻度中毒的虽呈瘫痪状，但数小时或数天后仍能恢复吃叶，并能吐丝营茧，如果蔟室有杀虫双气味，即出现大量浮丝，明显增加不结茧蚕。

杀虫脒中毒：杀虫脒中毒蚕表现为兴奋，避忌，拒食桑叶，向四周爬散，全身肌肉不断抽搐，行动极不协调，并有吐乱丝等现象，经过一段时间乱爬以后，慢慢死去。中毒轻的隔毒后可结茧，重的慢慢死去。

3）植物性杀虫剂中毒　常用的植物性杀虫剂主要有烟草、鱼藤精和除虫菊等三大类。

烟草中毒：主要是烟碱中毒，烟碱可以通过触杀、胃毒及熏蒸作用使蚕中毒。中毒蚕潜伏期短，麻痹期长。初期胸部膨大，头部及第一胸节紧缩，前半身昂起并向后弯曲，吐液，排念珠状粪或软粪；以后进入麻痹期，此时头胸部肌肉麻痹松弛，吐大量黄绿色、黏稠度大的肠液，腹足失去把持力而倒卧蚕座而死，手触尸体有硬块（类似的有猝倒病菌毒素中毒的症状）。轻的如及早发现，立即除沙，移到通风处喂以新鲜桑叶，可以有部分复苏，复苏后对蚕的体质和茧质没有太大的影响。这是与其他中毒症的不同之处。

鱼藤精中毒：鱼藤精对蚕具有触杀和胃毒作用。蚕中毒后不食、不动、不拉、不吐、不痉挛、不缩短，麻痹而死，有"六不"之称。表现为停止食桑，静伏不动，待在蚕座上，渐渐麻痹，不乱爬，很少吐出肠液，胸部不膨大，体躯不缩短，腹足失去把持能力，倒卧于蚕匾；初呈假死态，背管仍做微弱搏动，经数小时后，体躯伸直而死。

菊酯类农药中毒：菊酯类农药常见的主要有杀灭菊酯、氯氰菊酯、溴氰菊酯等，此类农药对蚕有强烈的触杀作用，并具有一定的胃毒作用。一般表现为急性中毒，中毒初期头胸稍稍抬起，乱爬，有倒爬现象（特有），胸部膨大，尾部缩小，继而痉挛，头胸部和尾部均向背弯曲几近衔接，腹足失去把握力，翻滚或仰卧于蚕座。大蚕受害蚕体常扭曲成螺旋状，蜷曲而死呈"S"形、"C"形，临死时有呕吐现象，死后尸体缩小。

4）其他农药中毒　由于农药的发展很快，但农药中毒又是难免的，特别是有关的生物农药对有益昆虫的危害，是令植保工作者和蚕桑管理人员头痛的一个问题，如微生物源的杀虫剂（像苏云金杆菌、青虫菌、杀螟杆菌、白僵菌等）均对家蚕有毒害；特异性昆虫生长调节剂（如灭幼脲、农梦特、抑太保、优乐得）等，主要是抑制几丁质的合成，阻碍昆虫正常蜕皮，使卵的孵化、幼虫的蜕皮、蛹的发育畸形而致死。草甘膦等有机磷除草剂对蚕的毒性很低，高浓度时拒食，直接接触部位会变焦。吡虫啉又名大功臣、一遍净、扑虱蚜等，主要用于防治蚜虫、稻飞虱和叶蝉等刺吸式口器害虫，中毒的蚕往往头尾翘起，胸部膨大，吐液、下痢、脱肛，体躯扭曲呈"S"形并缩短等症状，微量轻度中毒，蚕在就眠时表现为体躯绵软，头胸平伏，与正常蚕就眠后体躯较硬实健壮显著不同，另外还表现出发育不齐，食桑不旺，眠起不齐等症状。

（2）微量农药中毒　桑蚕微量农药中毒时，开始不表现症状。由于农药不断在体内积累而引起的生理障碍表现为发育不齐。体质虚弱，易诱发其他各种疾病（如病毒病等），如不结茧或结畸形茧。对原蚕亦有不良影响，母蛾产卵数少，卵质差，不受精卵增加，蚕卵孵化率低等。总之蚕接触微量农药后，有时虽不表现出急性中毒症状，但这种蚕用手接触易见吐液，蚕易向四周逸散，多有发育不齐、吐乱丝等现象。

不同发育阶段的蚕对农药的感受性也不同，一般小蚕期比大蚕期敏感。但从整个饲育成绩来看，5龄蚕遭受微量农药中毒的危害性却比小蚕期更大。因此，5龄后期一定要防止微量农药中毒，以减少不结茧蚕和畸形茧的发生。

2. 农药中毒蚕的预防与处理

桑蚕农药中毒大多是突发性的，很快吐液，麻痹死亡，且迄今为止，一旦发生农药中毒后，尚无十分有效的解毒办法，因此对家蚕农药中毒的防治应着眼于预防。

（1）切断农药污染途径，防止农药污染桑叶　为预防桑蚕农药中毒，必须采取隔断农药污染的途径，具体措施如下：

1）防止农药污染桑叶　蚕区用药要注意施药的方法和风向，做到施药品种、浓度、方法、日期的4个统一，宜选择浇灌、低施或内吸性的颗粒剂，少用高压喷雾器、喷粉机和迷雾器等机械施药，以减少桑叶污染的机会。在重点蚕区养蚕季节要妥善安排用药品种，建议不使用有机氮类、菊酯类、沙蚕毒素类、生物类农药。桑园施药防虫必须注意安全，不允许在桑园里配药。施药后要牢记残效期，尽量选用残效期短的农药。改革农业生产的种植结构，使桑园相对集中，避免桑园与稻田、棉田、果园的交错布局。烟草产区不能烟桑混作，两者相距100米以上。

2）防止蚕室、蚕具被农药污染　蚕室及蚕具均不能存放农药、接触农药。保管农药的地方必须远离蚕室。农用喷雾器及蚕室用喷雾器不能混用。不准在蚕室附近晒烟叶。养蚕用的水源不能用于浸洗被农药污染的器具。

3）防止饲养人员的农药污染　饲养人员在养蚕期间不宜接触农药和灭蚊剂之类的东西，切记养蚕人员不治虫，治虫人员不采叶、不喂叫、不拌叶、不接触蚕具、不进入蚕室，防止衣、物、手、足沾染或携带农药而引起蚕中毒。

（2）掌握常用农药的残效期　为防止误食留有残效农药的桑叶，桑园施药治虫后，要牢记施药时间，在残效期内不能采叶喂蚕。残效期会因天气、用药浓度而有变化，要注意掌握。有可疑的桑叶，要提前做好试喂工作，尤其是靠近农田的桑叶以及下部桑叶，试喂时提前一天用迟眠蚕试喂，连续试喂3次桑叶后再确定桑叶是否有毒。发现桑叶被微量农药污染的立即停止采叶，残效期过后再采摘使用。常用农药的残效期见表 12 - 1。

表 12 - 1　常用农药残效期

农药类型	农药名称	使用浓度 （加水倍数）	养蚕安全期 （天）
杀虫剂	90% 敌百虫晶体	1 000 ~ 1 500	20 天以上
	50% 辛硫磷	1 000 ~ 1 500	5
	50% 杀螟硫磷乳剂	1 000 ~ 1 500	10 ~ 15
	20% 氰戊菊酯	8 000 ~ 10 000	120
	25% 杀虫双	1 000	70
	2.5% 溴氰菊酯	10 000	120
杀菌剂	50% 多菌灵	1 000	20 天以上
	25% 萎锈灵	1 000	10 ~ 15
	70% 甲基硫菌灵	1 000 ~ 1 500	5 ~ 7
	50% 乙基硫菌灵	1 000 ~ 1 500	5 ~ 7
	25% 三唑酮粉剂	1 500 ~ 2 000	15 ~ 20
	土霉素或链霉素	1 500 ~ 2 000	8 ~ 10

（3）家蚕农药中毒后的急救措施

1）隔离毒源　一旦发现蚕农药中毒，应立即打开门窗或把蚕搬到通风阴凉处，使空气新鲜。蚕座内立即撒隔沙材料，及时加网除沙，以隔离毒物。烟草中毒蚕会自然复苏，不要轻易倒掉。

2）迅速查找毒源　避免再次中毒，根据蚕中毒的症状以及农田、桑园等用药情况的调查，分析中毒原因及有毒桑叶的来源，避免因毒源不明而继续发生蚕中毒。

3）解毒处理　小蚕用清水喷体，大蚕从蚕座中捡出，用干净的冷水（井水）浸渍淘洗（3~5 分）至躯体柔软，取出摊于蚕匾中，置阴凉通风处，待其复苏，当部分蚕复苏后，再喂以新鲜桑叶，应加强管理。有机磷中毒后还能吃叶的可适当添食解磷定或阿托品。烟草中毒用浓茶水添食、蔗糖水添食均有一定效果。被农药污染的蚕匾、蚕网等蚕具应立即更换，用碱水洗涤，日晒后再用。

4）加强饲养管理　轻中毒蚕和中毒后复苏的蚕，蚕免疫力低，极易感染发病，要饲以良桑，加强防病和饲养管理。还可添食少量葡萄糖液以增强体质。

二、 工厂废气中毒

工厂废气中毒是指工厂排放的废气污染桑叶，经蚕食下后引起的中毒。我国20世纪50年代已有氟污染危害，但70年代前多数是零星发生的。70年代末到目前为止，随乡镇企业的迅速发展，在广东、浙江、江苏的一些老蚕区的工业废气污染日益严重。近年河南省工业废气中毒现象也时有发生，已给蚕桑生产带来了严重的威胁。工业废气的种类与工厂的性质和所用的燃料有关，研究发现中毒物主要有氟化物、硫化物、氯化物等。

1. 中毒症状

（1）氟化物中毒症状　蚕桑生产中氟化物引起污染事故出现的频率非常高，危害也最大。环境中氟化物污染的主要来源是钢铁、制铝、化学、磷肥、玻璃、陶瓷、砖瓦等企业在生产过程中燃煤排放的含氟废气。氟化物对蚕和桑树的生长都有影响。氟化物污染桑叶，以气态的氟化氢的毒性较大，微尘态的氟化物危害较轻。氟化物引起蚕中毒，因氟化物浓度、桑叶受害程度、家蚕品种及龄期不同而异。一般桑叶含氟量在35~50毫克/千克对蚕有害，且表现中毒症状。

1）氟化物污染桑叶的症状　气态氟化物侵入桑叶叶肉，多积聚在叶尖和叶缘，使叶尖和叶缘坏死，显现浅褐色至红褐色的焦斑。嫩叶受害，多出现枯焦卷缩现象。另外，氟化物还可使桑叶发生褪绿现象，褪绿是由叶缘趋向较大的叶脉区扩展，初为黄绿色，危害重时完全变黄。氟化物对桑叶的危害与气象条件有密切关系。一般温度高，受害较重。在一昼夜中，白天较夜间受害重。空气湿度大，危害程度较重。阴雨比晴天或少雨天气的危害轻。此外，风向、风速也影响氟化物的危害程度，如在污染源下风方向的危害重，无风或风速小时危害亦重。当大气中氟化物与硫化物共存时，可助长氟化物对桑叶的危害。一般成熟叶较嫩叶和老叶受害重。

2）氟化物中毒蚕的症状　小蚕中毒，中毒蚕食欲减退，群体发育显著不齐，龄期经过延长，体躯瘦小，体壁多皱，体色略呈锈色，胸部萎缩、空头空身，在眠前蚕体节间隆起，产生黑色环斑。大蚕中毒，群体发育开差较小，但中毒蚕有的节间膜隆起，形似竹节，环节间出现环状或带状黑褐色病斑。病斑内凹、粗糙，易破流出淡黄色的血液。中毒蚕排粪困难或排念珠粪，有的第五腹节以后半透明，吐液而死。尸体黑褐色不易腐烂。其症状有"六不"蚕之称，即"不食、不动、不眠、不大、不齐、不腹泻"。部分中毒较轻者，在 5 龄蚕期容易诱发病毒病。蚕品种不同，对氟化物的抗性也有差异，一般普通种中的夏秋用种强于春用种，原种中的中系强于日系。

(2) 硫化物中毒症状　工业废气中对蚕桑危害较大的硫化物主要是二氧化硫。

1) 桑叶的被害症状　由二氧化硫引起的被害症状随叶位的不同而不同，成熟叶叶脉间出现油浸状的褐色斑点，嫩叶或者老化的桑叶则在叶尖或叶缘褪色成油浸状较多，叶面损伤是成熟叶最大，嫩叶次之，再次是老叶。

2) 硫化物中毒蚕的症状　硫化物污染较轻的桑叶喂 3 龄蚕时，蚕的发育经过稍微延迟，蚕的死亡率很低。然而当蚕吃下被硫化物污染较重的桑叶时，则其发育过程延迟，死亡率极高。表现为行动不活泼，发育不齐，龄期延缓，多呈软化症状而死。

(3) 氯化物中毒蚕及桑症状　蚕食下氯化物污染桑，丧失食欲，吐浮丝，吐胃液。枝条下部叶，叶片叶脉间呈不规则的象牙白，土黄或棕红色的伤斑，还有均匀性的漂白，褪绿或发黄，最后掉落；受害轻的叶尖，叶缘出现焦斑。

2. 工业废气中毒的预防

(1) 桑园规划与工厂设置要统筹兼顾　工厂排出的工业废气对桑和蚕的影响与工厂的种类、距离、规模、烟囱高度以及排出量的多少有关系；同时还与当时的风向、风力强弱、地形高低以及气象等因素有关。因而要综合考虑多方面的因素来确定桑园与工厂的规划布局，一般要求二者最小距离为：铝厂 10 千米、金属厂 1.4 千米、磷肥厂 0.7 千米、玻璃厂 1.5 千米、砖瓦厂 0.8 千米。另外，工厂要搞好废气回收再利用，并严格按照国家标准排放废气，以免废气污染桑叶而引起蚕中毒。

(2) 建立大气、桑叶含氟量检测制度　做好环境及桑叶含氟量的检测，随时掌握桑叶受害情况，重点蚕区蚕期桑园周围的污染工厂要停产，以降低大气中的氟含量。并根据气象情况、蚕龄大小灵活安排桑叶的采收，合理安排蚕期，避免中毒。

(3) 干旱季节注意抗旱　工业废气污染源附近的桑树，在干旱季节最好选择喷灌方式抗旱，尤其要重视用叶前的喷灌，以冲洗桑叶上的氟化物，或叶面喷施 1% ~2% 石灰水，以减轻危害。

（4）选用抗氟家蚕品种　近年我国家蚕桑科技工作者已选育出了抗氟家蚕新品种，如秋丰×白玉品种抗氟性能表现很好。

（5）应急处理　蚕发生中毒时，应立即更换新鲜良桑。对污染桑叶可进行水洗，或喷洒石灰乳以解毒。小蚕期用3%石灰水，大蚕期4%～5%。或雨后采叶喂蚕。还可以将受害轻的桑叶与无害的桑叶间隔使用，以减轻损失。

三、煤气中毒

煤气中毒是指在催青期或小蚕期，蚕室温度低，需进行加温时，如直接用普通煤炉燃烧煤球或煤屑，煤炉上又无排烟设施，由于燃烧不完全或煤中含有某种有毒物质而产生二氧化碳、二氧化硫、硫化氢、一氧化碳等不良气体积聚在蚕室里，通过蚕和卵的呼吸作用进入体内而引起的中毒现象。在桑蚕生产过程中时有发生，轻则影响蚕的生长发育，重则造成大批死亡。因此，必须引起蚕农的重视，避免损失。

1. 煤气中毒症状

蚕卵在催青期中毒多成为催青后期死卵，大部分不能孵化，即使部分孵化也极不齐一。小蚕中毒，胸部膨大，吐水，尾部收缩发黑，很快死亡。尸体大部分腐烂，皮破后流出褐色污液，有的干涸。中毒较轻的蚕表现为食欲减退，举动不活泼，静伏于蚕座中。中毒重的蚕表现为停止食桑，吐液，胸部膨大尾部收缩而死。死后尸体头胸伸出，体形有时呈弓形，有时环节间或气门附近有块状黑斑，稍经触动即流出黑色污液。眠期中毒，多为半蜕皮蚕或不蜕皮蚕，常死于眠中，死后尸体僵直，体壁紧张发亮呈乌黑色。

2. 预防措施

改进加温设备和方法，推广炕床育和地火龙、电热加温等方法，避免蚕室里产生有毒气体，减少蚕直接接触煤气的机会。如用煤球等加温，要注意选用煤质量较好的无烟煤，或使煤炉着火后再搬进蚕室，煤炉上一定要安装排气管道，一定要经常开窗换气。一旦发现蚕卵或小蚕中毒，应立即进行开窗换气，将蚕卵或小蚕移到空气流通的地方，以缓解中毒症状，精心饲养还能恢复正常。

第七节
蝇蛆病和壁虱病及其防治方法

一、蝇蛆病及其防治

1. 蝇蛆病的症状

多化性蝇蛆病在寄生部位出现一个不规则的黑色病斑，上面常附着于蛆的卵壳，随着体内幼蛆的成长，病斑逐渐扩大，被寄生环节往往出现肿胀弯曲现象。3~4龄受害蚕常死于眠中，死蚕呈黑褐色，5龄前期被寄生的蚕有早熟现象，上蔟后被寄生的蚕，少数能结茧化蛹，幼蛆成熟后咬破茧壳钻出，造成蛆孔茧。

蚕蛆蝇和麻蝇相似，但可以区别。蚕蛆蝇胸背部有4条黑色纵纹，腹部背面环节前半部呈灰色，后半部呈黑褐色。麻蝇胸背部仅3条黑色纵纹，腹部是灰色与黑褐色斑块相间呈网格状纹。每头蝇可产卵400~500粒，产卵时间大多在晴天10：00~16：00，早晚产卵很少，阴雨低温天气几乎不产卵。产卵寄生主要是4~5龄蚕，一般每头蚕最多产卵2~3粒。因此，一只蚕蛆蝇可危害200多头蚕，损失500克茧子。蝇卵在温度25~27℃时约经两天孵化。

2. 蝇蛆病的防治方法

蚕室安装纱门纱窗等防蝇设备。按时按量用"灭蚕蝇"药剂添食或喷体。

二、壁虱病及其防治

1. 壁虱病的症状

开始表现食欲减退，行动不活泼，随即表现麻痹，痉挛吐液等。眠中危害，蚕体变为褐色，体表出现黑褐色斑点，排粪困难，脱肛，常有串珠状蚕粪粘附尾部。虱螨注入毒汁，在短时间内蚕呈现假死状。

该病是虱螨寄生蚕体表，吸取蚕体营养，同时注入毒汁，导致蚕迅速死亡。虱螨多依附棉铃虫越冬，因此，春季小蚕受害特别严重，棉区发生较普遍。虱螨对幼虫和蛹都能寄生，尤其喜欢寄生小蚕和初蜕皮的嫩蛹。虱螨病较多发生于用稻草、麦秸盖的新房以及存放过棉花、稻草、麦秸的蚕室。

2. 壁虱病的防治方法

①养蚕前蚕室、蚕具用硫黄熏烟消毒，驱杀壁虱。②饲育中发现壁虱病时可用灭蚕蝇喷体。使用浓度 1 龄用 750 倍液，2 龄用 600 倍液，3～5 龄用 300 倍液驱逐壁虱。喷药后立即加网除沙，改换蚕室、蚕具或移出室外养蚕，隔绝壁虱源。③蚕室不要摊放或蚕具不能用于摊晒棉花、麦秆、稻草等，同时蚕室也不可与粮食、棉花的保管室邻近，更不可用保管室作为蚕室或上蔟室（用前使用硫黄或毒消散黑蒸彻底杀灭壁虱也可），以免壁虱病原侵入蚕座、蚕体进行危害。

第八节
蚕病的综合防治方法

蚕病的发生和蔓延与蚕的体质、病原及环境条件有密切的关系，它们之间既互相联系，又互相制约。蚕病的发生必须有病原存在，病原必须通过一定的途径进入蚕体，病原进入蚕体后能否使蚕发病以及发病程度的轻重，又与蚕体本身的生理因素和外界环境条件有着密切的关系。所以在生产中想用单一的防病措施来达到防病的目的，是不可能的。实践证明，只有深刻认识蚕病的发生规律，针对导致发病的关键问题，贯彻预防为主、综合防治的方针，把各项防病措施和养蚕技术综合起来运用，才能有效控制各种蚕病的发生与蔓延，从而实现无病高产的目的。

一、严格消毒防病，消灭病原，切断传染途径

对蚕业生产危害最重的是传染性蚕病，而它的发生又是由病原微生物引起的。危害蚕的病原微生物种类很多，在自然界中不仅量大而且分布很广，如病蚕尸体、吐液、排的粪便及被污染的环境中都存在有大量的病原，而且它们的自然生存能力很强，又极易借助自然力（风、雨、空气）和人、畜等移动扩散传播，污染蚕室、蚕具、桑叶及周围环境。因此，不可能通过两次消毒达到彻底消灭病

原的目的，生产中为了确保养蚕安全，就必须将消毒防病工作贯穿于养蚕过程的始终，以最大限度减少病原来控制蚕病的发生和蔓延。

1. 养蚕前的消毒

养蚕前的消毒与本书第八章第三节的消毒方法、步骤、要求相同。

2. 养蚕期中的消毒防病

养蚕过程中除蚕卵或蚕本身带病传染外，周围环境中的病原微生物也可以通过各种途径传入蚕室。单靠养蚕前消毒是远远不够的，必须重视和加强养蚕期中的消毒防病工作。

（1）日常消毒　隔离淘汰病蚕，进行蚕体、蚕座消毒，防止在蚕座内传染，患病蚕一般都表现体躯瘦小，迟眠迟起，其排泄物或脱出物含有大量病原体，成为蚕病传染的重要来源。因此，平时要细致观察，加强眠起处理，蚕就眠前要严格做好提青分批工作。对体质虚弱、发育迟缓的蚕进行隔离饲养或淘汰，以消除蚕座传染的机会。同时，定期用石灰粉或防僵粉等作蚕体、蚕座消毒，对预防蚕病的发生和蔓延有着极为重要的作用。

（2）建立经常性的防病卫生制度　饲养人员的操作、活动往往成为病原体传播、扩散的媒介，为此，必须建立和严格执行经常性的防病卫生制度。

大蚕、小蚕不在同一室内饲养。不能在小蚕室和储桑室内上蔟。未经消毒的蚕具不能搬进蚕室及储桑室内使用。储桑室及储桑室的用具要保持清洁，每天清扫残桑剩叶，每隔一定时间进行消毒地面。装蚕沙的用具不能用来装桑叶。病死蚕尸体、蚕沙、旧蔟等不要乱扔乱放，要集中处理。病、死蚕要放入消毒缸内。缸内盛新鲜石灰粉或2%有效氯漂白粉液或其他消毒药液，浸渍1~2天后集中埋于土中。不能随便乱丢或喂家畜、家禽。蚕沙要及时清理，应规定恰当堆放场所集中处理，作肥料的则应充分发酵后才能施用。对发生过蚕病的蚕沙，要在远离蚕室、桑园的地方挖坑堆埋，发酵腐熟后再用。桑园施用蚕沙作肥料需经腐熟后进行沟施或穴施，加土覆盖，以防止肥料流失和污染桑叶。除沙时尽量减少灰尘飞扬，除沙后要经清扫或消毒地面后才给桑。喂蚕前、除沙后都要洗手，进蚕室、储桑室、上蔟室要换鞋，防止带病原进入蚕室。及时提青分批，淘汰病蚕，隔离弱小蚕，防止蚕座感染。坚持进行龄中消毒，换下的蚕网、塑料薄膜等及时消毒日晒。及时进行蚕体、蚕座消毒，尤其是病毒易感期（起蚕和将眠蚕）的蚕体和蚕座消毒。

3. 蚕期结束后的消毒

蚕期结束后，遗留下很多病死蚕尸体及排泄物在蔟中，此时病原既集中又新鲜，致病能力很强。因此，要及时清理，进行全面消毒，以防止病原扩散传播。采茧后，要及时清理旧蚕具、蔟具、蚕沙、烂茧等，对无使用价值的废弃物要经烧毁或堆沤处理，可继续使用的蚕具、蔟具要先在室内毛消毒一次，再搬到室外清洗，以防病原随污水扩散，然后对蚕室、储桑室、蔟室、蚕具及环境等同蚕前一样认真洗消一次。

4. 防治桑园害虫，避免交叉感染

桑树害虫不仅直接危害桑叶，而且感染疾病的害虫粪便及尸体还可污染桑叶而引起蚕发病。桑树害虫中有不少疾病如细菌病、真菌病、病毒病、微粒子病等可以与家蚕相互感染。因此，及时消灭桑园害虫，既可减少桑叶的损失，又可控制桑园害虫与家蚕之间的交叉感染。

二、及早发现病蚕，及早诊断

在整个蚕期饲养中应加强观察，发现病蚕应根据不同病症、病变进行及时诊断，并针对不同病类采取相应措施，尽早控制蔓延和减轻危害。在养蚕生产上一般采用"看""摸""听""闻"的方法来判断蚕是否发病。"看"是指看蚕发育情况、体色、体态、排粪等；"摸"是指用手触摸蚕体，蚕体结实，有弹性为健康蚕；"听"是指听蚕食桑声音，每次给桑后食桑声音大，为健康蚕；"闻"是指蚕室有没有气味，进蚕室后有桑叶香味的为健康蚕。在此着重介绍几种"看"蚕查病的方法。

1. 看发育

健康的蚕发育生长齐一。如体型肥大，发育过快，龄期明显缩短，要警惕发生脓病。如体型过瘦，大小不一，要警惕蚕空头病、金毛虫蜇伤、废气中毒等。

2. 看食桑

大蚕食桑有"沙沙"的响声，如果声小或无声要警惕蚕生病。农药中毒，蚕会乱爬并逐渐停食、吐乳丝。

3. 看举动

健康蚕的举动是活泼的，而且警觉性强、反应灵敏。不健康的蚕反应异常。例如，患脓病的蚕爬动狂躁，往往爬出蚕座；病蚕比较集中，食桑不旺，头胸抖动，通常为急性农药中毒或猝倒病；爬行缓慢、反应迟钝，是中肠型脓病、病毒性软化病、白僵病的症状。

4. 看体色

患脓病、绿僵病的蚕，呈乳白色、发亮，且皮易破、泄脓。

猝倒病蚕，胸部和尾部都空，尾背部略带黄褐色，这是特异症状。上蔟前后，如出现粗大的酱紫色的蚕，是蝇蛆钻入蚕体引起的。白僵病、黄僵病的蚕体僵硬后，先从尾部出现桃红，以后逐渐扩散到全身。

5. 看体态

蚕的环节或节间膜肿胀，要警惕脓病、绿僵病、中毒。败血病的蚕尸，先僵硬后变软，很快腐烂。僵病蚕尸逐渐硬化。

6. 看吐液

蚕中毒会引起大量吐液，吐少量胃液并往往在嘴边的蚕患有僵病、猝倒病。

7. 看排粪

患了中肠型脓病、病毒性软化病、细菌性胃肠病的蚕，排软粪、稀粪，甚至排水粪。这几种病蚕和有机磷农药中毒的蚕，排出的蚕粪均为不成形粪便。

三、 查明原因， 及时处理， 防止蔓延

1. 分析原因

发现病蚕后，除进行正确诊断外，还必须迅速查明发病原因、切断传染途径，才能制止蚕病蔓延。要正确判断蚕病发生的原因，必须充分掌握资料信息，了解附近地区发生蚕病情况，以及历史上发生蚕病的规律，结合养蚕生产技术的特点进行综合分析，以找出确切的原因。

2. 应急措施

（1）传染性蚕病发病后的应急措施　隔离蚕室、蚕具，进行再消毒，避免病原扩散。及时拣出病、死蚕，隔离淘汰弱小蚕，拣出的病蚕及淘汰弱小蚕丢入消毒缸统一处理。每天早、晚用漂白粉防僵粉进行蚕体、蚕座消毒，直至不发病为止。根据疾病的种类，选用一定药物添食或熏烟。精选良叶，良桑饱食，增强蚕体质，提高抗病力。坚持防病卫生制度，妥善处理好蚕沙。

（2）非传染性蚕病发病后的应急措施　立即隔离毒源或虫源，更换蚕室及

蚕箔，除沙。根据不同病类进行解毒或杀虫。降温排湿，良桑饱食，增强抗病力。

四、 选用抗病品种， 加强饲养管理， 增强蚕的体质

蚕生理状态与蚕病的发生有着密切的关系。蚕体抗病力的强弱受饲养条件的影响非常大。生产中单一依靠消毒不可能彻底杀灭病原，通常少量的病原不会感染发病，但在蚕体虚弱的情况下，往往会导致蚕发病。因此，在农村大面积生产中，改善饲养条件、加强饲养管理、增强蚕体质、提高抗病力是预防蚕病的重要环节。

1. 合理布局， 做好规划

由于各蚕区的自然环境、农业生产布局、桑树生长情况等都不相同，因此应对全年的养蚕布局做合理的安排。否则，因养蚕批次多，易造成各批蚕前后重叠，无法进行彻底消毒，同时因桑叶生长不均衡，易造成缺叶或余叶，或者老嫩叶混饲等，都会影响到蚕的体质。

2. 实行人、 小蚕分养， 推行小蚕共育

小蚕的抗病力相对较弱，为预防蚕病发生，必须实行稚蚕共育或大蚕分养。蚕区要大力推广小蚕共育，尽量做到专人、专室、专具、专用桑园，通过精养细管，创造小蚕生长发育最适条件，来促使小蚕发育齐一、健壮、提高抗病、抗逆性。若条件不具备的，也应大、小蚕分室饲养，做到专室专具。

3. 选用抗病力强的蚕品种

不同的蚕品种间的抗病力相差很大，同一品种对不同蚕病的抵抗力也不相同。因此，在生产上各地应根据养蚕季节特点、饲养水平和蚕病发生情况，选用合适的饲养品种，为蚕茧丰收打下良好的基础。

4. 合理催青

蚕种催青期处理合理与否对蚕体质也有很大影响，处理不当，易导致蚕期蚕体质下降。因此，生产中要严格按照标准进行催青，特别要注意后期的通风换气和不接触过高温度。夏秋期外温较高，应在早晚气温较低时运送蚕种，途中要严防蚕种堆积、日光直射、风吹、雨淋或接触有毒有害物质等。发种后做好补催青工作，并适时收蚁，防止蚁蚕饥饿。

5. 良桑饱食

桑叶是蚕唯一的饲料，其质量直接影响到蚕体质的健康，如果叶质差又不能饱食，会使蚕体质严重下降，即使食下少量病原，也会感染蚕病，并且通过蚕座内传染而蔓延。因此，必须做到"小蚕吃好、大蚕吃饱"，小蚕要做到"三保一匀"，即保温、保湿、保桑叶新鲜，给桑要均匀。各龄采叶要标准。大蚕要做到"群体稀放，良桑饱食"，严防饲养密度过大；加强通风换气减少室内病源污染，要做到开窗、开门养大蚕，应做好"三防"，即防闷、防热、防饥饿，增强蚕体质，提高抗病能力。

6. 加强眠起处理

蚕入眠后对外界环境抵抗力较差，起蚕时又因眠中营养消耗而未能得到补充，体质也比较虚弱。如眠起处理不当，将会影响蚕健康，而且容易感染疾病。因此，必须加强眠起处理。要求眠前吃饱，就眠前适时除沙，使眠中干燥，防止高温、多湿和蒸热，以增强蚕体质，减少发病。起蚕饷食要及时，选用适熟良桑，操作细致，避免蚕体受伤，并要及时用新鲜石灰粉消毒。

7. 做好提青分批

提青分批是防止病蚕传染的有效途径。青头蚕容易感染蚕病，是发生蚕病的最大隐患，必须坚持将其提出另行饲养或者淘汰。

8. 调节气象环境

大、小蚕对温湿度的要求不同。小蚕对高温多湿抵抗力较强，大蚕则较弱。而小蚕对低温、干燥的抵抗力弱，大蚕则较强。因此，小蚕要防低温干燥，大蚕要防高温多湿。但过高、过低的温度对大、小蚕都是非常不利的。此外，通风条件差、空气不良、蚕座蒸热等，都容易导致蚕病发生与蚕病蔓延。因此，必须根据蚕不同发育阶段的生理特点来加强温湿度管理。

第十三章
蚕桑资源的综合利用

　　传统的栽桑养蚕只是为了实现"一粒茧，一根丝"，而桑树的根、茎、叶、果以及蚕蛹、蚕蛾、蚕沙等蚕桑资源大多被闲置，资源利用率不足5%，严重制约着蚕桑产业的整体经济效益。 近年来，随着科学技术的不断进步，蚕桑资源已在日用化工、食品和医药等领域得到了广泛的利用，传统模式已被打破，蚕桑资源利用的多元化格局已经形成。

第一节
桑叶资源的利用技术

目前，桑叶营养保健制品包括普通食品、保健食品、饮料、调味料等。开发的产品有桑叶茶、桑叶菜、桑叶粉、桑叶馒头、桑叶豆腐、桑叶火腿肠、桑叶饼干、桑叶酒、桑叶豆粉（奶粉）、桑叶醋、桑叶酱等。

一、桑叶茶

桑叶茶中还含芳香苷、胡萝卜素、绿原酸、叶酸、胆碱、糖类、果胶等多种成分。桑叶茶中丰富的镁有减少突发性死亡的效果，含钙量是镁的3倍，是天然食品中钙镁含量高、钙镁比例最适人类需要的。桑叶茶中锌能促进生长发育，改善生殖生理功能，改善皮肤障碍、脱毛、骨异常等症状。桑叶茶中富含铁，可预防贫血。桑叶茶还对解热、化痰、利尿、抑制伤寒杆菌及葡萄球菌生长有显著功效。此外，因含有 1-脱氧野尻霉素（DNJ），可使桑叶茶提供的热量为零，且含丰富的食物纤维，所以桑叶茶能有效减肥、改善高脂血症，同时又有预防心肌梗死和脑出血的作用。

1. 适宜人群

桑叶茶因其丰富的营养物质和多种生理活性成分，可以弥补红茶与绿茶的不足，适合一些不适宜喝茶的人饮用。

（1）高血压患者　桑叶茶有安神功能，有利于调节血压至正常。

（2）心脏病患者　桑叶茶无强心作用，却具有和人参同样补益气和抗衰老的作用。

（3）胃病（胃炎、胃窦炎、胃溃疡）患者　桑叶茶有抗菌消炎作用，有利于胃病康复。

（4）失眠患者　桑叶茶有安神镇定作用，有益无害。

（5）缺钙患者　普通茶含草酸，乌龙茶、红茶等均含有 2% ~ 4% 的咖啡因，与体内钙质结合而排出体外，使人加重缺钙，桑叶茶就无此弊病。

（6）孕产妇　饮用桑叶茶不但可帮助产妇补给各种丰富的营养成分，还可有效地消除产妇妊娠斑。

2. 桑叶茶的制作

（1）桑叶的采摘　春季可结合摘心适时采摘桑树顶部桑芽，要求均匀一致，用于制取精品桑芽茶；也可于春季、晚秋时期采摘桑枝中上部无农药残留、无病虫害污染的嫩桑叶，除去叶柄。根据桑叶老嫩程度，分别处理。如遇雨天，则雨停叶干后再采叶。如久旱无雨，应用清水喷打，除去灰尘后采摘，或采后用清水漂洗、室内晾干后待用。采集桑叶要求当日采摘当日制茶，以确保茶叶质量。

（2）萎凋处理　萎凋是指采摘的鲜嫩叶，经过一段时间的阴凉使鲜叶失水。经过萎凋处理可以使叶片柔软，韧性增强，便于造型。此外，还可以消除青味，鲜叶清香欲现，是形成桑叶茶香气的重要工序。萎凋处理方法是将采回的桑芽及时薄摊在洁净的竹匾或水泥平地上，室内要求洁净、凉爽、通风。摊放厚度为10～15厘米，50厘米宽成一垄，中间隔开便于透气，摊放时间为4～6小时，中间翻动一次，至芽叶自然萎软，光泽渐失转暗即可。此时鲜芽叶含水量在70%左右。对于采回的桑叶，老嫩一致的归一档，先切成1.5厘米×3.0厘米长宽的桑叶条，然后摊放。

（3）杀青处理　杀青是除去青涩气的重要环节，杀青处理的好坏与桑叶茶的口感如何关系很大，务必要掌握好程度，过生过熟都不好。过生，青涩味没有除去，涩味重，汤色偏绿；过熟，桑叶茶成黄色，颜色不好看，口感也不好。可用于桑叶茶杀青的方法有以下几种：

1）蒸青　将切好的桑叶抖松，不让其粘贴在一起，装入事先铺好干净纱布的蒸笼内，厚度在5～7厘米，以能均匀受蒸汽为宜。锅内放清水，烧开后，将蒸笼放在锅内盖严，用大火、急火迅速蒸，待上大气后，根据蒸具密闭程度改用小火蒸3～5分，揭开盖查看，以桑叶软熟保持鲜绿为好，立即出笼倒入干净的容器内摊晾。焖蒸后立即驱散蒸汽是关键。蒸青过程中气味呈现出淡淡的清香时起锅摊放才会使桑叶茶冲泡时的青味少。

2）煮青　将桑叶用100℃热水烫20秒左右，热烫后立即取出，用冷水迅速冷却至常温。冷却后的桑叶用甩干机进行充分脱水，以利于揉制和快速干燥。

3）炒青　用60型滚筒杀青机。杀青温度适宜在120～140℃，将经过摊青的鲜桑芽（叶）投放到锅中，每锅投放量为 400~500 克，滚筒一次投叶量 10 千克，投叶后听到有轻微的水爆声为温度适宜。鲜叶下锅后，即用炒把（用竹茅扎成的圆帚）将桑芽（叶）杀透杀匀，防止产生焦边。2~3 分鲜叶变软时，改用起轻揉作用的裹条法，将炒把与锅底垂直，沿锅壁做同一方向的圆周运动，带动鲜叶顺炒把方向滚动。用力先轻后重，转动幅度先大后小，动作先慢后快。一般转 15 圈左右；需提起炒把将芽叶团抖散，及时散发水分，防止水闷。以后转圈要渐渐加快，转小圈，并且手势稍稍加重，促使芽叶卷曲成条。经 5~6 分，叶色由鲜绿变为暗绿，表面光泽消失，略有清香，手握叶质柔软，紧握成团，折而不断，五六成干时，即可出锅。

（4）揉搓 揉搓目的是使杀青后的桑叶经过揉搓形成颗粒或条状，并增进色香味浓度。使桑叶茶冲泡容易，又耐冲泡。揉搓一般可采用揉搓机揉捻加压，掌握轻、重、轻的原则，同时嫩叶采用冷揉，即杀青叶摊凉至室温再揉因为嫩叶纤维含量低，有较多的果胶等物质，揉捻时容易成条，能保持良好的色泽和香气。而老叶中含有较多的淀粉和糖，杀青叶不经摊凉趁热揉，有利于淀粉糊化，增加黏稠度，在热的作用下，纤维素软化，有利于成条对中等嫩的桑叶，采用温揉，杀青叶稍经摊凉，叶片还有一定温度时揉捻，以兼顾外形和内质，中档鲜叶揉时为 10~15 分。没有揉搓机的可以采用人工揉搓，即待桑叶摊凉后，用手在木板上沿一个方向摊滚，使叶形大致卷曲，叶汁溢出黏附在叶面上，手搓有润滑感即可。

（5）焙炒干燥 少量制作时，用铁锅烘焙，批量生产时用烘干机烘焙。将揉搓好的桑叶放入热锅中，用木扒不停地翻动，使水分尽快蒸发，至大半干时改用小文火使水分进一步蒸发、均匀一致；至桑叶趋于干燥时，再用大火，并急速翻动，使其受热均匀，然后迅速撤火。要随时注意，当手捏不黏、手捻发脆、眼看叶脉呈蟹青色、鼻闻具有清香味、品尝辨味适当（焦而不生），即为成品，迅速撤火。采用滚筒热风干燥。起始温度 50℃，逐渐升至 80℃，至叶片自身收缩成卷状（水分含量约 10%），再升温至 100℃，烘干到最后制品含水量达5%~7%。

（6）分级包装 将制成的桑叶茶迅速倒入干净的容器内（不要用塑料容器）摊凉，冷却后用适当的筛子筛去过细的碎末。将筛好的干桑茶，按色、形、味进行分级包装。根据不同需要包成大小不同的小包装，小包装有 5~10 克、20~30

克、50~100 克等不同规格，然后再大包装。最后放在干燥密闭的容器内储存。

二、 桑叶菜的制作

桑叶菜，是采摘桑树枝干上的芽头为辅料或者主料进行制作的一种菜，是最近流行的一种菜式。桑叶菜登上餐桌，色、香、味俱佳，桑叶即使煮熟了，也能长时间地保持青绿，散发清香。而且，桑叶可以任意地配搭鸡、鸭、鱼和肉等菜品，不仅好看，而且吃起来有一种特有的甘香。

桑叶菜的制作一般选择春季偏嫩桑叶，春秋季养蚕摘心芽更好。桑叶菜摘后，要及时摊开，防止闷热。挑出黄叶，把桑叶放入专用水泥池中，用水洗去上面粘附的灰尘等物，用卅水焯 3~5 秒，立即捞出用冷水冷却后，按 0.25 千克、0.5 千克重量装入袋中，进行真空密封包装。包装好的桑叶菜放在冰箱或冷库进行冷冻保存。

三、 桑叶粉

桑叶粉有两种，一种是将桑叶直接粉碎过筛而制成的粉末；另一种是将桑叶提取的浸出物进行处理制成的粉末。桑粉叶粉末呈绿色，有绿茶香，可直接加入食品，制成桑叶糕点、挂面、果冻、冰淇淋等，色泽口感相当好，也可加工成商品化的混合茶、药片等。

近年来，不含防腐剂、人造色素、人造香精的饮料越来越受到人们的青睐。桑叶汁可补充能量、维持人体平衡、增进人体健康、增强免疫力，可以作为天然饮品或天然饮品的组成成分。

四、 食品添加成分

因为桑叶是我国中医药管理局批准的药食两用产品，所以可以作为食品添加剂添加到食品中。

1. 着色剂、 脱臭剂

主要成分为叶绿素。

2. 抗氧化剂

主要成分为黄酮、菇类、酚类化合物，因其具有改变氧化态或烯醇式与酮式官能团互变异构的化学特性，微波乙醇提取物抗氧化性最强，水提取物次之，乙醇提取物最小。柠檬酸有较好的协同抗氧化作用。

3. 营养强化剂

桑叶经清洗、切碎、120℃蒸汽灭菌灭酶、磨浆、浸提、过滤、浓缩、真空干燥等工序，便可制成营养强化剂，可用于一些需要添加的食品中。

4. 桑叶乳酸菌饮料

以桑叶为原料，利用嗜热链球菌、保加利亚乳杆菌、双歧杆菌，及发酵酸奶的工艺：超微桑叶粉2%、菌种3%、白砂糖8%、稳定剂0.1%，18~20兆帕的压力，温度37℃、10~12小时发酵，便可制成桑叶乳酸菌饮料。

我国还开发出桑叶系列保健品种及功能性饮料，桑叶速溶茶、桑叶八宝粥、桑叶晶、桑叶保健酒、桑叶口服液、桑叶珍珠粉蜜、桑叶花粉蜜、桑叶可乐、桑叶汽水、桑叶面条、桑叶糕点、桑叶膨化食品等。

第二节
桑枝资源的利用技术

桑树除采叶养蚕外，其枝、根、果实和桑叶均具有很高的经济开发价值。尤其是桑枝产量较高，平均每亩成林桑园年产桑枝1.2~1.5吨，全国年产桑枝总量达到1 440万~1 800万吨，为蚕桑生产过程中最为丰富的副产物资源。

一、 药用价值

桑枝具有多种生理功能，桑枝用作药用，具有良好的功效。桑枝的黄酮类活性成分，是开发天然抗氧化剂的良好材料。廖森泰等用比色法对广东桑不同品种及不同生长季节桑枝的总黄酮含量及体外抗氧化活性进行了测定，表明不同桑树品种和生长季节对桑枝总黄酮含量和体外抗氧化活性有显著的影响，染色体倍数对桑枝总黄酮含量和体外抗氧化活性无显著的影响，桑枝总黄酮含量与抗氧化活性间呈现显著的正相关关系。

Yoshiaki等从桑枝和桑白皮中分离得到了DNJ。研究发现DNJ具有高效竞争

养蚕桑树属于矮杆密植型，所伐枝条口径小，但是条数多，所以提倡研制开发桑枝纤维板。中密度纤维板的生产工艺方法及流程包括：将桑枝条原料削片、蒸煮软化，煮软化后的桑枝条片中加入防水剂热磨分解成纤维，在热磨机纤维出口处加入胶黏剂，然后对纤维进行干燥，再将纤维铺装成型、预压、板坯锯边、板坯热压，并最终制成中密度纤维板。桑枝纤维板具有强力大、韧度好、重量轻、高环保的特点，用途广泛，市场广阔，是生态环保型产品。

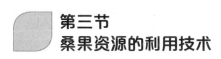

第三节
桑果资源的利用技术

桑树的成熟果实，又名桑果、桑葚，呈椭圆形紫黑色或玉白色。属浆果类型，营养丰富，功能独特，是一种宝贵的天然资源，开发利用前景广阔。

我国桑葚资源十分丰富，其药用历史悠久，自古以来桑葚就是中医临床中常用的中药材。桑葚现已被国家卫计委列为"既是食品又是药品"的农产品之一，具有很高的药用价值。近年来，科技工作者对桑葚的化学成分及药理作用进行了系统深入的研究，认为桑葚是药性温和的中药材，能补肝益肾、滋阴养血、养颜乌发，具有降血糖、降血脂、降血压、抗炎、抗衰老、抗肿瘤等功效及免疫促进作用。近年来，桑葚成分的提取利用方面有了新的进展，综合利用的效率也有了进一步提高。

一、鲜果

桑葚为多季水果，河南省一般5月上中旬开始成熟上市，此时正是水果淡季，旅游旺季，鲜果销售量大，市场价格高，此时宾馆、饭店、旅游胜区、娱乐场所鲜果短缺，可利用桑葚弥补。桑葚收获期在 15~20 天，桑葚不耐储藏和运输，成熟的桑葚应于每天早晨进行人工采摘，采摘的桑葚避免挤压、暴晒。

二、桑葚罐头

新鲜桑果经原料处理、浸盐水、挑拣装罐、加热封罐、杀菌冷却等工艺流程可生产出色泽均匀一致，具有桑葚风味的桑葚罐头，可延长保存期。

三、 桑葚饮料

以桑葚为主要原料，辅以其他食品添加剂（如糖、酸、稳定剂等）加工成果汁饮料，是一种集桑葚饮料营养和保健功能为一体的天然果汁饮品。其加工过程为：选料、清洗、加热、榨汁、离心分离、过滤、配料、脱气、杀菌、装罐、密封。以 30% 桑葚汁、13% 砂糖、0.3% 柠檬酸和 0.1% 抗坏血酸为配方可制成浅紫红色、澄清透明的桑葚饮料。以 10% 牛乳、9% 桑葚汁、7.5% 砂糖、0.3% 柠檬酸、0.006% 乙基麦芽酚、0.004% 山梨酸钾为配方，经预处理→打浆→浸提→过滤→调配→匀质→脱气等工艺可制成具有桑葚特有风味和独特复合香味的桑葚乳饮料。以桑葚浆、原料乳、奶油、脱脂奶粉和蔗糖为原料还可制成有酸奶固有风味及适口的桑葚果香味的桑葚酸乳。根据营养、功效互补原理，将桑葚、莲子、杏仁混合，辅以白砂糖、乳化剂、羧甲基纤维素钠、黄原胶等，经科学加工，可研制成营养丰富、保健性强的高级饮品。

四、 桑葚酒

1. 桑果泡酒

选择颗粒比较饱满、厚实、没有出水、比较坚挺的桑葚，桑葚可以不用洗直接浸泡。如果桑葚表面不干净，用自来水连续冲洗桑葚表面几分，再将其浸泡于淘米水中（可加少许盐），浸泡 15 分左右，用清水洗净沥干后，选用 60°左右的优质纯粮白酒，桑葚与白酒的比例一般采用 1∶2 为宜，置入准备好的陶坛或者玻璃器皿中，密封浸泡 1 个月后即可饮用。忌用塑料和金属器皿，塑料和金属中容易逸出有毒物质，或者产生毒化反应。桑果还可以和其他中药一起泡酒。

2. 桑葚发酵酿酒

桑葚发酵酿酒分家庭酿酒和工厂化两类，在此仅介绍家庭酿酒方法。

采回的新鲜桑果不用清洗，利用桑果表面上的野生酵母自然发酵。可以用手把桑果挤碎，也可用组织破碎机将桑果打碎，尽可能将囊包打破为宜，渣汁一起装入专用的果酒发酵罐（也可用玻璃瓶或陶罐），放入冰糖（也可以是白糖）和酵母菌。比例是 500 克桑葚汁液加 100 克左右的冰糖和 10 克左右的酵母菌。糖的作用主要是发酵成酒精，酵母菌促使原料发酵。将糖和桑葚汁液搅匀后，玻璃瓶或陶罐的盖子上要包上几层纱布，纱布既能解决盖子的贴合度问题，也不会密封太严，因为发酵的过程会产生大量的二氧化碳，如果密封太严，可能会把容器胀裂甚至爆炸，专用的果酒发酵罐就不存在这些问题。不管哪种发酵罐，上面要留1/3左右的空间，防止发酵后酒液流出。盖上盖子后，放到22℃左右的通风环境中，切记不能太热，温度过高果酒容易变酸。经过20～30天，桑葚酒液基本就酿好了，用3～4层纱布（也可以去超市买煲汤袋）将酒液和渣子分离开，就可以喝到酸甜可口的桑葚酒了。如果把过滤好的桑葚酒液放入玻璃酒瓶中，并密封好，放上3～6个月再喝，味道会更好。

五、 桑葚果酱的做法

桑葚果酱的配方为桑葚500克、白砂糖40克、麦芽糖30克、柠檬汁20克。制作时先将桑葚清洗干净，用淡盐水浸泡10分左右再用清水冲洗一次，用剪刀将蒂剪掉，沥干水分备用。将沥干的桑葚倒入不锈钢锅中，加入白砂糖，拌匀，静置半个小时；开小火煮桑葚，温度升高后桑葚便开始软化了，煮开后转小火熬煮15分左右，其间用铲子多搅拌几次，以免粘锅；看到桑葚基本融化，可将火转成中火，边搅拌边熬煮，5分左右；倒入麦芽糖，开大火，边搅拌边熬煮，5分左右，再加入柠檬汁搅拌均匀，看到酱变得黑而很黏稠了关火；晾凉，装入密封容器里。密封容器要用开水煮10分左右，晾干水分，晾凉的果酱入瓶密封，冰箱冷藏食用即可。

六、 桑葚膏的做法

桑葚膏滋补肝肾，对神经衰弱引起的失眠、心脏病、关节炎、支气管炎等有很好的辅助治疗效果，对大便燥结和习惯性便秘效果显著，尤适宜有虚热的老年人服用。取新鲜桑葚洗净滤干，用搅拌器打成糊状，加蜂蜜和麦芽糖，桑葚、蜂蜜、麦芽糖的比例为5∶2∶1，同置于砂锅或陶瓷锅中以文火加热，并随之搅拌，熬至成稠膏状，冷却后装瓶即可。

第四节
蚕沙的利用技术

蚕粪和残桑叶渣的混合物称为蚕沙，蚕沙常被人们当作废弃物丢掉，不仅污染了环境，而且浪费了资源。蚕沙中含有较丰富的叶绿素、叶蛋白质、植物醇、果胶、类胡萝卜素等成分，是很好的有机肥、饲料、医药产品及化工原料。近年来科技人员在蚕沙利用方面做了大量研究，取得了不少成果。如从蚕沙中提取果胶和叶绿素，生产蚕沙有机肥，生产蚕沙保健枕，将蚕沙用作饲料，将蚕沙用作沼气原料等。限于加工条件，仅将部分适合蚕农借鉴的蚕沙的利用技术介绍如下：

一、 蚕沙保健枕的制作

蚕沙保健枕具有祛风除湿、和胃化浊、明目降压、活血散风、止痒定痛等功效，对眼疾、结膜炎、心慌、神经衰弱、失眠、偏头痛、高血压、肝火旺、消化不良、关节炎等症状有一定的辅助治疗效果。

1. 蚕沙的选择

将新鲜蚕沙放在太阳下暴晒，用手指紧压不碎为止。剔除杂质，即为制药枕的原料。最好选用 4 龄蚕的蚕沙，最晚不能超过 5 龄蚕第三天，因 4 龄蚕的蚕沙较细，且紧密结实，做枕芯不易压碎。蚕沙晒干后要用水快速冲洗（时间 3~5 分，时间太长蚕沙吸水过多易碎），快速晒干或烘干备用，然后用筛网除去粉尘、碎粒，保持蚕沙颗粒完整、均匀。

2. 不同配方的蚕沙保健枕

选用优质野菊花、玫瑰花、薰衣草等各类药用植物的花叶和茎的干品，根据治疗病症不同，施以不同的药物配方。

3. 其他

表布一般采用纯棉面料。各类药用植物的花叶和茎的干品粉碎后，和蚕沙按一定比例混合，缝制枕袋，将布料按设计尺寸裁好做成"井"字格或3厘米左右的柱状，装入蚕沙和中草药的混合填充物。把口子缝好，装上枕套，自制蚕沙枕头就成功了。

二、蚕沙有机肥的制作

蚕沙含有植物生长发育所需的氮、磷、钾，另外，还含有吲哚乙酸、十烷醇等植物生长激素，是一种高质量的有机肥料。

1. 蚕沙收集、分拣

蚕沙收集时尽量减少在蚕室内的污染，应采用箩筐、编织袋、麻袋等，防止在运输途中散漏，蚕沙运至堆肥场后，要进行分拣，根据蚕沙量多少，采用人工或机械作业，除去长枝条、残枝，留下桑叶和蚕粪。

2. 选择蚕沙发酵场地

要选择在交通方便、养蚕集中的地区建立肥料处理车间，既要考虑远离市区和居民，防止对居民生活环境造成影响，又要考虑保护蚕区生态环境，防止病原微生物的扩散，最好是就地取材就地处理。

3. 控制发酵条件

分拣后的蚕沙混合物，水分控制在75%～80%，气温在10℃以上，大型堆肥场可使用槽式机械翻堆堆肥和条垛通气堆肥，小型堆肥场可使用普通地面堆肥。定期检查水分和通气状况，在没有控氧和控湿条件下，必须每隔2～7天翻堆。

4. 发酵

先进行第一次发酵，在良好的通气条件和水分条件下，正常发酵1个月左右，若接种真菌微生物发酵剂进行发酵，发酵时间为半个月。第一次发酵后，就近或转移到相应的堆肥场地，建设条状堆肥区，发酵1个月以上若生产生物有机肥料，接种细菌微生物肥料发酵剂和配方，再发酵1个月左右。

5. 配方

生产有机、无机复合肥料，专用肥料等，要按照作物生长特性进行配方。

6. 造粒、干燥、包装

根据肥料的品种类型，使用不同的造粒方法或干燥后，形成有机肥料。

三、蚕沙用于养鱼

蚕沙是一种优质的养鱼饲料和肥源。蚕沙中含有粗蛋白质、粗脂肪、粗纤维，还含有丰富的鱼类生长所需要的维生素 A 和维生素 E 等营养物质，其饲料价值不亚于米糠和麸皮，比干野草高。一般 12 ~ 13 千克的蚕沙能够产出成鱼 1 千克，和 3 千克鱼饲料的产鱼数量相当，且蚕沙有清凉解毒、减少鱼病的作用。应用蚕沙养鱼要方法得当，应注意以下几点：

1. 分享蚕沙与残桑

先将蚕沙中蚕粪与剩余桑叶分开，剩桑叶不可投入鱼池，因为残桑很难被鱼摄食，时间长了反而可能会造成水质污染。

2. 蚕沙要经过发酵处理

不能直接将刚收集的蚕沙马上用来喂鱼。可将分离后的蚕沙放进水泥池或缸内，加水淹没并加盖密封浸泡，一般春、秋、冬季浸泡 3 ~ 4 天，使其充分发酵后，即可泼洒入鱼池，因为新鲜的或 2 ~ 3 天内的蚕沙中还含有残留的氯霉素等农药，对养殖鱼类有害，不能直接泼洒施用。

3. 施用量要适中

蚕粪施作池塘基肥最好，每亩用量 300 ~ 400 千克。若将发酵后的蚕粪作追肥，施用量可占鱼投饵量的 1/3 左右，过量则会影响蚕沙的利用效果，鱼类容易泛塘；过少则鱼类营养缺乏，生长受到抑制，影响养殖群体产量，从而影响经济效益。

4. 要投鱼试水

腐烂发酵的蚕粪施入鱼池 2 ~ 3 天后，池水呈酱红色，硅藻等鱼类易消化吸收的藻类大量繁殖增生，这时应投放少量的鱼儿检验水质，没问题后方可放鱼入池。

第五节
蚕蛹资源的利用技术

蚕蛹是蚕茧缫丝后剩下的主要副产品。过去，大部分被用来作饲料和肥料，少量被人食用，经济价值很低。其实，蚕蛹是很宝贵的资源。研究发现，蚕蛹具有极高的营养价值，含有丰富的蛋白质、脂肪酸、维生素等蚕蛹的蛋白质含量在50%以上，远远高于一般食品，而且蛋白质中含人类必需氨基酸种类齐全，蚕蛹蛋白质由18种氨基酸组成，其中人体必需的8种氨基酸含量很高。蚕蛹中的这8种人体必需的氨基酸含量大约是猪肉的2倍，鸡蛋的4倍，牛奶的10倍，8种人体必需的氨基酸营养均衡，比例适当，非常适合人体的需要，是一种优质的昆虫蛋白质。蚕蛹还含有钾、钠、钙、镁、铁、铜、锰、锌、磷、硒等元素，维生素A、维生素 B_1、维生素 B_2、维生素 E、胡萝卜素等，也是人体不可缺少的。蚕蛹中的不饱和脂肪酸的含量非常丰富，约占总脂肪的72.5%。不饱和脂肪酸对于维持人体正常的生理机能有极为重要的作用。蚕蛹经各种物理、化学方法处理后得到的各种有效成分可在食品、饲料、化工、医药、纺织等工业中加以利用，蚕蛹的综合利用大有可为。由于蚕蛹的工业利用投资大，技术含量高，一般不易达到要求，因此本文仅介绍一些简单的利用供参考。

一、家蚕蛹的食用

家蚕蛹的食用方法很多，如辣椒炒蚕蛹、韭菜炒蚕蛹、香酥蚕蛹、爆炒蚕蛹、五香蚕蛹、干煸蚕蛹、油炸蚕蛹等，大家可以根据自己的口味进行选配。

1. 油炸蚕蛹

把蚕蛹脱碱，洗净晾干，放入120℃的油中炸制20分，起锅后滤干油，放入五香粉拌匀即可制得五香蚕蛹。冷却后灭菌、封口，即为食品。该品味道鲜美酥脆，是居家、旅游的理想食品。

2. 蚕蛹罐头

将蚕蛹脱碱、洗净后，放入料汤中煮制 25 分（料汤制备：葱白切成 3 ~ 4 厘米的长段，姜切片，再加入适量的盐、味精等调料），然后装罐、排气、封罐，冷却后即可。罐装蚕蛹保持了蚕蛹特有的鲜味。

3. 蚕蛹饼干

取面粉 50 克，加入过 40 目筛的蚕蛹粉 80 克、花生油 150 克、蜂蜜 100 克、盐 2 克、小苏打 8 克、鸡蛋 3 枚，制成面团，用模具制坯，送入红外线烤箱，温度控制在 200 ~ 220℃，烤 8 ~ 10 分即可。这种饼干色泽浅黄，酥脆香甜。

4. 蚕蛹酱

把蚕蛹先漂洗脱碱，烘干后粉碎，过筛，与面粉混合后在锅内煮 45 分，冷却至 40℃时，加凉开水拌匀，使含水量达 45% 左右，然后接入米酒，保温发酵约 12 天后，酱即成熟。加入辣椒、糖等调味料，并补加适量盐水，充分翻酱，使之均匀。可以在室温中经发酵 4 ~ 5 天，使酱风味醇厚，颜色丰满。经发酵完成即可装瓶、封盖，在 80℃左右的条件下杀菌 30 分即为成品。

二、 家蚕蛹栽培蛹虫草

蛹虫草又名北冬虫夏草、北虫草、蛹草，是极具药用和滋补价值的食用菌。经现代药理、药化和临床应用研究证明，其药用成分和功效可与冬虫夏草相媲美。利用桑蚕蛹栽培的蛹虫草，全草入药，特别是其主要活性成分虫草素、虫草酸、虫草多糖等明显地高于冬虫夏草，其性平味甘，无毒副作用，具有滋肺补肾、抗疲劳、抗衰老、抗缺氧、增强人体免疫能力，并有明显的雄性激素样功效，有望成为冬虫夏草的替代品。家蚕蛹的活蛹、干蛹和蛹粉都能用于栽培蛹虫草。现以干蚕蛹栽培蛹虫草为例介绍如下：

1. 蚕蛹的挑选和处理

选取蚕蛹体形大、饱满、无破损、无霉变、无虫蛀的完整蛹体，清除杂质后用清水浸泡，至蛹体发胀后捞出沥去水分。

2. 分装灭菌

分装入罐头瓶内，装量为瓶子容量的 1/2 ~ 2/3，用聚丙烯薄膜外衬牛皮纸扎封瓶口，置灭菌锅内灭菌，常压 100℃保持 8 ~ 10 小时。

3. 接种

选用无污染、继代培养不超过 3 代的优良菌种，规模生产中应采用最近分离并经过出草试验的菌种，凡长期保藏或经高温袭击的菌种，需经过复壮后方可使用。无菌条件下，将转管培养的斜面菌种纵横切割成小方块，每瓶移接入带琼脂的菌种 3 小块。每支试管斜面菌种可接 15 瓶左右，若采用液体菌种，每个料瓶接入 3~5 毫升。蛹虫草菌种的侵染能力很强，一旦接触到培养基部分就能很快长出菌丝，因此，固体菌种接种后应逐瓶摇动，使接种块与料瓶内的蚕蛹充分接触，促使同步发菌。

4. 发菌管理

将接种后的栽培瓶排放在培养室内，控温 20℃ 左右，遮光培养，相对湿度保持 60%~70%。1 个月左右菌丝长满整个料瓶，形成"假菌核"，发菌即告结束。

5. 见光转色

每天光照 10~12 小时，白天利用自然散射光，早晚用日光灯人工补光，控温 20~23℃，经 5~10 天菌丝体由白色转为橙黄或橘红色（图 13-1）。

图 13-1　蛹虫草栽培

6. 出草期管理

在室内或室外大棚均可，要求清洁卫生、空气清新、光线明亮、控温保湿性能好。将培养物从瓶内取出，徒手或用镊子将菌丝连接的蛹块轻轻分开，呈单个带菌苔的菌蛹，放入盆筐内。床畦四周设挡板，铺湿细砂厚 5 ~ 7 厘米，要求平整。将菌蛹整齐地排放在沙面上，间距 1 ~ 2 厘米，排满整个床面后，覆盖 2 厘米厚的湿细沙，最后密封塑料薄膜。控温 20 ~ 23℃，床面及覆盖物保持湿润状态，忌积水，空气相对湿度保持 80% 左右，白天覆盖好薄膜、关紧门窗保温保湿，晚间打开门窗或棚膜降温，使昼夜温差达 10℃ 以上。棚、室内白天保持较强和均匀的散射光，晚上保持自然黑暗状态。经上述管理 1 ~ 2 周后，蛹体上即可陆续发生米粒状原基突起并逐渐分化成菌蕾和长成子实体。此时，床畦上适当架高薄膜，以利子实体往上生长控温 2℃ 左右，空气相对湿度增至 85% ~ 95%，增强散射光和通风换气。

7. 采收干制

当子实体伸出覆盖物，长成 2 ~ 8 厘米，呈橙黄或橘红色，子实体顶端具龟裂状花纹和短刺状的子囊壳，表明子实体已成熟。用工具或双手轻轻扒开沙土，将子实体连同蛹体一起采收。沙培法因带有沙粒，采收后用清水冲洗除去杂质，置通风处待晾干后再送烘房，采用 30℃ 左右低温烘干。

三、 家蚕蛹的其他利用

家蚕蛹经过一系列化工处理后可以提取蛹蛋白质、蛹油、甲壳质（胺）等，还可以制取复合氨基酸、饱和脂肪酸和不饱和脂肪酸等辅助医药原料。

第六节
蚕蛾资源的利用技术

蚕蛾体内含有大量的蛋白质和脂肪，据测定脱脂蚕蛾的蛋白质含量为 69.9%，且是全质蛋白。体内还含有丰富的生理活性物质，如细胞色素 C、维生素 B_{12} 及磷脂等。脂肪酸中不饱和脂肪酸的含量高达 78.6%，必需脂肪酸占 43%。是集食疗、养生、保健补益于一体的药食同源佳品。蚕蛾的食用在中国有悠久的历史，早在唐宋时期就被皇室视为一种珍贵的补品。

一、 雄蚕蛾的食用

出蛾后 2 ~ 3 小时蛾翅展开后即可收集，收集时剔除杂质、死蛾和母蛾等。将蚕蛾用蒸汽或热水烫死或铁锅内炒死，时间在 3 ~ 5 分，使蛋白质变性，蛾体色泽保持不变。用文火炒干，以 80℃左右为宜，直至蛾体金黄色。或用50 ~ 60℃烘干。炒干或烘干后的蚕蛾放置在密封的塑料袋中，于常温阴凉处或冰箱中存放，也可以直接用食品袋包装冷冻于冰箱中。吃时可以根据自己的口味处理，可以直接炒着吃，也可以煎着吃，还可以做成麻辣蚕蛾或干炸蚕蛾吃。总之做法很多，有兴趣的可以参考其他昆虫食品的做法自己研发。

二、 蛾酒的加工

蚕蛾具有补肾壮阳、强精益智等功效。经科学研究证明蚕蛾体内含有大量性激素、细胞色素 C、拟胰岛素、前列腺素及环腺苷酸。药理实验证明蚕蛾对内分泌功能有很显著的调节作用。目前有些企业已用蚕蛾制成了用于治疗前列腺肥大、壮阳补肾、治疗风湿痹症等的药品和食品。但涉及药品和食品的加工，各方面条件要求都很高，一般很难达到。在此介绍一种居家就能操作的蚕蛾酒加工技术，可以解决人们长期利用蚕蛾功能性物质的需要，供参考。

1. 蚕蛾浸提

干蚕蛾用 50°~ 60°白酒浸泡，干雄蛾与白酒重量比为 1∶5，蚕蛾要充分浸泡在白酒中。开始时每 2 天搅拌 1 次，以后视情况而定，浸渍 30 ~ 45 天，使蚕蛾有效成分如氨基酸、脂肪、维生素和激素等溶于酒中。

2. 中药酒浸提

按照中医指导的配方，将中药材按比例配齐，切碎，蒸 30 分，目的是杀菌并使中药适当吸水软化，有利于药效成分浸出。将药物投入酒缸中，加 50°~ 60°白酒浸渍。方法与蚕蛾浸提相同，经第一次浸提后的中药可再用酒浸提 1 次，浸出的药酒与第一次的混合。

3. 醇化

将蛾酒与药酒按比例混合，由于成分不同，混合后会出现浑浊，充分搅拌后静置一段时间后使之澄清。为了使酒中的有机酸得到充分醇化，可将煮熟的肥猪肉投入酒中，用量为酒的 4% ~ 5%。醇化过程是让猪肉中的脂肪与酒中的有机酸作用形成特有的香气。

4. 勾兑

通过调配使浸酒中多种香味成分达到纯和的工序。酒中的乙酸、乳酸及多种氨基酸是调味的重要物质。蚕蛾中含有高不饱和脂肪酸等高级酸酯，因而具有独特的香味。一般用蚕蛾酒：药酒：50°~60°白酒：水按3：3：2：2或适当比例勾兑。

5. 过滤

勾兑后的蚕蛾酒要经过过滤，去除杂质和微生物，使酒液澄清，保证达到卫生标准。一般用不锈钢的板框过滤器，过滤的材质可用滤纸、棉质滤布或硅藻土。滤后即可饮用。

三、 蚕蛾的其他用途

蚕蛾含油率很高，因此能利用来提取蛾油，再利用脱脂后的蚕蛾制造液体味精，不仅变废物为宝，而且可以一物多用。利用蚕蛾制造液体味精，方法简便，而且设备费用也不多，可采用土法制造。如雄蛾还含有雄性激素，辅以特定的中药材制成"蚕蛾丸""雄蚕蛾胶囊"等。另外，雌蚕蛾所含的雌激素是所有生物中含量最高的，能激活女性内分泌的调节轴，使女性建立起规律、健康的月经周期。如有厂家采用雌蚕蛾辅以中药而制成的口服液，能有效补充女性所缺乏的雌性激素，激活女性内分泌，对治疗女性更年期综合征效果更佳。蚕蛾含有丰富的蛋白质和脂肪酸及多种功能性物质，可开辟更为广泛和实用的利用途径。

第七节
蚕丝下脚料的利用技术

蚕丝是蚕结茧时分泌丝液凝固而成的连续长纤维，它与羊毛一样，是人类最早利用的动物纤维之一。蚕丝强韧、柔软、光滑，富有弹性，又具有良好的吸湿性和透气性。由蚕丝织成的绸缎，非常轻盈，色彩鲜艳，一直以来绝大部分的蚕丝都被用来作为纺织材料。由于蚕丝从栽桑养蚕至缫丝织绸的生产过程中未受到任何污染，因此是世界推崇的绿色产品。又因其为蛋白质纤维，属多孔性物质，透气性好，吸湿性极佳，而被世人誉为纤维皇后。近几年来，由于生物化学和分子生物学向生命科学其他领域的广泛渗透，蚕丝的研究也逐渐向分子水平方向发展。应用方面也由原来的纺织原料向医药、化妆品、食品、生化日用品等领域进一步延伸，蚕丝用途不断扩大，产品日益增多。目前，我国是世界上家蚕丝及柞蚕丝产量最大的国家，家蚕生丝产量约占世界一半。大力开展蚕丝综合利用的研究，开发出新技术产品，扩大蚕丝应用范围，提高蚕的自身附加价值，对蚕丝业发展具有深远的意义。而缫丝厂在生产过程中生产的大量下脚丝，如茧衣、屑丝、长吐、汤茧、蛹衬等，它们除了被用作绢纺原料外，还可简单地加工成人造驼毛、丝绵等。最近几年来，还利用其制造含有丝粉的化妆品以及生产多种氨基酸制品。

一、 利用茧衣制造人造羊毛、 驼毛

茧衣中含有42%的丝胶，比生丝所含胶量还多20%左右。茧衣经过一定的化学处理，固定丝胶，可以制成人造羊毛和人造驼毛，用途十分广泛。

1. 原料选择

茧衣原料采用缫丝厂的剥茧车间剥茧机剥除的茧衣，去掉杂物即可。单宁酸选用工业单宁，纯度为80%～85%，其吸着液要比选用烤胶（粗制单宁）纯度高得多，用前将单宁酸配成1%浓度的溶液。若用甲醛处理，则可选用一般的工业甲醛，配成3%浓度的溶液。

2. 制作过程

（1）洗涤　把附着在茧衣表面上的灰尘及其他杂质用清水洗涤去掉，不仅能使固定液易被吸收，还能增加丝胶的溶解度。

（2）浸渍　洗好的茧衣原料，在80℃左右烘干，浸入盛有1%浓度单宁酸或3%浓度甲醛的容器中，茧衣：单宁酸（或甲醛）按1：20（重量比）配料，仔细搅匀，使茧衣与固定液充分接触，略加热，并不时翻动，浸渍2小时。

（3）烘干　取出浸渍好的茧衣，置清水中洗涤数次，直至洗掉多余的固定液为止。洗好后，控制温度80℃以下，烘干。用甲醛固定处理的茧衣就是人造羊毛，用单宁酸处理的茧衣，很像骆驼毛，故称之为人造驼毛。

3. 质量比较

用茧衣制成的人造羊毛（人造驼毛）与真羊毛纤维（驼毛纤维）构造差别是很小的。

4. 人造羊毛、驼毛的用途

以茧衣为原料制成的人造羊毛、驼毛属天然纤维，用途十分广泛。由于天然纤织不产生静电反应，很适于织制毛毯、地毯、缝制棉被、面包服、滑雪衫、棉衣、棉裤等，还可与羊毛混纺，成为混纺毛线。

二、丝绵拉织

1. 原料茧处理

适于拉织丝绵的原料茧盛于布袋中，用水浸泡一昼夜，以除去杂质、蛾尿等，然后甩干，并从布袋中取出放入煮茧锅内进行脱胶。脱胶时，先将纯碱配成 1.5% ~ 2.0% 的溶液于煮茧锅中，然后加入甩干的原料茧，升温至液体沸腾，维持 40 ~ 50 分。边煮边搅动，蚕茧的脱胶率达 18% ~ 20%，手触蚕茧已软，可捞出茧袋，用流水反复冲洗，至溶液大致呈中性为止。若漂洗不净，残余的碱会使丝绵呈黄色，影响外观和强度。

2. 拉织

拉织前竹片弯成一个弓形物（用长 60 厘米、宽 1 ~ 1.5 厘米、厚 0.5 厘米的光滑竹片弯成）固定在底板上，作为拉制丝绵的小弓。拉制丝绵时，先将脱胶后的蚕茧放在 45℃ 温水中，用手撕开，翻转，将茧内的污物，如蚕皮、蛾尿、蚕蝇蛆等洗掉，然后用双手将茧口张开，迅速套于弓上，均匀地拉至弓的底板，形成一层茧棉厚薄均匀的丝绵。因茧的重量与大小的不同，以桑蚕茧为例，30 ~ 40 个茧可挂一个小弓。将小弓上的袋形丝绵取出，绞净水，晒干即为丝绵成品。在我国不少蚕区多用其代替棉花缝制成丝绵被、褥、棉袄或其他制品。

第十四章
桑园的复合经营技术

　　桑园复合经营，立体开发可以增加桑园的经济效益，增强蚕桑生产的竞争力；可以弥补就蚕桑干蚕桑的单一经营的诸多弊端，特别是在蚕桑生产处于低潮的情况下，可作为一条稳桑保桑的重要措施，对稳步发展蚕桑生产意义重大。

第一节
养蚕大棚闲置期利用桑木屑栽培香菇技术

河南省每年4月下旬至10月中旬是养蚕生产季节，10月下旬到翌年4月中旬这段时间养蚕大棚等设备处于闲置状态，此时正是春栽香菇出菇管理时期，正好同养蚕季节相互错开，若利用养蚕大棚进行香菇上架出菇管理，既节省了资源，又提高了养蚕大棚的利用率。对于巩固、稳定桑园面积，提高桑园综合经济效益，拉长产业链条，提高养蚕设备利用率，促进蚕桑产业向多元化方向发展具有重要意义。

一、桑木屑加工

将夏伐或剪梢收获的桑树新鲜枝条用香菇木屑专用粉碎机（粉碎机刀口进行适当调整），粉碎成0.5~1.0厘米大小的薄片木屑，晒干后储存于干燥、阴凉处备用。对于不能及时加工的桑树枝条，储存在背风、向阳、干燥的地方，以防霉变。

二、栽培技术要点

1. 香菇品种的选择

河南地处中原，香菇栽培模式以春栽秋冬出菇、拱棚袋料栽培为主，因此应选择性状优良，菌丝生长健壮、抗病、抗杂菌力强，菇形圆正、菇盖肥厚、菇质紧密、菇柄较短，出菇时间长，且适宜中原气候，春季拱棚袋料栽培的9608、L808、黄香5号等优质香菇品种。

2. 培养料配比

研究证明，在香菇培养料中添加不同比例桑木屑，均能正常出菇，桑木屑比例在50%以内对香菇产量没有影响，但以添加40%桑木屑比较合适。若桑木屑比例超过50%时，随着桑木屑比例的提高香菇产量降低，比杂木屑出菇少2~3

潮。但夏伐收获的桑枝条优于冬季剪梢收获的桑枝条。夏伐收获的桑枝条生长时间长于冬季剪梢收获的桑枝条，且木质化程度较高。因此在配料时，添加桑木屑的比例不一样。参考配方：①40%夏伐桑木屑、40%杂木屑、18%麸皮、2%石膏。②30%冬剪桑木屑、48%杂木屑、20%麸皮、2%石膏。

3. 培养料配制

按生产数量和配方中各种原辅料配比准备好各种原辅料。主料木屑先预湿12小时后平铺，再将麸皮、石膏等辅料均匀撒在主料上面，用食用菌拌料机搅拌3~4次。拌料时要三匀：原料与辅料混合均匀，干湿均匀，酸碱度均匀。pH调至6.5，料基含水量在55%~65%（用手捏料成团，掷地能散开）为宜。

4. 培养料装袋及灭菌

（1）培养料装袋　栽培袋选择60厘米×18厘米×0.006厘米的高强度免割聚乙烯菌袋，采用食用菌专用装袋机装料，每袋装料2.0~2.5千克，料袋松紧适度。用食用菌专用封口机封口，在装袋操作时要轻拿轻放，并检查料袋是否有破损，若有破损，用透明胶布封好。拌好的料当天装完，不能堆积过夜。

（2）料袋灭菌　选择地势平坦，底部用10·15厘米高木架做支架，支架上面铺一层编织布，将料袋码成"梯形"堆垛，垛的两端，每隔一层用编织布将最外端的4~5个菌袋包好，以防料垛下滑（图14-1）。培养料垛码好后，用塑料薄膜将料垛包严，薄膜外面再用编织布蒙好（图14-2），用绳子将垛绑好，塑料薄膜一定要盖严并超出培养料垛底部，用沙袋将垛底部薄膜压实，进气管伸入到支架下方50~80厘米深，进气口周围要密封好，以防漏气而影响灭菌效果。

图14-1　培养料袋码垛

采用常压蒸汽灭菌，开始用猛火升温，争取在 4~6 小时达到 100℃，上气后继续烧 48 小时左右熄火，然后闷 8~10 小时后趁热将菌袋转移至已消毒的接种棚内（用塑料薄膜铺在棚内地面，将灭菌后的料袋垛于上面，再用塑料薄膜将料袋盖好，以防灰尘杂菌感染）。

图 14-2　料垛包严

5. 料袋消毒、接种

（1）料袋消毒　当料袋温度降至 25℃ 以下后，开始接种。接种前天晚上用食用菌专用熏烟剂对料袋消毒，熏烟剂点燃发烟后，将大棚两端的薄膜放下压严。

（2）接种　采取半开放式接种方法，接种前进行人员分工（1 人打孔，2 人摆放菌袋、盖膜，3~4 人接种），利用家用电动角磨机（不安装砂轮）打孔，料袋一面等距离打 4 个接种孔（图 14-3），接种后用地膜覆盖接种穴，菌袋接种堆放于发菌棚内发菌（菌袋不需移出接种室）。

图 14-3　料袋打孔接种

6. 菌丝培养

（1）适时通风　发菌棚要求清洁、通风、弱光。接种后袋入发菌棚3天后要适时、适量通风（1次/天，1~2时/次），气温低时（10℃以下）选择中午前后通风，气温高时（20℃以上）选择早晨或夜间通风，避免光线直射，7天内不要翻动料袋。

（2）菌袋翻垛　接种15~20天，待菌垛上部菌袋菌丝圈直径达3~5厘米、下部菌袋菌丝圈直径达8~10厘米时结合通风进行翻垛，采用"井"字形成排码放，每层平行码2袋，可根据场地进行码放，若场地宽裕，可少码放几层，场地紧张，可多码放几层，一般不要超过10层。排与排之间留50~60厘米宽的走廊，以便观察、操作。发现有杂菌感染的菌袋，应立即清理，防止交叉感染。

（3）刺孔增氧　接种后60天左右，待菌袋菌丝长满，表层呈乳白色，用食用菌专用刺孔机刺孔增氧，每袋刺8~10排孔，每排9~10个孔，孔深2.5厘米，刺孔后要根据气温和菌丝长势进行及时翻垛，以防烧袋。

7. 出菇管理

刺孔增氧后，待菌丝长满菌袋开始转色，在漫射散光环境下继续培养150~180天，有少量菇蕾形成（在霜降前7天），袋内菌丝达到生理成熟时上架排袋出菇。此时蚕区养蚕已经结束，将蚕架适当进行改造，缩小层间距离，保持20~25厘米，每层摆放2排菌袋，两架之间距离保持在1.0~1.2米，便于摆放菌袋和采菇操作（图14-4）。

图14-4　料袋上架出菇

根据河南省中原气候特点，在出菇时控制菇棚温度在 5～25℃，采取白天盖膜，晚上揭膜，拉大温差在 10℃ 以上，棚内相对湿度保持在 85%～90%，促使菇蕾形成。

香菇子实体成熟，菌伞尚未完全展开，菌盖长到八分熟卷边成"铜锣边"时即可采收。采收时不要碰伤正在生长的小菇。按照先熟先采、分级盛放的原则进行采收。

8. 采菇后管理

将摘断的菇柄、杂屑剔除干净，以免杂菌感染。每采收一潮香菇后 7～10 天，菌袋质量减少 15%～20% 时，用食用菌专用注水器及时给菌袋补充水分，每袋注水时间 10～15 秒，注水后保温养菌 7～10 天，相对湿度保持 75%～85%，降低棚内光照强度，使菌丝恢复生长，积累养分，每天通风 1～2 次，每次 1～2 小时。

三、 注意事项

中、晚秋蚕收蚁时间适当提前，晚秋蚕结束后，立即对养蚕大棚内的蚕架架杆进行加密改造，并打扫、清洗进行"回山消毒"，3 天后即可用于料袋摆放。在春季 4 龄蚕进棚前 3～5 天要将棚内废料袋搬出，并进行养蚕前的消毒工作。棚内地面若是水泥地坪，在育菇期间地面要铺一层塑料薄膜，有利于保持棚内相对湿度，防止降低香菇品质。因桑枝木质化程度低，桑木屑比其他硬质杂木屑疏松，菌丝吃料快，出菇集中，但后劲不足，所以用桑木屑栽培香菇时，添加比例不要超过 50%，以 40% 为宜。

第二节
桑园养鸡技术

河南省桑树生长季节在 3～11 月，每年都会发生虫、杂草危害，要消耗大量的人力、物力、财力进行除草或防治虫害。利用鸡吃虫、杂草的特点，在桑园养鸡，既可以减少除草、治虫成本，又可以减少鸡饲料的成本，同时鸡在生长过程中为桑园起到除草、除虫、松土和供肥的作用。实现桑叶养蚕、桑园养鸡、鸡治虫草、鸡粪肥桑的桑园综合利用的经济模式，形成鸡与桑园的良性生态共享和生物循环链，实现桑叶生产和养鸡共赢。

一、桑园养鸡的优越性

1. 改良土壤，提高桑叶的产量和质量

桑园养鸡可为桑园提供优质的农家肥，大量的鸡散养于桑园内，依其喜扒土觅食的习性，桑园表土长期处于疏松状态，有利于改善土壤理化性状，提高土壤肥力。鸡粪养分含量丰富，同时含有大量的蛋白质，是目前粪便中最好的制肥原料，通过鸡粪的施入，为桑树生长提供有利条件，为优质高产的桑园提供肥力保障，可使桑叶产量提高 15%～20%，而且桑叶质量优良。

2. 减少人工除草、防治虫害的成本

鸡是杂食性动物，桑园里生长的杂草（车前草、狗尾巴等）、害虫（桑毛虫、桑象虫、桑尺蠖、金龟子、地老虎等）都为鸡提供优质饲料，将不用人工进行除草、治虫。每公顷桑园可节约除草、治虫成本 1 000～1 800 元。

3. 减少桑园病虫害及杂草的危害

一些桑树病虫害的发生与桑园杂草及虫口密度呈正相关，桑园养鸡既可避免或减少杂草的危害，也可减少病虫害的越冬场所，减少害虫的虫口密度，从而达到防治杂草和病虫害的目的，收到生物防治的效果。

4. 为消费者提供天然绿色食品

桑园养鸡相对于专业鸡场及农户庭院内饲养，鸡活动空间大，自由运动时间长，能量消耗多。因而鸡肉紧实，脂肪少，肉质鲜嫩；取食桑园里的杂草和昆虫，饲料是玉米、大豆等混合饲料，不含任何添加剂，产出的是生态、纯天然绿色食品，营养价值极高，备受城市消费者的青睐。

二、桑园养鸡的关键技术措施

1. 桑园的选择及鸡舍搭建

为了便于管理，应选择离家较近、集中连片、土质较好的桑园，便于早晚赶出呼进；在桑园一边搭建一个鸡舍，分上、下两层，鸡舍内外放置一定数量的饮水器，鸡舍四周应有排水沟。

2. 桑园围栏的搭建

为防止鸡走失及受其他动物（如狗、黄鼠狼等）的危害，提高出栏率，桑园四周用尼龙网或铁质网围住，一般围栏高度在 1.5 ~ 2.0 米。

3. 鸡品种的选择

选择适合本地气候，生长周期短，外观漂亮，肉质鲜美，抗病力强，耐粗饲，勤觅食，适应市场需求的土杂鸡或本地土鸡。一般选固始鸡、三黄鸡、杂交乌鸡、青脚麻鸡等优良品种。购买鸡苗时优先选用至少打过 2 次疫苗的体重在 0.25 ~ 0.5 千克的鸡苗。

4. 放养时间及密度

（1）放养时间　购买的鸡苗可在室内饲养 5 ~ 7 天后，视桑树发芽情况及杂草生长情况再适时投放于桑园。春季应在桑树枝条长 15 ~ 20 厘米时投放，夏秋季以在 6 月中下旬至 7 月上中旬投放为宜；投放过早，鸡会危害桑芽或新叶，投放过迟，会增加鸡苗的饲养管理难度。

（2）放养密度　桑园养鸡放养的密度不宜过小或过大，应视桑园杂草及桑树长势情况而定，一般每亩桑园一次投放鸡苗数量控制在 100 只左右为宜。

5. 放养管理

（1）喂料管理　开始放养时，鸡由原来采用混合饲料喂养，逐步改以捕食杂草、昆虫为主，并在傍晚补食饲料 1 次（玉米、米糠、麸皮等），每只鸡每天喂量控制在 50 克左右。但也应根据季节而异，如秋冬季节杂草、昆虫少时，可增加饲料量，春夏季节可适当减少饲喂量，傍晚可在鸡舍周围安装几盏照明灯或诱虫灯，昆虫就会飞集于此，被鸡群吃掉，这样既可补充饲料的不足，又可节约饲料成本，同时降低桑园虫口密度（图 14 - 5）。

图 14 - 5　桑园养鸡

（2）饲养训导　从投放小鸡之初开始，每天一边吹哨或敲锣，一边抛撒饲料，让鸡群哄抢，如此反复训练5~7天，鸡群就会建立起吹哨或敲锣的条件反射，以后只要吹哨或敲锣即可召唤鸡群，大大提高散养的管理效率。

6. 防疫灭病

桑园鸡在生长过程中与外界接触广泛，并且生长期相对较长，随时都有可能患传染病。为防患于未然，要建立一套行之有效的科学防疫程序，定时进行疫苗接种、鸡舍消毒和药物添食等措施。防治鸡病，饮水要清洁卫生，饮水器要经常清洗消毒，健全消毒防病工作制度，杜绝疫病的发生。

三、 桑园养鸡的注意事项

在建桑园时，应选择卧伏枝条少的桑树品种，如农桑14、育711等优良品种；栽植形式以宽窄行或等行栽植；树型养成以中、高干桑为宜，为鸡提供充分的散养空间。桑园养鸡，要防止犬、野兽等进入鸡舍或桑园内，以防引起鸡群的挤压和损鸡的现象发生；在销售、捕捉或防疫时，宜晚上小心接触鸡群。要确立饲养目标，是以饲养公鸡为主，还是以饲养产蛋为主；若以饲养公鸡为主，鸡群内不能有母鸡，并且计划好分批购买鸡苗的时间；若以饲养产蛋鸡为主，要搭配好雌雄比例，确保所产的鸡蛋都是受精蛋，一般雌雄比例为（15~20）：1。桑园养鸡，由于在野外进行饲养，要预防敌害的发生，在购买鸡苗时，按50：1的比例购买鹅苗一起投放饲养，因鹅是黄鼠狼的天敌。养鸡的桑园在夏伐时，要留出一定面积的桑园不伐条，把鸡饲养在这部分桑园内；此桑园进行来年春伐，如此轮伐，既可合理安排桑园的田间管理，又有利于桑园生态环境的恢复和维护。5月中下旬是春蚕大蚕和9月上中旬晚秋蚕大蚕期，也是养蚕生产的大忙季节，桑园田间人工作业量大，不利于鸡的活动、取食和自然生长。应根据大蚕期的用叶情况，对桑园鸡的活动区域进行合理划分，可用尼龙网将桑园分成不同的区域，轮换区域进行养鸡。

第三节
桑园间作套种技术

桑园间作套种即桑园立体利用，就是根据生物与环境相适应和生物之间共生互利的生态学规律，充分利用环境自然资源，以生产出更多的人所需要的生物产品为目的，在桑树行间种植或养殖一种或几种其他生物，构成一个多层次多种类的立体群落结构，形成一个多层次高效率的物质能量转化系统。

桑园生产率的高低主要取决于桑园生物群落对光能及其他自然资源在时间和空间上的利用效率。众所周知，桑树及其他植物的产量是光合作用的产物，光能利用得越充分，有机物积累得越多，生产力就越高。在自然界中，光能是取之不尽、用之不竭的最大能源，问题是能否有效地利用。桑园间作套种其他作物，形成一个多层次多种类的立体群落结构，无疑可以增加光能及其营养空间的利用效率。桑树树体一般都比农作物高，前者利用上层的光能和空间，后者利用下层的光能和空间，各取所需。桑树和农作物的根系深浅也不同。一般来说，桑树根系较深向，农作物根系较浅，这样桑园间作套种农作物，土壤不同层次的各种养分也可得到有效利用。

桑树是一种落叶树种，采叶养蚕的季节较短。在河南省一年中桑园闲置时间从当年 10 月下旬到翌年 4 月下旬，长达 6 个月。

在桑树落叶到发芽长叶的这段时间里，如果桑园不间作套种其他作物，桑园中的大部分光热资源将被浪费，不能得到充分利用。如果能因地制宜，因桑制宜地间作套种各种作物，就可以有效地利用光热资源，从而大大地提高桑园的经济效益。

一、 桑园间作套种的目的意义

桑园间作套种，可以充分发挥生物之间的共生互利作用，相得益彰，使桑树与间作套种作物良性生长。

1. 减少桑园内的资源浪费

桑园间作套种后，桑树与间作套种作物构成共生群体而立体受光，即桑树在上层受光，间作套种作物在中下层受光，减少了漏光和反射光的损失，提高了光能利用率。通过间作套种增加复种指数，延长光合作用时间，可增加光合面积，延续交替合理地利用光能，从而提高单位面积上的生物产量。间作套种还使单位体积的土壤中根量大增，提高土壤水分和养分的吸收利用。桑园间作套种可增加桑园植株间的气流，对调节园内二氧化碳供应，提高光合效率有积极意义。普通桑园内土壤、光、温、水分、养分等自然资源遗漏严重，而我国人多地少，土地资源紧张，通过合理间作套种可以增加复种指数，从而提高桑园土地、光、温等资源的利用率。

2. 提高桑园单位面积产出

据有关文献报告，一般每年桑园内间作套种一茬蔬菜或豆类可实现增收30%～60%，若实行多茬间作套种或者间作套种高价值作物，则收入更高。由于每种农产品市场价格的形成和变化规律不同，实行间作套种有助于经营者减少种植单一作物带来的市场风险。桑园间作套种还是一种生态抑草措施，可以节省桑园除草的费用。当前，蚕桑生产面临着其他产业的激烈竞争，通过合理间作套种提高经济效益，也是市场经济条件下资源优化配置和提高蚕桑产业竞争力的客观要求。

3. 充分利用农村冬闲劳力

从蚕桑生产所用劳力看，用工一般集中在养蚕期，也就是桑树的生长期。而桑树的少叶期和无叶期正好是养蚕生产的闲暇时间，这就为桑园发展间作套种、增加农民收入提供了劳力条件。实行间作套种可吸纳养蚕生产空闲的劳动力，解决蚕区季节性的劳动力富余问题。

4. 发展生态蚕业

桑园间作套种后增加了地面覆盖，有效拦截了地面径流，可减少水土流失。桑园合理间作套种可增加土壤有机质积累，改善土壤结构和理化性状，加速土壤熟化过程，提高桑园土壤肥力。通过间作套种可增加饲料来源，带动畜禽养殖业的发展，增加畜禽粪等有机肥的施用，形成以桑养蚕、蚕粪和饲料作物养猪、猪粪制沼、沼渣肥桑的良性循环，走立体栽培复合经营的路子，构建生态蚕桑产业。

二、 桑园间作套种的基本原则

为了使桑园间作套种取得较好效果，进一步促进桑园间作套种的健康发展，在桑园开展间作套种时应特别注意处理好以下问题。

1. 摆正主、 副作物的位置关系

桑园间作套种要坚持以桑树生产为主，间作套种作物生产为辅的原则。桑园间作套种不合理，会对桑叶产量产生一定的影响。桑园间作套种应在不影响桑树生长的前提下进行，充分发挥冬闲期桑园间作套种增产、增收的优势，防止偏向间作套种而有损于桑树生长的做法。

桑园间作套种可改善土壤条件，促进桑园管理。但是，桑园间作套种强调合理，必须始终坚持把确保桑树正常生长、保证桑叶质量放在首位。采用的间作套种农作物的品种与栽培管理方法一定要合理。如果间作套种不当，间作套种农作物会与桑树争水争肥，甚至引发病虫害，影响桑叶的产量和质量，导致饲养量下降，蚕作不安全，以致综合经济效益不高。

2. 明确主、 副作物的配比关系

桑园间作套种农作物的选择和比例的配置，要求桑树的生长和间作套种农作物的生长不能相矛盾。为此，桑园间作套种应尽量选择生长期短、吸收肥力较少、株型矮小的品种，以减少水肥矛盾，利于桑园通风透光。桑园进行间作套种时，套作密度不宜过大，也不宜每行间作套种。间作套种密度过大或每行间作套种，均不利于桑园科学管理和施入肥料的合理利用，而且会因间作套种作物与桑树过度争水争肥，造成当年桑叶严重减产，还会影响到桑树的树势及后续生产能力。另外，桑园间作套种应合理轮作，要考虑用地与养地相结合，以维持地力输入输出平衡。

3. 选择合适的间作套种作物

桑园间作套种农作物种类的选择和比例的配置，原则上要尽量使其与桑树的生长特性和生态要求协调一致，以避害就利，促进桑树生长。在有利于桑树生长的前提下，应考虑间作套种作物能够适应桑园的生态环境，以达到互利互惠、相互促进，获得双丰收。要特别注意防止只追求眼前利益，只顾间作套种作物，不顾桑树以及一切有害于桑树生长的做法。

4. 增加对桑园的投入， 保持桑园生态系统营养物质输出输入的平衡协调

桑园的间作套种，桑园输出的营养物质大量增加。因此，就需要加强施肥管理，给桑园补充更多的营养能量，以保持桑园土壤养分输出和输入的平衡协调。桑园平衡施肥，对桑树来说，氮素特别重要。但是化学氮肥必须与有机肥保持一定的比例。因为氮素是构成土壤微生物有机体的主要成分，可以促进土壤微生物的繁殖生长。而微生物的繁殖生长要消耗土壤有机质。一般来说，微生物每利用1 份氮素建造自己的躯体，同时要利用 25 份含碳的有机质。所以，大量使用化学氮素，若没有有机肥的配合，桑园土壤有机质不能得到补充，就会使碳氮平衡失调，土壤理化性质变坏。

5. 采用无公害生产技术

桑园用药以高效低毒低残留为主，禁用高毒、高残留农药及杀虫单和菊酯类等对蚕有不良影响的农药，防治病虫害应注意喷药与蚕的食叶安全间隔期。

第四节
桑园套种蔬菜技术

蔬菜是人们日常生活中必不可少的食物之一。蔬菜可提供人体所必需的多种维生素和矿物质。据联合国粮农组织统计，人体必需维生素 C 的 90%、维生素 A 的 60% 来自蔬菜。此外，蔬菜中还含有多种多样的植物化学物质，是公认的对人类健康有效的成分，如类胡萝卜素、二丙烯化合物、甲基硫化合物等。蔬菜种类繁多，主要有十字花科，包括萝卜、白菜、甘蓝等；伞形花科，包括芹菜、胡萝卜、小茴香等；茄科，包括番茄、茄子、辣椒等；葫芦科，包括黄瓜、西葫芦、南瓜等；豆科，包括菜豆、扁豆、刀豆等；百合科，包括韭菜、洋葱、大蒜等。根据桑树的不同生长时期，安排适合桑园套种，对销路的蔬菜品种是桑园间作套种蔬菜作物的基础，同时坚持以无公害栽培为原则，在确保蚕桑产业安全的前提下，开展桑园行间套种作物。

成林桑园和幼龄桑园一年四季均可间作套种蔬菜（图 14－6）；以收获桑叶

为主的桑园可在晚秋桑树进入休眠期至翌年春季桑树发芽期的一段时间，及夏伐桑园的夏伐休闲期进行间作套种蔬菜（表14-1）。

图14-6　桑园套种蔬菜

表14-1　桑园集中套种蔬菜种类

桑园类型	桑园特点	间作套种季节	套种蔬菜种类
以收获桑叶为主的间作套种桑园	桑园进入丰产期，桑园郁闭，生长季节下层光照弱	夏伐桑园休闲期	①茄科类：番茄、茄子、辣椒、马铃薯等。②葫芦科类：西瓜、冬瓜、菜瓜等。③伞形花科类：芹菜。④姜科：生姜
		晚秋、冬季到春季桑树发芽前	①十字花科：白菜、榨菜、萝卜、甘蓝、莴笋等。②豆科类：蚕豆、豌豆。③百合类：韭菜、大蒜、洋葱等
以提高桑园产出效益为目的的间作套种桑园	桑树行间空隙大，日照充足	全年可间作套种	①茄科类：番茄、茄子、辣椒、马铃薯等。②葫芦科类：西瓜、冬瓜、菜瓜等。③伞形花科类：芹菜。④姜科：生姜。⑤十字花科：白菜、榨菜、萝卜、甘蓝、莴笋等。⑥豆科类：蚕豆、豌豆。⑦百合类：韭菜、大蒜、洋葱等

一、 桑园清理及整地

桑园间作套种应根据蔬菜播种日期，及时对桑园进行中耕松土，同时根据土壤现状科学施肥。施肥应坚持以有机基肥为主，配合使用适宜的化学肥料。有机肥应充分腐熟，可适当拌施一些微肥。在蔬菜生长旺盛期，根据蔬菜生长情况，可适当增施优质的叶面肥。

二、 播种

1. 品种选择

选择适合于当地气候条件、抗性强的高产优质蔬菜品种。

2. 种子处理

播种前一般应对种子进行处理。种子消毒时，最好用物理方法消毒，如使用一定温度的热水烫种等。消毒后的种子，还应进行浸种催芽处理。对不同的蔬菜种子，应掌握不同的浸种催芽时间。在催芽进程中，应勤翻种子，并用清水漂洗，除去种皮上的绒毛、黏液，防止霉烂。有些蔬菜种子还需药剂拌种以防病虫害。

3. 播种方法

播种方法有条播、点播、撒播 3 种方式，需要育苗移栽的蔬菜种类应精心育苗，苗床结合整地施入适量基肥。育苗床最好做到无病原菌、无虫卵、无杂草种子。苗床以肥沃田土、有机肥、草木灰及细沙等配制而成，配制床土所用的有机肥应充分腐熟。

4. 适期播种

要根据不同的栽培方式、不同蔬菜品种的苗龄以及上市期等，推算适宜的播种时间。

三、 苗期管理

早春、深秋育苗应以保温为主，防止冻害发生，后期应逐渐通风降温，尤其应控制夜温，避免因夜温过高而出现秧苗徒长现象。苗期应始终保持床土温润，满足幼苗生长需要。定植前 7～10 天对幼苗进行低温炼苗，加大通风量，控制浇水，以增强幼苗的抗逆性。夏季育苗应注意遮阴降温，防止大暴雨。

四、 定植

桑园间作套种蔬菜与桑树距离应不少于 30 厘米，蔬菜株行距根据不同蔬菜品种而异。起苗时，要注意保护根系，栽苗时要注意秧苗不能栽植过浅或过深。应以根茎部分埋入土中，稍压，使根部与土壤紧密接触。栽完后，及时浇定根水。

五、 田间管理

在栽培过程中，要充分利用光、热、气等条件，要通过对环境条件的控制，创造一个有利于蔬菜生长的环境条件。如选择高畦、大小垄、大垄双行等栽培形式。根据不同蔬菜品种及气候条件，实行科学灌水。加强中耕除草，以提高地温，减少水分蒸发，增强保水能力。及时间苗、定苗，夏秋季还要注意雨后排涝。

六、 病虫害防治

鉴于桑园间作套种的特殊性，为防止蚕中毒，应贯彻预防为主、综合防治的工作方针，综合运用农业防治、生态防治、生物防治、机械物理防治等措施，并辅以正确的化学防治。在化学防治过程中，必须做到合理使用农药，遵循严格、准确、适量原则，选择高效、低毒、低残留的农药品种。要讲究防治策略，适期防治，对症下药，并要严格执行农药安全间隔期，以防施药后采桑养蚕，引起蚕中毒。

七、 收获

根据不同蔬菜品种的最佳收获期或当地市场状况适时收获，并给桑树松土，为蚕桑丰产奠定基础。

第五节
桑园套种绿肥技术

一、 桑园套种绿肥的作用

桑园套种绿肥的作用很多：可为农作物提供养分；有机碳施入土壤后可以增加土壤有机质，改善土壤的物理性状，提高土壤保水、保肥和供肥能力；可以减少养分损失，保护生态环境；可改善农作物茬口，减少病虫害；提供优质饲草，发展畜牧业。另外，一些绿肥还是工业、医药和食品的重要原料。

桑园间作绿肥是一项投资少、见效快、少工省力、效益高的持续增产措施，也是广辟肥源，解决桑园有机肥不足的主要途径。绿肥不仅可以提供大量优质的有机肥料，改良土壤提高土壤肥力，还具有以桑养桑、以田养田、自力更生解决肥源的积极意义。它既可缓解或解决桑园高产与缺肥的矛盾，而且由于绿肥的肥效持久，改良土质作用大，培护地力，使桑树长势好，高产持续时间长，既培养了地力，又增加了土壤孔隙度，有明显改土养地的作用。

绿肥能增加地表的覆盖度，防止水土流失。覆盖后可减少水土、肥的流失，尤其在丘陵、河滩桑园效果更佳。同时可以调节土温，冬季使桑根不受冻害。减少土壤水分蒸发，还可抑制杂草丛生，盐碱地还有防止返盐的作用。桑园间作绿肥的效益是多方面的，其中最主要的是豆科植物的增氮作用和有机质的改良土壤作用。如果桑园普遍间作绿肥，每亩平均可增产桑叶 250 千克，生产蚕茧 15 千克。

桑园绿肥间作、埋青、深挖等田间耕作，可疏松土壤，改善土壤空气和水分的状况，增强桑树根系的吸收作用，促进土壤中有益微生物的活动与繁殖，加速有机肥料的分解、转化和释放各种营养元素提高土壤肥力，同时还可减少桑树病虫的发生，为桑树的生长发育创造有利条件。

二、 桑园间作绿肥的种类及其特征

从植物学科上看，可将绿肥分为豆科绿肥与非豆科绿肥。豆科绿肥其根部有根瘤菌，根瘤菌有固定空气中氮素的作用，如紫云英、苕子、豌豆、豇豆等；非豆科绿肥是指一切没有根瘤的，本身不能固定空气中氮素的植物，如油菜、金花菜等。

桑园间作绿肥，大多采用豆科作物。豆科作物根系发达，吸收能力强，可利用土壤中难溶性养分。豆科植物的根长着许多小瘤，这种瘤状物是由根瘤菌形成的。根瘤菌具有一种特有机能，具有固氮作用（含氮量 2/3 来自空气），能把空气中的氮素固定下来，从而增加了土壤中的含氮量。根瘤菌和豆科植物建立起共生关系，在生长过程中，除作为自体的营养外，还提供给豆科植物生长之用。另外，豆科植物也提供碳水化合物等营养物质，以满足根瘤菌生命活动的需要。它们间的关系是相互促进、相互制约的：豆科植物生长良好，合成碳水化合物多，就能促进根瘤菌的活动。根瘤菌发达时，固氮能力强，就能使豆科植物长得更好。豆科作物所含氮、磷、钾等元素正符合桑树生长发育的需要，在间作绿肥过程中必须针对这种相互关系加以促进。长期种植与施用绿肥，可积累土壤中的腐殖质，提高土壤肥力，增强土壤的保水、渗水、养分的储藏和释放能力，增加土壤的通气性，使土壤具有稳水、稳肥、稳温的良好性能。

适宜桑园栽种的冬绿肥有蚕豆、苜蓿、紫云英、苕子、箭舌豌豆等。其中蚕豆、紫云英耐湿性较强，适宜地势较低的桑园种植，尤其是在温暖、肥沃、黏重潮湿土壤生长最好；苕子的耐旱、耐瘠性强，适宜丘陵山地桑园种植；苜蓿各地均宜，土质疏松者更合适。

夏绿肥有田菁、乌豇豆等。田菁耐盐碱力很强。此外还注意气候状况，如正值梅雨季节，应该选择比较湿的品种，如野料豆、猪屎豆、豇豆和绿豆都较适合。

三、 播种时间

桑园绿肥是利用桑树落叶休眠期间作冬绿肥；利用夏伐后间作夏绿肥。因此，绿肥的生长期有时间上的限制，必须适时早播，才能使绿肥的生长量在埋青时达到最高水平。

一般每年种两季，冬季种紫云英、蚕豆、苜蓿、苕子、箭舌豌豆。冬季种苕子、苜蓿，于9月中下旬播种（秋分前后），翌年4~5月压青。蚕豆在9月下旬至10月上旬播种，如遇秋旱，应抢在秋雨来临前播种，以利雨后发芽生根，不延误生长季节。

冬绿肥掌握适期播种，是争取获得较高鲜草产量的保障。早播的种子，有桑叶遮阴，出苗快而齐。桑树落叶后即能发棵，为绿肥安全越冬，来年春季旺盛生长，苗全苗壮打好基础。

夏绿肥应在桑树夏伐前，冬绿肥收割后（4月中旬至5月上旬）播种，夏伐后即可快速生长，6月中旬蔓茎达到60厘米左右。这样，就能够把地面遮盖，可充分利用夏伐前后的阳光。被绿肥遮盖的土地抑制了杂草的生长，这样就免去了雷雨季节的繁重除草工作。夏绿肥有绿豆、黄豆、田菁、野料豆、猪屎豆、豇豆和绿豆。于夏伐前后播种（4月中旬至5月上旬），7月下旬至8月中下旬压青。

在桑园内间作绿肥，绿肥与桑树间也有互相受荫蔽等问题，所以在栽培技术上，要抢时间，抓早苗和增加播种密度，争取在有限的时间内生产更多绿肥。

四、 播种量

适当增加绿肥播种量，出苗数量多，可增加单位面积上的苗数和产量，并且植株相互支持，向上生长快、发育早，所产茎叶较嫩，翻埋后易于分解，肥效高。

冬绿肥每亩桑园播种量为：蚕豆每亩8~10千克，紫云英每亩4~5千克，苕子每亩3~3.5千克，苜蓿每亩5~6千克（带壳）。夏绿肥播种量：绿豆每亩2千克，黄豆每亩3千克，田菁每亩4千克，乌豇豆每亩3千克左右。如果采用品种蔓性不大，还要增加行株密度或多加行畦，要求蔓茎6月中旬达到60厘米左右，这样就能够把地面遮盖。

五、 播种方法

一般桑树行距在200厘米左右，离桑株40~50厘米，每行可播2~3条，绿肥行距30厘米左右，以个靠近桑树为原则，酌情增减。播种深度要根据植物、土壤和气候条件等因素综合考虑。沙土水分较少，播种宜深些；黏土结实，土壤水分充足，播种宜浅。干燥地区播种宜深，湿润地区播种宜浅。寒冷地区播种宜深，温暖地区播种宜浅。为使出苗整齐可浸种播种，两季交替，以便采叶管理。

六、培肥管理

由于绿肥在幼苗期对磷的反应较敏感，因此，采用磷肥拌种，具有促进种子发芽整齐健壮的作用。

方法是：每1千克种子混合过磷酸钙1~1.5千克或钙镁磷肥5千克。秋播绿肥幼苗时期，以施磷肥为主，在冬至前后需每亩追施过磷酸钙10~15千克，或施草木灰、土杂肥或厩肥等保苗防冻，促进幼苗根系生长，增加冬前分枝，促进壮苗高产，达到以磷增氮的目的。入春后绿肥返青时期，酌施一次少量速效性氮肥。每亩施硫酸铵7.5千克或人粪尿1 500千克，使茎叶生长繁茂，起到以小肥换大肥的效果。豆科作物对磷、钾肥需量较大，除播种时施部分磷肥外，生长期每亩应再施磷肥20~30千克，尤其播种迟者更佳，对提高鲜草产量作用很大。同时，还应做好松土除草及防治虫害工作。

七、适时翻埋

绿肥的收获翻埋一般掌握在盛花期到初结荚期这段时间，但也依其种类而稍有差异，如绿豆在初花至盛花期，苕子现蕾至初花期，苜蓿盛花至结荚期，田菁为现蕾期等。

夏绿肥翻埋方法：收割后将其铡至15厘米左右，放于桑园（株）周围，晒蔫后再开沟压青，沟宽40~50厘米，深25厘米左右（此处土壤微生物最活跃），田青、埋青应分两次割埋，第一次是在苗高80厘米时，留茬20厘米割掉；第二次是初花期割埋。两次割埋比开沟标准适当小些。同时施入部分过磷酸钙、硫酸铵或人粪尿，更能提高其肥效。还可满足桑株在绿肥未发挥肥效时的养分。也可在翻埋时加施鲜草重量3%~5%的石灰，以中和绿肥在分解过程中产生的有机酸，有利微生物的活动，加速绿肥的分解和养分释放。碱性土壤可以不施，或施石膏。

冬绿肥翻埋时间需根据当地桑树的发芽期，以防桑芽掉落，影响产叶量。以桑芽雀口期前为宜。每亩桑地绿肥的翻埋量应控制在1 250千克左右，多余部分应移至另一块桑地埋入，或与其他杂肥制成堆肥，或者沤肥，这样既提高肥效，又可将肥料移用于最需要的季节，也可供给家畜作饲料，然后用牲畜所生产的厩肥再肥桑。

压青深度应以土质与当时气候情况而定，如河滩桑园，沙性强，地温高，应深些；土壤较黏重，地温低，湿度大时可浅埋。不能使鲜草外露，埋后镇压，使草、土沉实，以利分解转化。不论穴施或沟施，压青时要一层绿肥一层土放置，避免绿肥堆积过多，腐烂时发热量大而影响根系生长。

有些桑园翻埋绿肥后会出现桑叶落黄现象，其原因可能是：绿肥的收割迟，与桑树争夺肥水，引起桑树脱肥落黄。翻埋绿肥时，沟穴掘得太深，桑根破坏多。绿肥一次翻埋量过多或埋得过深，通气不良，使埋入的绿肥处于缺氧条件下，引起土壤的硝化还原作用。

有些地方采用绿肥腐熟后下地，方法是将绿肥割取以后制成堆肥（一般绿肥很嫩，应注意堆制）。夏季绿肥：充分腐熟，再把腐熟的堆肥（厩肥）在冬季桑树落叶后，离根 30 厘米处，挖 25 厘米左右深沟，把堆肥平铺垫底然后盖土。盖土应稍高于地表，防止积水。第二年另换位置。第三年在桑树四周或就在畦中央开沟，以后轮流循环，使桑根平衡发展。这样做有 3 个优点：第一，可以促使根向下发展，巩固树势，使桑树发育均衡；第二，使肥效持久，不易流失，即使翻耕，也不致露出地面；第三，耕作时不易破坏桑根，能使根部储藏养分。

第六节
桑园套种中药材技术

我国是中草药的发源地，目前大约有 12 000 种药用植物。因植物药（根、茎、叶、果）占中药的大多数，所以中药也称中草药。古代先贤对中草药和中医药学的深入探索、研究和总结，使得中草药得到了最广泛的认同与应用。目前，日常使用的中药已达 5 000 种左右，把各种药材相配伍而形成的方剂，更是数不胜数。经过几千年的研究，形成了一门独立的科学——本草学。

桑树喜温喜湿怕涝，是深根性作物。栽培桑树的根系可深达 15 米以下土层，吸收根系主要分布在 20 ~ 40 厘米土层内，也就决定了桑树吸收土壤养分也集中于 20 ~ 40 厘米土层。故成林桑园间作套种中药材宜选择根系分布在 20 厘米内耕层的品种，如柴胡、贝母、半夏等。

一、整地

桑树是深根性作物。桑树根系主要分布在 20 ~ 40 厘米土层。桑园间作套种中药材应选择根系分布在 5 ~ 20 厘米土层的品种。桑园间作套种适墒翻耕，整平耙细，使地平整、上松下实。结合整地，要施足基肥，多施腐熟农家肥、复合肥及生物有机肥。

二、播种

1. 种子处理

（1）选种和晒种 对纯度低、杂质多的种子应进行精选，保证种子纯净饱满，减少病、虫、草害。播种前 1 ~ 2 天晒种，也能促进酶的活性，提高种子活力。

（2）种子处理 浸种催芽、机械损伤、化学药剂处理等方法能打破种子休眠，增加种皮透性，促种子吸水快，早发芽。

（3）消毒 能预防病虫危害。用 25% 或 50% 多菌灵拌种，用量为种子量的 0.2% ~ 1%，或用药液浸泡，蘸无性繁殖材料等。

2. 播种量

应根据播种方式、种植密度、千粒重、发芽率、土壤条件等灵活掌握。

3. 播种期

多数中药材宜春播或秋播。一年生、耐寒性差的，如薏苡、紫苏、决明子、红花、荆芥宜春播。

4. 播种方式

有条播、撒播、穴播等，生产上多为条播。其优点是覆土深度一致，出苗整齐，通透性好。硬粒种子可以机播，节省人工，播种质量好。

5. 播种深度

播种深度决定播种的成败，多数中药材种子细小，幼芽拱土能力弱，宜浅播。作为一般原则，覆土厚度为种子直径的 3 ~ 5 倍，为 1 ~ 2 厘米，播后一定要压实，并浇出苗水。

三、田间管理

1. 间苗定苗

中药材种子具有成熟度不一致的现象，播种时常加大播量。因此，易造成出苗后密度大，必须及时间苗。在子叶出土后 3~5 天内进行间苗，除去过密、瘦弱和有病虫的幼苗。当幼苗长到 10 厘米左右时，应及时定苗。留苗密度视品种和苗情长势灵活掌握，适当密植是增产的关键。

2. 中耕培土

除草中耕可以疏松土壤，消灭杂草，增加土壤通透性，如玄参、地黄等整个生长期需多次中耕。培土可以保护芽头，增加地温，有利于块根、块茎膨大。因药材幼苗长势弱，生长时间长，所以要进行多次除草。

3. 施肥

中药材生长发育需要多种营养元素，施肥总原则是二年生及全草类药材，苗期应多施氮肥，促茎叶生长；中、后期追施磷、钾肥。多年生及根茎类药材，整地时要施足有机肥，生长期需追 3 次肥，第一次在春季萌发后，第二次在花芽分化期，第三次在花后果前，冬季进入休眠前还要重施越冬肥。

4. 灌溉排水

一般中药材在生长前期和后期需水较少，生长中期生长旺盛需水多，需水临界期多在开花前后，但不同种类也有区别。瓜耐旱力强的中药材知母、甘草、黄芪等，如果适时灌溉能促进产量大幅度提高。药材幼苗期根系不发达，最易遭受旱害，要小水勤浇，保持土壤湿润。根及根茎类药材最怕田间积水和土壤水分过多，在雨季一定要注意田间排涝。

5. 株型调整

中药材栽植可人为调整生长发育速度，提高田间通透性，使植株生长健壮，通过抑制无效器官生长，促进商品部位发育壮大并提高品质。草本类中药材的株型调整主要有摘心、打杈、摘蕾、摘叶、修根等。木本类中药材主要有整形、修剪。生长调节剂也可在药材上试验应用，通过化控手段，可以延长地上茎叶寿命，促进地下根及茎生长，打破种子休眠，调控花芽生长等。

四、病虫害防治

桑园间作套种中药材，为了预防蚕中毒，中药材病虫害防治总原则是：预防为主，综合防治，选用低毒、低残留农药，推广生物防治技术，禁止使用剧毒、残效期长的农药。

五、 收获

多年生中药材应在适宜的年限采收，年限不够，有效成分含量低，年限过长，有效成分含量下降。果实和种子类中药材适期采收，能提高收获效率。对于这类中药材，适期采收更为重要，否则难以保障种子和药用材料质量。

第十五章
蚕桑产业的机具利用

　　在我国工业迅速崛起、农村大部分青壮劳动力外出务工、城镇化程度快速提高、劳动力价值迅速上升的今天，蚕桑产业必然向速生丰产、高效省力、规模化、专业化的方向发展。为此，必须建立一整套新型蚕桑产业模式和技术体系，大幅度提高劳动生产率、土地生产率和综合经济效益。

　　近年来在广大蚕桑产业科研人员和相关企业的共同努力下，蚕业机械设备研究进展迅速，已研发成功多种省力高效蚕业机械设备，并在生产中推广应用，取得了巨大的经济效益。

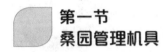

第一节
桑园管理机具

一、 桑园中耕除草机械

微耕机以小型柴油机或汽油机为动力，具有重量轻、体积小、结构简单等特点，已广泛适用于平原、山区、丘陵的旱地、水田、果园和桑园等。配上相应机具可进行抽水、发电、喷药、旋耕、除草、开沟、施肥等作业，还可牵引拖挂车进行短途运输。微耕机可以在田间自由行驶，便于用户使用和存放，是广大农民消费者替代牛耕的最佳选择。目前，在河南蚕区，微耕机已广泛用于桑园旋耕、除草、开沟、施肥等作业，可提高劳动生产率10倍以上，见图15－1。

图 15－1　微耕机除草施肥

二、 桑树剪伐机具

桑树剪伐工作量大，劳动强度高。为此，各地做了大量工作，研制出了多种多样桑枝剪伐机具并很快得以推广应用。

1. 多功能桑树伐条机

多功能桑树伐条机（图15－2）是一种便携式圆盘锯多功能桑树伐条机。该机采用蓄电池供给直流电机驱动木工圆盘锯片，以 6 000 转/分的速度旋转，完成对桑树枝条的横截切割。

图 15 - 2 多功能桑树伐条机

该机的主要性能特点是：桑枝剪伐截面光滑平整；整机结构简单，购置及使用费用低，轻便灵活，能够显著降低桑枝剪伐的劳动强度；机械效率高，桑园伐条工效是手工剪伐的 3 ~ 5 倍；采用 48 伏直流电压，安全，环保；可伐桑树、果树、竹子等，更换磨片或切割片可实现打磨、切割等多种功能；供电方式灵活，该机可使用厂家标配的蓄电池供电，也可以借用电动车蓄电池供电，用户可节省蓄电池购置费用。该产品现已在河南、江苏等蚕区大面积推广应用，深受蚕农欢迎。

2. 电动桑枝剪

电动桑枝剪（图 15 - 3）已广泛用于果树、园林树木修剪。国家蚕桑产业技术体系设施与机械研究室对引进的电动枝条剪进行了对比优选和改进试验，其中，W04 型果树电动短剪，其电动剪（手持部分）质量 0.94 千克，锂电池质量 12 千克，比铅电池重量轻，充电一次可连续工作时间 4.5 小时。其剪口张开幅度较小，剪较粗枝条困难，并有向外推枝条的缺陷，将定刀片和动刀片内磨改变内侧弧度，使桑条由向外滑改变为内滑，克服了原有缺陷，适于直径 1 ~ 3 厘米桑枝剪伐。同时选择合金钢材，优化刃口淬火处理工艺，解决了剪粗、硬枝条剪刀刃口易卷口和产生缺口的不足。采用直流电机驱动，滚珠丝杠机构传动，集成电路控制，对刀刃楔角、刀刃形状进行了省力化设计。具有操作简单、维护方便、剪伐质量好、适应性广等特点。

图 15 -3　电动桑枝剪

3. 气动式桑枝剪

气动修剪机具在国外已有 100 多年的发展历史，技术和产品已经相当成熟。气动枝条剪使用时只需轻按气门，即可剪断直径 3 厘米的枝条，切口整齐并且不会撕裂树皮，同时具有剪刀闭合快、剪枝效率高、省力、耐用等特点，在欧美发达国家已得到广泛应用。

4. 液压式桑枝剪

以小功率汽油机为动力源，经皮带传动减速，由卸荷轮带动高压齿轮泵，将机械能转化为液压能，通过联动操纵机构控制组合控制阀，推动执行油缸，使剪刀动作，完成伐条作业。主要部件包括油箱、油泵、组合控制阀、高压软管、油缸等，可剪伐直径 10 厘米以上的桑树枝条。其功效明显高于手工剪伐，使用轻巧，操作简便，大大降低了操作者的劳动强度。

5. 省力桑枝大剪

刀头采用日本高性能淬火钢材，刀把采用高刚性轻量铝合金，把手为手感舒适的发泡软胶。该剪刀省力、高效、使用寿命长，伐条后剪口平滑，无树皮撕破现象，有利于桑芽的萌发、生长。该剪刀在分析国内外各式剪伐工具的优点与缺陷基础上，研究集成了一种双杠杆省力桑枝双曲大剪。采用防外滑刀头实现握切；增长力臂和双杠杆省力结构；将砧刀手柄由直改为向内弯曲减小张角，两手柄间距缩短，从而使操作方便；双刀横向弯曲适于高低干桑树剪伐；砧刀手柄挎腰以腾出左手握枝条，减少收集剪下枝条用工。省力桑枝大剪剪伐操作特别省力，桑枝剪口光滑平整，劳动工效比用手工锯快 6～7 倍，更适合农村不宜操作机械的老年人使用。

6. 桑园植保机具

近年来，我国植保机具研究与应用有了长足发展，越来越多的新型植保机具在农林害虫防治中得到推广应用。目前，桑园害虫防治中均普遍选用合适的农林植保机具，尚无专用机具研发。

（1）喷雾、喷粉机　目前，我国大部分蚕区仍主要以背负式手动喷雾器、手动喷粉器等靠人力驱动施药机具为主。随着养蚕规模的不断扩大和劳动力成本的不断上升，以小型汽油机、柴油机为动力的背负式机动喷雾、喷粉机将很快得到大面积推广应用。

（2）植保无人机　采用遥控智能无人直升机进行喷药操作，具有施药均匀、作业效率高、成本低、安全系数高等优点，目前已在我国广西等蚕区开始应用于桑园害虫防治。

（3）黑光灯　利用黑光灯诱杀害虫，在我国已经得到广泛应用。在桑园中设置黑光灯，可诱集有趋光性的如桑螟、桑尺蠖、金龟子等桑树害虫，进行桑树害虫发生预测预报和物理防治。

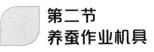

第二节
养蚕作业机具

一、自动化蚕种催青系统

通过综合计算机技术、自动控制技术、空气调节技术和节能技术的利用，对蚕种发育过程中各阶段的温度、湿度、匀风、换气、光照、时间等参数进行全程自动化控制。该系统一般由催青室、积木式组合蚕种架、自动化测控系统、变频空调、超声波加湿器、工业控制计算机以及相关软件组成，可以大大提高蚕种催青质量和效率。

二、 养蚕环境调控设备

蚕室自动控温补湿设备主要由加热、补湿和调控器 3 部分组成。升温主要以电热线、电热管加热为主；补湿最初用电热管或金属棒电极加热水产生水蒸气，近几年采用冷补湿的负离子增湿或采用超声波振荡使水雾化；调控装置也由最初的双金属片、电节点发展到温敏、湿敏传感，智能化调节控制，见图 15-4。

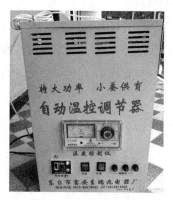

图 15-4　环境调控设备

由于受到调控面积的限制，该类产品目前主要用于教学、科研单位及蚕种场和小蚕共育室中，尚不能实现对大规模省力化养蚕的环境调控。

三、 切桑机

国家蚕桑产业技术体系设施与机械研究室与南充蚕具研究有限公司合作研制的 QSJ-80 型切桑机（图 15-5），每小时可切桑 80 千克，可供 100 张蚕种小蚕共育，深受河南、山东等地蚕农欢迎。

图 15-5　切桑机

四、 消毒机

蚕室臭氧发生器可进行小蚕共育室和蚕室空气消毒，尤其适用于小蚕人工饲料育，消毒效果良好。

五、 电动筛

大蚕期每天必须大量使用石灰等粉剂药物进行蚕体、蚕座消毒，人工方法施药工效很低，且撒布不均匀，作业难度较大，一直困扰着蚕农。近年，河南省各蚕区基本都在推广省力化方法饲养大蚕，一种新型电动喷粉器问世，很好地解决了这个难题。

电动筛（图15-6）有结构紧凑、轻便小巧、操作使用方便、药粉喷洒均匀、作业效率高、消毒效果好的特点。这种新型电动喷粉器以锂电池为动力，一个300米^{2}左右的养蚕大棚15～30分即可喷完，每充一次电可以喷近5个300米^{2}的养蚕大棚，采用背负式，装满药后16千克左右，喷头可以调节速度和方向。注意使用时扬尘较大，应穿工作衣、戴口罩、帽子操作，喷完后停0.5小时左右，待扬尘落下后再喂蚕即可。

图15-6　电动筛

六、 方格蔟采茧器

方格蔟采茧器的制作：用一条与方格蔟横径等长的木块，按照蔟孔的距离，在木块上钉上与蔟孔数量相同，略小于格孔的木棒，形状如木梳。采茧时，先取方格蔟一片，用采茧器先对好方格蔟第一行孔格，轻轻向下一压，即将茧压出孔外，然后再顺次压第二行以后的孔格，将所有的茧压出后，在蔟的背面用一直板或竹片刮一下即可快速收集，使用方格蔟采茧器能够明显提高工效。

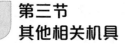

第三节
其他相关机具

一、 桑枝粉碎机

桑枝专用粉碎机在粉碎桑枝时不会出现棉絮状缠绕问题，可连续作业，机器的使用效率大为提高。桑枝专用粉碎机粉碎的桑枝颗粒大小均匀，边缘平滑，针状或刺状物很少，可减少装袋过程中的破袋率。桑枝专用粉碎机作业时，不会出现进料口与出料口不畅现象，操作人员操作省力。桑枝粉碎机的主要参数为刀盘直径 400 毫米，转速 2 800 ~ 3 300 转/分，使用电源 380 伏，电机功率 15 千瓦，每台每小时可粉碎 50 千克左右的桑枝。

二、 自动循环热风烘茧机

新型蚕茧干燥设备以四川省南充蚕具研究有限公司为主研制开发的自动循环热风烘茧机，历经 30 多年的不断改进，不仅机械化、自动化程度高，热效率高，并从根本上解决了黑烟污染环境问题，烟气排放达到了国家环保要求，目前，已形成了多种规格系列产品。

在国家蚕桑产业技术体系设施与机械研究室指导下，又成功研制了废弃生物颗粒燃料热风炉，并已用于自动循环热风烘茧机。

附表一 蚕桑生产月历工作表

月份	桑园管理	嫁接育苗	养蚕
一（小寒至大寒）	①剪梢、修枝和整拳。②冬耕，施冬肥（以农家肥为主）。③新桑园栽植。④防治桑园病虫害：刮除虫卵，抹杀桑介壳虫，用药液注入树孔杀死桑天牛、桑蛀虫等。⑤补植桑园缺株。⑥挖除病株、修剪病枝	①结合剪梢，准备嫁接接穗条，进行潮沙地储藏。②进行冬季室内嫁接，嫁接体放入潮沙池储藏。③苗圃地进行冬耕	对蚕室、蚕具进行整修
二（立春至雨水）	①对老桑园进行春伐复壮。②开始春耕、除草、施春肥（以农家肥为主）。③压条补苗。④修整树拳上的枯桩，中旬前结束剪梢	①继续进行嫁接优质桑苗。②苗圃地进行整理，整平地面，土块耙碎，整地前施足农家肥	①制订春蚕养蚕计划。②进行蚕桑技术培训
三（惊蛰至春分）	①继续施春肥（农家肥），进行春耕、锄草，月底施催芽肥（化肥）。②月底防治桑尺蠖、桑象虫、黑绒金龟子等桑芽害虫	①月底进行嫁接体移栽下地。②下旬可以进行硬枝扦插	①购置蚕具、蔟具。②购置蚕室、蚕具消毒药品及蚕体、蚕座消毒药品
四（清明至谷雨）	①桑芽脱苞期施催芽肥（化肥）。②新栽桑园若是单根独苗的要进行摘心，增加发芽条数。③发现不发芽的枝条，要齐拳进行剪伐，病株挖除烧毁。④桑芽萌发至雀口期停止桑园一切操作。⑤月底采春蚕稚蚕用叶	①芽至脱苞期前结束嫁接体下地移栽工作。②嫁接体下地后到苗长7~10厘米高做好保墒、灭荒除枯芽，嫁接体露出的重新封盖。③苗圃干旱时要进行浇灌	①根据桑芽发芽情况，确定催青日期。②催青前10天对催青室及周围环境进行彻底洗刷消毒。③根据收蚁日期进行蚕种催青。④领蚕种进行补催青、收蚁、小蚕共育等工作

月份	桑园管理	嫁接育苗	养蚕
五（立夏至小满）	①采桑叶养蚕。②在春蚕三眠期间进行摘心。③结合春蚕大蚕饲养进行夏伐。④白拳喷药防治桑象虫，结合除草撒施药粉防治桑瘿蚊。⑤桑园套种绿肥	①采摘桑葚，淘洗收集桑籽。②苗圃地进行灭草。③嫁接苗木除枯芽。④干旱进行浇灌	①春蚕饲养。②蚕期做好消毒防病工作。③15～20 天进行夏蚕蚕种预报
六（芒种至夏至）	①5 天前结束夏伐，白拳喷药防治桑象虫，地面撒药浅锄防治桑瘿蚊。②饲养夏蚕前用乐果防治桑瘿蚊危害。③月初重施夏肥（农家肥）④月底采夏蚕小蚕用叶	①苗圃干旱时进行灌溉。②苗长 70 厘米高时进行摘心，施第一次肥。③中旬前桑籽育实生苗（夏播），注意保墒，促使苗出齐	①采茧，出售春蚕茧。②对蚕室、蚕具进行回山彻底消毒，催青室在领夏蚕种前 10 天彻底洗刷消毒。③20 天左右领种，进行夏蚕催青。蚕室、蚕具在收蚁前 7 天彻底洗刷消毒。④月底收蚁饲养夏蚕
七（小暑至大暑）	①采夏蚕用叶，采叶留柄，结合大蚕饲养进行疏芽。②月底翻埋绿肥，增施秋季速效肥。③夏蚕饲养结束喷药（乐果），防治桑瘿蚊。④捕捉桑天牛，防治桑蓟马、金龟子等其他害虫	①苗木长到 1 米高时，继续进行摘心。②苗圃进行第二次施肥。③注意排涝，干旱时浇水。④实生苗在下旬进行第一次施肥	①饲养好夏蚕。②注意淘洗泥沙桑叶喂蚕。③下旬夏蚕饲养结束，做好采茧、售茧工作。④进行回山彻底消毒
八（立秋至处暑）	①采摘中秋蚕用叶，采叶留柄。②旱天防治桑蓟马、红蜘蛛，阴雨天防治桑瘿蚊危害。③注意排涝、抗旱浇灌	①苗长够 1 米高继续进行摘心工作。②苗圃第三次施肥。③注意排涝、抗旱。④采中、下部叶喂蚕	①上旬进行中秋蚕蚕种催青。②催青室、养蚕室、蚕具在饲养中秋蚕前 7 天彻底洗刷消毒结束。③中旬开始收蚁饲养中秋蚕

月份	桑园管理	嫁接育苗	养蚕
九（白露至秋分）	①中秋蚕饲养结束后立即喷药（乐果）防治桑瘿蚊。②继续捕捉桑天牛。③合理采摘中秋用叶，采叶留柄，根据剩余桑叶量计划晚秋蚕饲养量。④注意抗旱、排涝工作	①嫁接苗剔除侧枝。②实生苗第二次施肥。③采嫁接苗中下部叶喂中秋蚕。④抗旱排涝	①中旬中秋蚕饲养结束，售茧后立即进行回山彻底洗刷消毒。②催青室彻底洗刷消毒。③中旬进行晚秋蚕蚕种催青。④蚕室、蚕具在养蚕前7天洗刷消毒结束。⑤晚秋蚕收蚁饲养
十（寒露至霜降）	①采摘晚秋用叶，养蚕结束枝条上部留5～6片桑叶。②播种冬季绿肥。③防治桑蓟马、红蜘蛛及白粉病、污叶病等病虫害	①嫁接苗、实生苗1米高摘心。②除枝条上部留3～4片叶外，其余采摘喂晚秋蚕	①饲养晚秋蚕。②月底晚秋蚕饲养结束，上蔟、采茧、售茧。③蚕期结束后立即进行回山彻底洗刷消毒
十一（立冬至小雪）	①桑树落叶后即可进行剪梢、修整病虫害及弱小枝条。②清洁桑园，进行冬耕。③刮除越冬虫卵，挖除病害桑树并烧毁。④新桑园进行整地施肥。⑤用长效农药进行封园	①嫁接苗木起苗分级。②假植、待调苗、待栽植。③实生苗注意浇灌保墒	①消毒过的蚕具集中存放。②签订第二年春季用种合同
十二（大雪至冬至）	①继续上月工作。②开始栽植新桑园	继续进行上月工作	总结一年的养蚕经验、教训，制订第二年蚕桑生产计划

附表二　桑园常用农药使用表

药品名称	防治对象	使用浓度 （加水倍数）	对蚕残效期 （天）
敌敌畏乳剂	桑蓟马、桑叶蝉、桑刺蛾、桑介壳虫、天牛	50% 敌敌畏 1 000 倍，80% 敌敌畏 1 500 倍	3～5
40% 乐果	桑瘿蚊、桑蓟马、桑叶蝉、红蜘蛛、桑粉虱	1 000 倍	3～5
50% 辛硫磷乳剂	桑蓟马、桑尺蠖、桑毛虫、桑螟、桑刺蛾、野蚕	1 500～2 500	3～5
50% 杀螟松乳剂	桑毛虫、桑螟、桑象虫	1 000～2 000	15～17
50% 多菌灵	桑褐斑病、紫纹羽病	1 000～1 500	3～5
甲基硫菌灵	桑里白粉病、叶枯病、桑葚菌核病	50%1 000 倍，70%1 500倍	3～5

参考文献

［1］苏州蚕桑专科学校．桑树栽培及育种学［M］．北京：中国农业出版社,1991.

［2］苏州蚕桑专科学校．桑树病虫害防治学［M］．北京：中国农业出版社,1998.

［3］吕鸿声．栽桑学原理［M］．上海：上海科学技术出版社,2008.

［4］中国农业科学院蚕业研究所．中国桑树栽培学［M］．上海：上海科学技术出版社,1985.

［5］陆锡芳，王九润，等．蚕桑生产技术［M］．郑州：河南科学技术出版社,1993.

［6］吴振锋，李淑敏，等．植桑养蚕实用技术［M］．北京：中国农业科学出版社，2011.

［7］范涛．桑园复合经营技术［M］．南京：东南大学出版社,2013.

［8］王彦文，崔为正，王洪利．省力高效蚕桑生产实用新技术［M］．北京：中国农业科学技术出版社,2014.

［9］吕鸿声．养蚕学原理［M］．上海：上海科学技术出版社,2011.

［10］浙江省农业技术推广中心组．蚕桑标准化生产技术［M］．杭州：浙江科技出版社,2009.

［11］谭其贵，李德全，何大彦，等．蚕桑生产技术手册［M］．成都：四川科学技术出版社，1990.

［12］浙江农业大学．养蚕学［M］．北京：中国农业科学技术出版社，1981.

［13］周其明，包志愿，等．蚕桑生产实用技术集成［M］．北京：中国水利水电出版社，2015.

［14］黄君霆，朱万民，夏建国，等．中国蚕丝大全［M］．成都：四川科学技术出版社,1996.

［15］黄可威，王玉华．蚕病防治基础知识及技术问答［M］．北京：金盾出版社,2010.

［16］黄可威，等．蚕病防治技术［M］．北京：金盾出版社,2009.

［17］华南农业大学．蚕病学［M］．北京：中国农业出版社,1995.

［18］浙江大学．家蚕病理学［M］．北京：中国农业出版社,2000.

［19］中国农业科学院蚕业研究所，中国养蚕学［M］．上海：上海科学技术出版,1991.

［20］贺伟强，沈永根，等．蚕桑生产废弃物资源化利用实用技术［M］．北京：中国农业出版社,2015.

［20］王照红，种桑养蚕高效生产及病虫害防治技术［M］．北京：化学工业出版,2013.

［21］吴海平，朱俭勋．大棚养蚕新技术［M］．杭州：浙江科技出版社,2006.

［22］李勇，胡兴明，等．桑园间作套种技术［M］．武汉：湖北科学技术出版社,2014.

［23］王海林，张乾德，杜经元，等．蚕桑实用技术指南［M］．北京：气象出版社,1991.

［24］崔胜，马东府，等．养蚕大棚闲置期利用桑木屑栽培袋料香菇技术［J］．食用菌，2019，41（5）：60-61.

［25］崔胜，马东府，等，谈谈桑园养鸡［J］．北方蚕业，2017,38（1）:54-56.

［26］崔胜，马东府，李同宇，等．河南省2018年春季晚霜对桑树的危害及补救措施［J］．中

国蚕业，2019，40（2）:60 - 63.

［27］梁长俭，段传章，等 . 栽桑养蚕实用技术［M］. 郑州：河南科学技术出版社，1990.